工程建设招标投标与政府采购

常见问题 300 问

李志生　编著

中国建筑工业出版社

图书在版编目(CIP)数据

工程建设招标投标与政府采购常见问题300问/李志生编著.—北京:中国建筑工业出版社,2016.9
ISBN 978-7-112-19441-4

Ⅰ.①工… Ⅱ.①李… Ⅲ.①建筑工程—招标—中国—问题解答②建筑工程—投标—中国—问题解答③政府采购—中国—问题解答 Ⅳ.①TU723-44②F812.45-44

中国版本图书馆CIP数据核字(2016)第103216号

本书通过大量的案例,结合《中华人民共和国招标投标法实施条例》和《中华人民共和国政府采购法实施条例》的最新要求,对我国工程建设招投标与政府采购招投标领域的工作实践进行了解读分析。本书以问答的形式,对各种招投标、政府采购实践过程中的疑难问题、常见问题、不易把握的问题进行了分析和澄清。全书分为12章及附录1~6,内容分为招标方式问答,信息发布问答,招标文件问答,投标文件问答,评标方法问答,保证金问答,开标、评标与中标问答,中标合同问答,监管、投诉、质疑问答,专家库管理问答,联合体问答,代理机构问答等。本书内容全面,知识丰富,并配有部分习题及答案。

本书最大的特色是理论与实践相结合,重点突出实用性、全面性、可操作性,充分反映了当前工程建设领域招投标和政府采购领域招投标的新动向、新做法、新观念。

本书内容丰富、信息量大、可读性强,适合于所有招投标专业人士及相关人员阅读。尤其适合于企业中高层管理者、招标管理负责人、项目投标负责人、采购和供应部门、市场拓展部门、战略发展部门的技术和管理人员阅读与使用,还可以为招投标相关行业主管部门作为参考使用。

责任编辑:封　毅　张　磊　张瀛天
责任设计:王国羽
责任校对:王宇枢　党　蕾

工程建设招标投标与政府采购
常见问题300问
李志生　编著
*
中国建筑工业出版社出版、发行(北京西郊百万庄)
各地新华书店、建筑书店经销
北京永峥有限责任公司制版
北京君升印刷有限公司印刷
*
开本:787×1092毫米　1/16　印张:17　字数:406千字
2016年9月第一版　2020年1月第二次印刷
定价:38.00元
ISBN 978-7-112-19441-4
(28708)

前　　言

自 2009 年以来，笔者一直致力于招投标的培训工作和理论研究，2010 年至 2012 年担任湖南省长沙市宁乡县公共资源交易中心主任。2011 年以来，相继出版了《建筑工程招投标实务与案例分析（第 2 版）》、《〈中华人民共和国招标投标法实施条例〉解读与案例剖析》、《城乡建设法规及案例分析》等系列有关招投标相关的理论著作，并担任《招标与投标》期刊的特约撰稿人。笔者长期从事招投标的理论研究与实践工作，对招投标工作有比较深刻的认识和思考。

自 2012 年《中华人民共和国招标投标法实施条例》和 2015 年《中华人民共和国政府采购法实施条例》贯彻实施以来，国内招投标领域发生了较大的变化。为帮助读者认识、澄清和掌握我国工程建设招投标与政府采购招投标领域工作实践的新问题、新情况和新做法，本书以问答的形式，对各种招投标、政府采购实践过程中的疑难问题、常见问题、不易把握的问题进行了分析和介绍。本书最大的特色是理论与实践相结合，突出实用性、全面性、可操作性，充分反映了当前工程建设领域招投标和政府采购领域招投标的新动向、新做法、新观念。

本书的全部内容由广东工业大学土木与交通工程学院的李志生独立完成编著。

本书的知识结构和章节体系比较合理，富有逻辑性，基本上涵盖了工程招投标和政府采购工作的方方面面，在操作实务方面更注重实践并总结全国各地的经验。此外，还在每章后设计了习题和复习题（含部分答案），更有利于读者学习巩固基本概念和知识。本书内容丰富、信息量大、可读性强，可作为从事招投标相关的一切专业人士阅读。尤其适合于企业中高层管理者、招标管理负责人、项目投标负责人、采购和供应部门、市场拓展部门、战略发展部门的技术和管理人员阅读与使用，还可以为招投标相关行业主管部门作为参考使用。

作者将继续总结全国工程招投标和政府采购工作的经验和做法，及时反馈和跟踪招投标工作的政策和形势。欢迎读者继续提供有益的意见和建议，对您的意见和建议，笔者深表感谢。相关意见和建议请发至以下邮箱：Chinaheat@163.com（李志生）。

目 录

13

第1章　我国招标投标制度和法规问答

问题1　公共资源交易中心成立后，建设工程招标和政府采购招标的监管有什么变化？

答： 目前，各地、各级政府相继成立了公共资源交易中心，将建设工程招标和政府采购招标统一入场进行监管和交易。那么，在实践中，建设工程招标和政府采购中，到底是由谁来牵头监管，或如何进行分工监管协调呢？

在实践中，由于历史的原因和习惯的缘故，除非各地、各级政府有统一监管的规定，一般是由发改部门（有的地方是由建设部门）牵头监管工程的招标投标，由财政部门监管政府采购的招标。按照《招标投标法实施条例》的规定，如果县级以上地方政府对其所属部门有关招标投标活动的监督职责分工另有规定的，只要不违反国家法律法规，则可以依从县级以上地方政府及所属部门的规定。

一项建设类项目的招标，划分为建设工程招标还是政府采购，最重要的是看货物或服务是否从属于工程，其次看其项目的来源与验收规定。如某大楼的电梯招标，是从属于工程，需要取得建设部门的验收手续才可以运行，各地一般倾向于作为建设工程来招标；而该大楼的办公电脑、投影仪等招标，并不需要建设部门的批文或验收，则一般由财政部门来监督，属于政府采购的范畴。

在本书中，既论述工程建设项目的招标投标问题，也分析政府采购类的招投标问题。

问题2　工程招标的适用法律与政府采购的适用法律有什么区别？我国规范建设工程招投标的相关法规有哪些？

答： 从适用法律角度来讲，建设工程招标投标适用于《中华人民共和国招标投标法》以及《中华人民共和国招标投标法实施条例》（各地一般有实施细则）；政府采购一般适用于《中华人民共和国政府采购法》以及《中华人民共和国政府采购法实施条例》（各地一般也有实施细则）。按照《政府采购法》的规定，政府采购包括了各级国家机关、事业单位和团体组织，使用财政性资金采购依法制定的集中采购目录以内的或者采购限额标准以上的货物、工程和服务的行为，即政府采购也有工程类的招标。不过，按照《政府采购法》第四条的规定，"政府采购工程进行招标投标的，适用《招标投标法》"而按照《招标投标法》的规定，工程招标，也包括了与工程建设有关的重要设备、材料等的招标采购。而按照《招标投标法实施条例》的规定，工程还包括与工程建设有关的服务，如为完成工程所需的勘察、设计、监理等服务。

但是，无论是工程招标还是政府采购中工程类的招标，都是纳税人的钱，都是国家的财政资金，都是属于公开招标的交易行为，本质上区别不大。

目前，我国建设工程招标投标工作涉及的法律法规有10多项，其中最重要的法律法规有《中华人民共和国招标投标法》、《中华人民共和国建筑法》和《中华人民共和国招标投标法实施条例》等专门的法律法规，此外还有国家部委一些规定和各省的一些实施办法、监管办法等，如《工程建设项目招标代理机构资格认定办法》（2006 年）、《建筑工程设计招标投标管理办法》（2000 年）、《工程建设项目招标范围和规模标准规定》（2000年）、《工程建设项目自行招标试行办法》（2000 年）、《房屋建筑和市政基础设施工程施工招标投标管理办法》（2001 年）、《工程建设项目施工招标投标办法》（2003 年）、《评标专家和评标专家库管理暂行办法》（2003 年）等部门规章和规范性文件。

2013 年 3 月 11 日，国家发改委、工信部、财政部等 11 部委以发改委令 [2013] 第 23 号的形式，发布了《关于废止和修改部分招标投标规章和规范性文件的决定》。根据《招标投标法实施条例》，在广泛征求意见的基础上，对《招标投标法》实施以来国家发展改革委牵头制定的规章和规范性文件进行了全面清理。经过清理，决定废止文件 1 个 [《关于抓紧做好标准施工招标资格预审文件和标准施工招标文件试点工作的通知》（发改法规 [2008] 938 号文)]；对 11 件规章、1 件规范性文件的部分条款予以修改。

2014 年 8 月 31 日，第十二届全国人民代表大会常务委员会第十次会议通过关于修改《中华人民共和国政府采购法》等五部法律。2014 年 12 月 31 日，国务院第 75 次常务会议通过了《中华人民共和国政府采购法实施条例》，该条例经国务院令第 658 号于 2015 年 1 月 30 日公布，自 2015 年 3 月 1 日起施行，成为政府采购中最实用、最具有操作意义的法规。

目前，在工程招投标领域和政府采购领域最适用的法规分别是《中华人民共和国政府招标投标法实施条例》和《中华人民共和国政府采购法实施条例》。

问题 3　拍卖是属于招投标吗？拍卖与招投标有什么异同？

答：所谓拍卖，依照我国《拍卖法》第三条的规定，是指以公开竞价的形式，将特定的物品或者财产权利（统称拍卖物）转让给最高应价者的买卖方式。拍卖是以公开竞价的形式买卖物品或者财产权利。

拍卖和招标都是公开进行的竞价方式，都由代理机构进行，任何公民、法人和其他组织都可以参加，都需要交纳保证金和服务费，都是实行的一锤子（一次性）买卖行为，都是按规定程序选择特定对象（均不设置限制排除某些潜在的对象）的行为，均不得随意指定中标人。看起来，拍卖和招投标有很多相似之处。那么，拍卖是否就属于招标呢？

（1）公开竞价的方式不同

拍卖是以公开竞价的形式买卖物品或者财产权利。所谓公开竞价，指买卖活动公开进行，公民、法人和其他组织自愿参加，参加竞购拍卖标的的人在拍卖现场根据拍卖师的叫价，决定是否应价，其他竞买人应价时，可以高于其他人的应价再次出价，更高的应价自然取代较低的应价，当某人的应价经拍卖师三次叫价再无人竞价时，拍卖师以落槌或者以其他公开表示买定的方式确定拍卖成立。拍卖活动中，所有的竞争最终总是围绕着价格进行的。虽然招投标也是围绕公开竞价的形式买卖物品或服务，但是，招投标中，所报的价格必须唯一，开标后不允许再次或多次叫价，而拍卖则可以多次叫价。所以，拍卖并不属于招投标范畴。

（2）确定中标的方式不同

拍卖是将特定物品或者财产权利转让给最高应价者的买卖方式。在拍卖这种买卖活动中，委托人和拍卖人都希望以可能达到的最高价格卖出一件物品或者一项财产权利，因此，只要竞买人具备法律规定的条件，哪个竞买人出价最高，拍卖的物品或者财产权利就卖给这个应价者。虽然拍卖和招投标行为始终都是围绕价格的竞争。但是，在拍卖活动中，拍卖行为完全是价高者得，价格成为唯一的竞争武器。而招投标中尽管价格也占有非常重要的、甚至是决定性的因素，但招投标中并不完全是价格的竞争，也并非就是价格低者可以中标，还有技术、服务、性能等各种指标，招投标还有多种评价方法。所以，拍卖并不属于招投标范畴。

（3）拍卖和招投标的本质和程序不同

拍卖活动由拍卖师主持，所有竞价者公开进行价格竞争，而招投标需由评标委员会根据国家法律法规和招标文件，客观、独立地进行评审或打分，因此，它们的本质和程序都不同，从这点上讲，拍卖也不属于招投标的范畴。

（4）拍卖和招投标的主体不同

拍卖一般由拍卖行或律师事务所进行，而招投标则由招标代理机构或业主单位进行，它们的主体不同，参与对象也不同。从这点上讲，拍卖也不属于招投标的范畴。

（5）监管的方式不同

拍卖，属于纯粹的商业行为或市场交易，虽然也有一定的监管；但招标，尤其是公开招标，是需要受到严格的监管的，因为用的是纳税人的钱，或者国家、政府、集体的财政资金或公共资金，因此，从信息披露到投诉反馈等一系列行为的监管是非常严格严密的。从这点上讲，拍卖也不属于招投标的范畴。

所以，无论从形式、内容、主体还是程序，拍卖都不属于招投标行为。不过，值得注意的是，世界上法语地区的招标，有所谓拍卖式招标。拍卖式招标的最大特点是以报价作为判标的唯一标准，其基本原则是自动判标：即在投标人的报价低于招标人规定的标底价的条件下，报价最低者得标。当然得标人必须具备前提条件，就是在开标前已取得投标资格。这种做法与商品销售中的减价拍卖颇为相似，即招标人以最低价向投标人买取工程。只是工程拍卖比商品拍卖要复杂得多。这种情况下，拍卖与招标相结合，已很难分出招标与拍卖的区别。

问题4　《招标投标法实施条例》对建设工程招标规定有哪些新变化？

答：目前，关于建设工程领域，指导招标行为最重要、最可行的招投标法规是《中华人民共和国招标投标法实施条例》。2011年12月20日，由时任国务院总理温家宝同志以第613号国务院令的形式，公布了《中华人民共和国招标投标法实施条例》，来作为建设工程招标的法律层面执行细则，当然各地方政府有更具体的实施细则。该条例已于2012年2月1日开始正式实施。这是因为《招标投标法》自2000年1月1日起施行，至今已有10多年了。因为当时中国政府尚未加入世界贸易组织，很多法律条文并不见得合理和具有可操作性，尤其是因为没有实施细则，加之《招标投标法》缺乏可操作性，各地在招投标实践中出现了一些新的问题，这些问题需要在全国范围内有权威的法律层面的执行标准。

因此，认真总结《招标投标法》实施以来的实践经验，制定出台配套行政法规，将法律规定进一步具体化，增强可操作性，并针对新情况、新问题充实完善有关规定，进一步筑牢工程建设和其他公共采购领域预防和惩治腐败的制度屏障，维护招标投标活动的正常秩序，就出台了新的《招标投标法实施条例》。

那么，为什么不直接修改《招标投标法》这部法律呢？这是因为修改法律周期长、程序复杂。并且，法律的本质，决定了就是再修改完善，也不可能非常具体。

第一，《招标投标法实施条例》在制度设计上进一步显现了科学性。《招标投标法实施条例》展现了开放的心态，在制度设计上做到了兼收并蓄。《招标投标法实施条例》多处借鉴了政府采购的一些先进制度。例如，借鉴《政府采购法》建立了质疑、投诉机制；在邀请招标和不招标的适用情形上借鉴了《政府采购法》关于邀请招标和单一来源采购的相关规定；在资格预审制度上借鉴了《政府采购货物和服务招标投标管理办法》的相关规定等。

第二，《招标投标法实施条例》总结吸收招投标实践中的成熟做法，增强了可操作性。《招标投标法实施条例》对《招标投标法》中一些重要概念和原则性规定进行了明确和细化。如：明确了建设工程的定义和范围界定；细化了招投标工作的监督主体和职责分工；补充规定了可以不进行招标的5种法定情形；建立招标职业资格制度；对招标投标的具体程序和环节进行了明确和细化；使招投标过程中各环节的时间节点更加清晰；缩小了招标人、招标代理机构、评标专家等不同主体在操作过程中的自由裁量空间。

第三，《招标投标法实施条例》突显了直面招投标违法行为的针对性。针对当前建设工程招投标领域招标人规避招标、限制和排斥投标人、搞"明招暗定"的虚假招标、少数领导干部利用权力干预招投标、当事人相互串标等突出问题，《招标投标法实施条例》细化并补充完善了许多关于预防和惩治腐败、维护招投标公开、公平、公正性的规定。例如：对招标人利用划分标段规避招标做出了禁止性规定；增加了关于招标代理机构的执业纪律规定；细化了对于评标委员会成员的法律约束；对于原先法律规定比较笼统、实践中难以认定和处罚的几类典型招投标违法行为，包括以不合理条件限制排斥潜在投标人、投标人相互串通投标、招标人与投标人串通投标、以他人名义投标、弄虚作假投标、国家工作人员非法干涉招投标活动等，都分别列举了各自的认定情形，并且进一步强化了这些违法行为的法律责任。

问题5 国际招标投标的发展变化趋势是什么？

答：众所周知，招标和投标最早起源于英国。因此，招标和投标文件也是先有英文后有中文的。招标投标制度是商品经济的产物，它出现于资本主义发展的早期阶段。早在1782年，当时的英国政府从政府采购入手，在世界上首次进行了招标采购。由于这种制度奉行"公开、公平、公正"的原则，一出现就具备了强大的生命力，随后被国际各国所采用并沿用至今，其历史已达220多年。随着招标投标制度在实践中不断改进和革新，今天的国际上通行的招标投标制度已相当完善，已成为世界银行等国际援助项目所普遍使用的制度。

在市场经济高度发展的资本主义国家，采购招标形成最初的起因是政府、公共部门或政府指定的有关机构的采购开支主要来源于法人和公民的税赋和捐赠。这种捐赠的用途必须以一种特别的采购方式来促进采购尽量节省开支、最大限度地透明和公开以及提高效率目标的实现。继英国18世纪80年代首次设立文具公用局（Stationery Office）后，许多西方国家通过了专门规范政府和公共部门招标采购的法律，形成了西方国家具有惯例色彩的"公共采购市场"。20 世纪 70 年代以来，招标采购在国际贸易中比例的迅速上升，招标投标制度也成为一项国际惯例，并形成了一整套系统、完善的为各国政府和企业所共同遵循的国际规则。目前，各国政府加强和完善了与本国法律制度和规范体系相应的招标投标制度，这对促进国际经济合作和贸易往来发挥了重大作用。

进入 20 世纪后，世界各国的招标制度得到了很大的发展。很多欧美国家都立法规定，政府公共财政资金的采购必须实行公开招标。这既是为了优化社会的资源配置，更是预防腐败的需要。在国际贸易中，发达国家如欧盟国家采用招投标机制，主要是希望消除国家间的贸易壁垒，促进货物、资本、人员流动这一目标的一种手段。国际金融组织采用招标投标方式，则是为了减少或降低贷款或投资风险。如世界贸易组织（WTO）在东京回合谈判通过的《政府采购协议》就要求成员国对政府采购合同的招标程序作出规定，以保证供应商在一个平等的水平上进行公平竞争。发展中国家运用招标投标机制，则主要是为了改善本国进口的质量，减少和防止国有资产流失。

21 世纪以来，随着世界经济一体化的加速推进，加之互联网的广泛使用，招标投标形势发生了很大变化。当前，世界上主要国际组织和发达国家都在积极探索、规划和大力推行政府采购电子化。虽然各国的发展很不平衡，但是采购的电子化已是大势所趋。更重要的是，由于国际组织不仅注重采购电子化方面的立法，而且普遍在其采购实践中实现了电子化。新兴工业化国家和一些中等发达国家也都在采取积极措施，推动政府采购及其电子化的发展。如韩国、新加坡、马来西亚等国家以及中国的台湾、香港等地区政府采购电子化的应用都比较普遍。

此外，进入 21 世纪，招标投标在合同签订的规范性方面也发生了一些新的变化。最典型的是国际咨询工程师协会（FIDIC）编制的合同条款、格式等已被世界银行和世界各国所接受和应用，成为招标投标合同的范本。我国城乡和住房建设部、国家工商行政总局所颁发的《建设工程施工合同》示范文本及 FIDIC 合同条款中，对此都有相应的规定。

问题 6　我国政府各部门在招投标以及政府采购的职能是什么？

答：根据 2012 年中共十八大会议精神和 2013 年全国两会以后旨在落实中央的改革精神和国务院机构改革方案的要求，我国将提高政府整体工作效能，推动建设服务政府、责任政府、法治政府和廉洁政府。而其中一些部门在负责国内外招投标以及采购方面的职能上也发生了转变。

1. 发改委

国家发展和改革委员会减少微观管理事务和具体审批事项，抓好宏观调控。国家发展和改革委员会新增的一项职责为"指导和协调全国招投标工作"。根据上述职责，国家发展和改革委员会设法规司"按规定指导协调招投标工作"。此外，中国机电设备招标中心、中国机电设备成套服务中心、中小企业对外合作协调中心（对外称中国中小企业对外合作协调中心）划给工业和信息化部管理。

2. 商务部

对商务部来说，将取消和下放部分行政职责。取消已由国务院公布取消的行政审批事项；取消直接办理与企业有关的评比及品牌评定活动、编报并执行机电产品配额年度进口方案、对引进技术的再出口进行监督的职责。此外，将进出口企业经营资格备案职责交给地方政府，将贸易投资促进、援外项目招标、主办的相关会展活动等具体组织工作交给事业单位。在招标管理方面，将下放援外项目招标权。具体招投标管理工作由对外贸易司和机电司承担具体职能，对外贸易司拟订和执行进出口商品配额招标政策；机电和科技产业司（国家机电产品进出口办公室）拟订进口机电产品招标办法并组织实施。

3. 工信部

工业和信息化部总共设立 24 个司局，主要职责分为了 15 项。规定将国家发改委工业行业管理和信息化的有关职责、原国防科工委除核电管理以外的职责以及原信息产业部和国务院信息化工作办公室的职责划入工业和信息化部。原信息产业部所属事业单位和原国防科学技术工业委员会的北京航空航天大学等 7 所直属高校，国家发展和改革委员会的中小企业对外合作协调中心、中国机电设备招标中心、中国机电设备成套服务中心由工业和信息化部管理。

4. 其他部委

水利部将城市涉水事务职责交给各城市政府执行，国务院各相关部门根据所承担的职责进行业务指导。另外一部分已由国务院公布的行政审批事项将从水利部职责中被划去。在财政方面，财政部加快形成统一规范的财政转移支付制度，大力减少、整合专项转移支付项目，将适合地方管理的专项转移支付具体项目审批和资金分配工作交给地方政府。

由上所述我们不难看出，国家发改委、财政部、商务部等中央宏观经济管理部门突出的特点是：弱化微观管理，强化宏观调控。对招投标工作，有关部门则本着"指导和协调"的原则，将具体权责交给了地方政府和事业单位。

问题 7　我国整合建立统一的公共资源交易平台工作方案的基本思路是什么？

答：按照《国务院办公厅关于印发整合建立统一的公共资源交易平台工作方案的通知》（国办发〔2015〕63 号）要求，各地要整合分散设立的工程建设项目招标投标、土地使用权和矿业权出让、国有产权交易、政府采购等交易平台，在统一的平台体系上实现信息和资源共享，依法推进公共资源交易高效规范运行。积极有序推进其他公共资源交易纳入统一平台体系。民间投资的不属于依法必须招标的项目，由建设单位自主决定是否进入统一平台。统一的公共资源交易平台由政府推动建立，坚持公共服务职能定位，实施统一的制度规则、共享的信息系统、规范透明的运行机制，为市场主体、社会公众、行政监管部门等提供综合服务。

2016 年 6 月底前，地方各级政府基本完成公共资源交易平台整合工作。2017 年 6 月底前，在全国范围内形成规则统一、公开透明、服务高效、监督规范的公共资源交易平台体系，基本实现公共资源交易全过程电子化。在此基础上，逐步推动其他公共资源进入统一平台进行交易，实现公共资源交易平台从依托有形场所向以电子化平台为主转变。

整合平台层级。各省级政府应根据经济发展水平和公共资源交易市场发育状况，合理布局本地区公共资源交易平台。设区的市级以上地方政府应整合建立本地区统一的公共资源交易平台。县级政府不再新设公共资源交易平台，已经设立的应整合为市级公共资源交易平台的分支机构；个别需保留的，由省级政府根据县域面积和公共资源交易总量等实际情况，按照便民高效原则确定，向社会公告。法律法规要求在县级层面开展交易的公共资源，当地尚未设立公共资源交易平台的，原交易市场可予以保留。鼓励整合建立跨行政区域的公共资源交易平台。各省级政府应积极创造条件，通过加强区域合作、引入竞争机制、优化平台结构等手段，在坚持依法监督前提下探索推进交易主体跨行政区域自主选择公共资源交易平台。

整合信息系统。制定国家电子交易公共服务系统技术标准和数据规范，为全国公共资源交易信息的集中交换和共享提供制度和技术保障。各省级政府应整合本地区分散的信息系统，依据国家统一标准建立全行政区域统一、终端覆盖市县的电子交易公共服务系统。鼓励电子交易系统市场化竞争，各地不得限制和排斥市场主体依法建设运营的电子交易系统与电子交易公共服务系统对接。各级公共资源交易平台应充分发挥电子交易公共服务系统枢纽作用，通过连接电子交易和监管系统，整合共享市场信息和监管信息等。加快实现国家级、省级、市级电子交易公共服务系统互联互通。中央管理企业有关电子招标采购交易系统应与国家电子交易公共服务系统连接并按规定交换信息，纳入公共资源交易平台体系。

整合场所资源。各级公共资源交易平台整合应充分利用现有政务服务中心、公共资源交易中心、建设工程交易中心、政府集中采购中心或其他交易场所，满足交易评标（评审）活动、交易验证以及有关现场业务办理需要。整合过程中要避免重复建设，严禁假借场所整合之名新建楼堂馆所。在统一场所设施标准和服务标准条件下，公共资源交易平台不限于一个场所。对于社会力量建设并符合标准要求的场所，地方各级政府可以探索通过购买服务等方式加以利用。

整合专家资源。进一步完善公共资源评标专家和评审专家分类标准，各省级政府应按照全国统一的专业分类标准，整合本地区专家资源。推动实现专家资源及专家信用信息全国范围内互联共享，有条件的地方要积极推广专家远程异地评标、评审。评标或评审时，专家应采取随机方式确定，任何单位和个人不得以明示、暗示等任何方式指定或者变相指定专家。

问题8 我国电子招标投标试点工作的任务和目标是什么？

答：《电子招标投标办法》已出台，各地在积极探索和尝试电子招标工作，为总结经验，深入贯彻实施《电子招标投标办法》，不断提高电子招标投标的广度和深度，促进招标投标市场健康可持续发展，2015年7月8日，国家发展改革委、工业和信息化部、住房和城乡建设部、交通运输部、水利部和商务部联合发出通知，在招投标领域探索实行"互联网＋监管"模式，通过试点推动建成一批符合《电子招标投标办法》要求的电子招标投标交易平台、公共服务平台和行政监督平台，鼓励、引导和带动交易平台市场化、专业化发展，架构形成全国互联互通的电子招标投标系统网络，建立健全招标投标市场信息公开共享服务体系，促进招标投标行政监督部门转变职能、创新监管方式，实现招标投标行业转型升级和市场规范化发展。

政府综合试点侧重探索建立电子招标投标信息公开共享服务体系和创新招标投标监管体制机制，为电子招标投标交易平台市场化竞争、实现互联互通信息公开共享、规范市场秩序创造良好环境。

试点的重点任务是：一是构建规范的电子招标投标系统。引导各类主体按照市场化和专业化方向有序建设和运营交易平台，加快建立公共服务平台和行政监督平台，确保本地区各类电子招标投标平台符合《电子招标投标办法》规定的功能定位，依法合规运营，并推动平台之间功能分离、互联互通和信息共享。二是创新招标投标监管方式。推动本地区招标投标行政监督由现场监督转变为在线监督，更好发挥社会监督作用，运用大数据加强和改进监督方式，实现预警纠错、事中事后监督、在线投诉举报处理，建立招标采购全过程的动态监管机制。三是营造良好制度环境。加强电子招标投标制度宣传贯彻和能力建设，完善本地区电子招标投标配套制度和政策措施，组织对不适应电子招标投标发展的规章规范性文件进行全面清理，通过电子招标投标系统向社会公开，并在线接受咨询和意见建议。

交易平台试点侧重探索电子招标投标交易平台的技术创新、优化流程、规范程序、专业运营、统一标准，实现与内部信息管理系统和外部公共信息服务系统对接并交换信息，降低交易成本，提高交易效率，确保交易安全，促进公平有序竞争。

问题 9　当前在招标投标活动中，要求提供检察院的无犯罪记录有法律依据吗？

答：当前，无论是工程招标还是政府采购，要求在投标文件中提交检察院的无犯罪记录，基本上是作为资格审查条件一票否决的，这种要求，毫无疑问加重了投标人的工作难度，也使一些投标文件因为这方面的原因而被否决。那么，招标文件所规定的要求提供当地检察院的无犯罪记录有什么法律依据吗？

根据高检会《全面开展行贿犯罪档案查询的通知》（〔2015〕3 号），为推动健全社会信用体系，营造诚实守信的市场环境，有效遏制贿赂犯罪，促进招标投标公平竞争，最高人民检察院、国家发展改革委决定在招标投标活动中全面开展行贿犯罪档案查询。这也从某个侧面说明了招投标领域违法违纪行为比较严重。最高人民检察院出台这份通知，引用的依据是根据《中华人民共和国招标投标法》的明确规定，即招标投标活动应当遵循诚实信用的原则。

在招投标活动中开展行贿犯罪档案查询，对有行贿犯罪记录的单位和个人参与招标投标活动进行限制，是健全招标投标失信行为联合惩戒机制，推动社会信用体系建设的重要举措，有利于规范招标投标活动当事人行为，提高其违法失信成本，遏制贿赂犯罪；有利于形成"一处行贿，处处受制"的信用机制，促进招投标行业持续健康发展。

行贿犯罪记录应当作为招标的资质审查、招标代理机构资质认定、评标专家入库审查、招标代理机构选定、中标人推荐和确定、招标师注册等活动的重要依据。有关行政主管部门、建设单位（业主单位）应当依据有关法律法规和各地有关规定，对有行贿犯罪记录的单位或个人作出一定时期内限制进入市场、取消投标资格、降低资质等级、不予聘用或者注册等处置，并将处置情况在 10 个工作日内反馈提供查询结果的人民检察院。行贿犯罪档案查询结果告知函自出具之日起 2 个月内有效。因此，招标文件中，要求投标人提供检察院的无犯罪记录，并作为废标条款，是有法律依据的。

问题 10　政府采购是一种招标，工程招标也是一种招标，它们到底有什么不同？

答：政府采购，是指各级国家机关、事业单位和团体组织，使用财政性资金采购依法制定的集中采购目录以内的或者采购限额标准以上的货物、工程和服务的行为。而根据

《招标投标法实条例》第二条的规定，工程建设项目，是指工程以及与工程建设有关的货物、服务等。也就是说，政府采购虽然也是一种招标活动，也有工程的采购；而招标投标尽管也有服务的采购，但狭义的招标投标着重于与工程相关的招标。政府采购与招标投标的区别主要体现在法律界定范围不同、实施主体不同、组织形式不同、资金保障不同等几个方面的区别，具体政府采购与招标投标的区别是：

1. 法律界定的范围不同

政府采购是涵盖使用财政性资金的所有政府采购活动，包括货物、服务和工程。其中服务项目的采购属政府采购独有，如会议定点、加油、修车、保险、印刷等。招投标使用的是资金性质不同，其范围是指工程以及与工程建设有关的货物、服务（如设备的维护保养、节能检测等），即招投标中的服务是指建设工程中的服务或建筑设备的服务等。政府采购一般遵循《政府采购法》、《政府采购法实施条例》以及财政部门的规章、制度等。招标投标一般遵循《招标投标法》、《招标投标法实施条例》以及建设、水利、发改、交通等部门的规章制度等。

2. 实施的主体不同

遵照《政府采购法》的规定，政府依法在每一个行政区划单位成立一个政府采购中心管理政府内部的采购事务，是一个纯服务性机构，承担实施本级《政府采购集中采购目录》内的项目采购行政职能，其经费列入财政预算，人员参照公务员管理。与招投标机构在性质上完全不同。根据政府采购的特殊性，各省从实行政府采购制度一开始，就设立独立的采购中心。对招投标而言，国家有关部门批准登记设立的各类建设工程招投标机构，其性质属于营利性企业，不是政府的内设机构，没有行政职能。当然，政府采购与招标投标都是一种公共资源的交易活动，目前各地为适应大部制的需要，将相关职能相同的工作集中在一起，成立了公共资源交易中心，将政府采购与工程交易统一集中到了公共资源交易平台上进行。

3. 组织形式有区别

政府采购是由财政部门、政府采购中心、采购人、评标专家、供应商、监察、审计机关六方共同组织采购工作，实行"采"、"管"分离，并接受纪检部门的全程监督，在程序、方式、人员等方面具有很强的规范性，从而更有利于实现"三公"原则和避免暗箱操作。而工程交易则除了具有政府采购的流程之外，还需要有各种更严格的工程立项批文、验收手续，组织形式更复杂一些。

4. 资金保障不同

政府采购实行严格的预算管理，并有坚实的政府采购资金作采购项目的保障，由国库统一集中支付，减少了拨款环节，避免了资金流失占用和拖欠资金等弊端，维护了政府形象。而工程招投标的资金，虽然也是国家的财政资金，花的也是纳税人的钱，但并不是由财政部门直接统一支付结算，而是以发改立项的形式，拨付给工程项目，更多的是一种体现建设项目的资金拨付。

问题11　2014版《政府采购法》修改的背景是什么？与2002版有什么区别？

答：中共十八大以来，加快了行政许可和审批事项的简政放权，将以前由政府一些监管的行政审批和许可事项交给市场，简化了审批手续，而加强对事后和事中的监管。为此，取消了政府采购代理机构的资质审批和许可，放宽了代理机构的市场准入。为适应这种新趋势，2014 年 8 月 31 日，第十二届全国人民代表大会常务委员会第十次会议修改通过《中华人民共和国政府采购法》（2002 年 6 月 29 日第九届全国人民代表大会常务委员会第二十八次会议通过）。

2014 版《政府采购法》与 2002 版大同小异，在以下几处进行了修改：

（1）将第十九条第一款中的"经国务院有关部门或者省级人民政府有关部门认定资格的"修改为"集中采购机构以外的"。

（2）删去第七十一条第三项。

（3）将第七十八条中的"依法取消其进行相关业务的资格"修改为"在一至三年内禁止其代理政府采购业务"。

可见，2014 年修改后的《政府采购法》，在政府采购代理机构资质的规定方面有了更宽松的监管，对其违法行为的处罚也有所放松。

问题 12　这样的项目是政府采购还是工程招标？这样的处罚该不该？

【背景】2015 年 6 月 18 日，财政部第 ×× 号政府采购信息公告显示，中 × 招投标有限公司在代理国家林业局调查规划设计院彩色工程打印系统采购项目中存在违法违规问题：该项目采购的工程打印机属于货物，该公司未按照《政府采购法》及相关规定的程序执行该项目的采购活动。因此，财政部根据财政部令第 18 号第 68 条、财政部令第 19 号第 30 条及《政府采购代理机构认定办法》（财政部令第 61 号）第 43 条的规定，对中 × 招投标有限公司给予警告的行政处罚，责令进行整改，并将整改情况报本机关。受罚的中 × 招投标有限公司的 L 先生很委屈，认为该项目是属于某中央投资项目的分支项目，项目有发改委的中央投资项目批文，因此在代理该项目时，按照《招标投标法》的规定，由发改部门来监管和受理。

答：按照《招标投标法》第三条的规定，工程中的货物是适用于招投标法，工程招标的监管机关国家发改委和各级发改部门。而按照《政府采购法》第二条的规定，货物，是指各种形态和种类的物品，包括原材料、燃料、设备、产品等，均属于《政府采购法》管辖的范围，由财政部门监管。当然，政府采购中的工程招标，按《政府采购法》第四条的规定，适用《招标投标法》。

L 先生的疑问在招标代理机构并不少见。《招标投标法实施条例》出台之前，业内普遍遵循的是"谁立项、对谁负责"的做法，即如果不同法律对同一招标项目均有适用性，那么，招标单位一般会优先遵照立项部门的规定。

笔者认为，一个招标采购项目，是走建设行政主管部门、发改部门还是走财政部门，是遵从《招标投标法》还是《政府采购法》，在法律层面已经没有多大的模糊界限了。如果是工程以及工程不可分割的货物和服务，应该走前者；如果是跟工程无关的货物、服务采购，应该走后者。以本案例来说，规划设计院彩色工程打印系统跟工程没有多大关系，也不需要建设领域的批文和审批手续，应该更接近于普通货物的采购，因此，国家财政部的处罚有其合理性。

问题13　招投标服务场所可以收费吗？

答：在新的《招标投标法实施条例》出台以后，我国有加速成立公共资源交易中心的趋势。《招标投标法实施条例》第四条规定："设区的市级以上地方人民政府可以根据实际需要，建立统一规范的招标投标交易场所，为招标投标活动提供服务。招标投标交易场所不得与行政监督部门存在隶属关系，不得以营利为目的。"目前，一些地方设立了开展招标投标活动的场所，有工程交易中心、公共资源交易中心等，《招标投标法实施条例》将其称为"招标投标交易场所"。

在功能定位上，《招标投标法实施条例》规定招标投标交易场所应立足于为招投标活动提供服务。

在与行政监督部门的关系上，《招标投标法实施条例》规定招标投标交易场所不得与行政监督部门存在隶属关系。

在设立的层级上，《招标投标法实施条例》规定设区的市级以上地方人民政府可以根据实际需要建立统一规范的招标投标交易场所。同时，《招标投标法实施条例》规定招标投标交易场所不得以营利为目的。因此，招投标服务场所或交易中心可以收取一定的费用，但不得以营利为目的，收费依据必须取得当地物价部门的许可。当然，一些地方政府，是免费进入公共资源交易中心进行交易的，即交易中心既不向投标人收取招标文件的费用，也不向招标人收取各种形式的入场费用。

问题14　《招标投标法实施条例》颁布实施的意义是什么？与《招标投标法》相比，在指导招投标工作方面具有哪些根本性的不同？

答：《招标投标法实施条例》总结了全国各地《招标投标法》实施以来的实践经验，是对《招标投标法》规定的进一步具体化和细化，具有更强的可操作性和针对性，并且统一了《招标投标法》和《政府采购法》中某些抵触和不一致的地方，并针对政府采购、工程招投标领域所出现的新情况、新问题，充实和完善了有关规定，对于整顿和规范我国政府采购和工程招投标市场秩序、预防和惩治腐败、维护社会公平正义具有重大意义。

1. 体现了各部委团结协作和共同监管的态度

《招标投标法实施条例》的出台实施，具有一个标志性的意义，就是在招投标领域的监管方面，体现了各部委的团结协作精神，并传递了这样一个重要信息，即各部委决心采取措施扭转"九龙治水而治不了水"的局面。在修改招投标的有关法规和出台《招标投标法实施条例》的过程中，各部委的基本共识是，每一个部委都是在为国家而工作、担负责任，绝不是为了部门的利益，因此，说它具有标志性意义，一点也不为过。

《招标投标法实施条例》第四条规定：国务院发展改革部门指导和协调全国招标投标工作，对国家重大建设项目的工程招标投标活动实施监督检查。国务院工业和信息化、住房和城乡建设、交通运输、铁道、水利、商务等部门，按照规定的职责分工对有关招标投标活动实施监督。

县级以上地方人民政府发展改革部门指导和协调本行政区域的招标投标工作。县级以上地方人民政府有关部门按照规定的职责分工，对招标投标活动实施监督，依法查处招标投标活动中的违法行为。县级以上地方人民政府对其所属部门有关招标投标活动的监督职责分工另有规定的，从其规定。

财政部门依法对实行招标投标的政府采购工程建设项目的预算执行情况和政府采购政策执行情况实施监督。

监察机关依法对与招标投标活动有关的监察对象实施监察。

2. 体现了招投标工作管理方式的重要变化

《招标投标法实施条例》的贯彻实施，更多地体现了招投标工作管理方式的转变。过去有关招投标的法律，无论是《招标投标法》还是《政府采购法》，乃至于各部门的规定，都是原则性的要求比较多，即要求相关当事人应当怎么做，没有解决"如何做"的问题，也就是说，可操作性和针对性不是那么强，而《招标投标法实施条例》就解决了这个问题，如对围标、串标行为的认定和处罚，就是这方面的具体体现。再如，有关质疑和投诉的问题，也体现了管理方式的重要转变。

3. 方便进行有效的监管，加强了对合法权益的保护

现在有些地方搞招标文件的备案、审查，由于没有审查标准，成本开支惊人。有了这个《招标投标法实施条例》，审查招标文件就非常方便，工作量大大减少，既大大方便了招标人，也加强了对投标人合法权益的保护，还有利于招投标过程的监管。如《招标投标法实施条例》中关于保证金的规定，就是这方面的体现。《招标投标法实施条例》体现了人性化，也体现了各方权、责、利的统一，加强了对信息不对称方即弱势方的保护，这具有非常重要的意义。

4. 《招标投标法实施条例》在制度设计上进一步显现了科学性

《招标投标法实施条例》展现了开放的心态，在制度设计上做到了兼收并蓄。《招标投标法实施条例》多处借鉴了《政府采购法》的一些先进制度，众所周知，《政府采购法》是我国加入 WTO 以后制定的法律，较多地借鉴了世界先进国家的一些做法，较多考虑了与国际接轨的问题。例如，《招标投标法实施条例》借鉴《政府采购法》的先进做法，建立了质疑、投诉机制。如潜在投标人或投标人对资格预审文件以及招标文件、投标人对开标、投标人或者其他利害关系人对依法必须进行招标的项目的评标结果，都可以在规定时限内向招标人提出异议，招标人应当作出答复；投标人或者其他利害关系人认为招标投标活动不符合法律、行政法规规定的，可从已知或应知之日起 10 日内向有关行政监督部门投诉。这些都借鉴《政府采购法》的有关规定。

再如，《招标投标法实施条例》建立了中标结果公示制度；在邀请招标和不招标的适用情形上，借鉴了《政府采购法》关于邀请招标和单一来源采购的相关规定；在资格预审制度上借鉴了《政府采购货物和服务招标投标管理办法》的相关规定等。

5. 《招标投标法实施条例》增强了可操作性

《招标投标法实施条例》总结和吸收招投标实践中的成熟做法，对《招标投标法》中一些重要概念和原则性规定进行了明确和细化，如：明确了建设工程的定义和范围界定；细化了招投标工作的监督主体和职责分工；补充规定了可以不进行招标的 5 种法定情形；建立招标职业资格制度；对招标投标的具体程序和环节进行了明确和细化；使招投标过程中各环节的时间节点更加清晰。

再如，对各种具体的违法行为和条件的规定更加具体，缩小了招标人、招标代理机构、评标专家等不同主体在操作过程中的自由裁量空间。例如：对公开招标和邀请招标的适用情形做出了更具体的规定；细化了资格预审制度（进行资格预审的，必须发布资格预

审公告和组建资格审查委员会评审资格审查申请文件）；规范了投标保证金和履约保证金的收退行为（明确规定收取额度、退还时间及退还利息等要求）；引入了两阶段招标形式。

再如，细化了评标委员会成员评标履职行为要求，增加了保证评标时间的规定（超过三分之一的评标委员会成员认为评标时间不够时，招标人应当适当延长评标时间，以保证评标工作质量）。

再如，列举了否决投标的7种具体情形，细化了投标文件澄清的条件和要求、明确了招标人从中标候选人中确定中标人的规则等。

6.《招标投标法实施条例》突显了直面招投标违法行为的针对性

针对当前建设工程招投标领域招标人规避招标、限制和排斥投标人、搞"明招暗定"的虚假招标、少数领导干部利用权力干预招投标、当事人相互串标等突出问题，《招标投标法实施条例》细化并补充完善了许多了关于预防和惩治腐败、维护招投标公开、公平、公正性的规定。

例如，对招标人利用划分标段规避招标做出了禁止性规定；增加了关于招标代理机构的执业纪律规定；细化了对于评标委员会成员的法律约束。

对于原先法律规定比较笼统、实践中难以认定和处罚的几类典型招投标违法行为，包括以不合理条件限制排斥潜在投标人、投标人相互串通投标、招标人与投标人串通投标、以他人名义投标、弄虚作假投标、国家工作人员非法干涉招投标活动等，都分别列举了各自的认定情形，并且进一步强化了这些违法行为的法律责任。

问题15　在招投标中，采用摇号或抽签方式决定中标人是否合法合理？

【背景】S省某市政工程招标，工程造价1.5亿元。公开招标公告发出后，共有全国各地的120家投标人购买了招标文件并在投标截止时间之前递交了投标文件。评标时，为减少评标时间，招标人决定从120家投标人之间，先通过随机抽签的方法确定12家投标人，然后在这12家投标人里面进行资格性和符合性审查，在通过资格性和符合性审查的投标人中，选取一名最低投标报价的投标人作为中标人。

在抽签评标的当天，各投标人代表悉数到达抽签现场，见证抽签的过程和结果。抽签结果出来以后，各投标人代表议论纷纷，各种说法都有。有的认为抽签评标公平且合理；有的认为抽签法既不合理也不公平，应该尽快淘汰；还有的说抽签法公平但是合理性说不清楚；也有的说既然目前不能立刻达到公平且合理，那我支持抽签法，至少公平；更有的说抽签法其实是我们的政府和监管部门回避招标投标中的一些制度设计不科学、监管无力、部门失察等管理无能的最典型的表现形式。

答：抽签法（或摇号法）就是对报名的投标人进行资格审查后，经专家合理评审确定若干入围投标人后，采取摇号方式产生中标候选人的评标方法（或者先摇号筛选后进行符合性评审）。可见，摇号评标并不是没有资格审查而完全属于抓阄式的随机确定中标人的一种评标方法。

严格地说，这并不是一种评标方法。所谓抽签评标法是指中标人的产生完全是由随机的摇号过程产生。《中华人民共和国政府采购法》、《中华人民共和国招标投标法》、财政部18号令等法律、法规和条例中并没有规定这种评标方法。从理论上看，抽签评标法似乎符合"公开、公平、公正"的原则。但是，实际上，这种评标方法一出现就有很大争议，甚至没有法律依据。《中华人民共和国招标投标法》第四十一条规定，中标人的投标应当符合下列条件之一：

（1）能够最大限度地满足招标文件中规定的各项综合评价标准；

（2）能够满足招标文件的实质性要求，并且经评审的投标价格最低；但是投标价格低于成本的除外。

面对这种"抽签确定中标者"的做法是否合法的质疑，有律师援引"法不禁止即为许可"的法律原则进行阐释，认为法律虽然没有摇号等形式的规定。但是，在笔者看来，这是典型的专业人士在说"外行话"。"法不禁止即为许可"的法律原则适用的是私权领域，是为了保障个体的权利和自由。而在公权领域，法律的原则是"法无许可即为禁止"，如此要求是为了约束公权力不至于突破法律规定的界限被滥用。既然《招标投标法》规定了中标者要满足两个必备条件：一是能够最大限度地满足招标文件中规定的各项综合评价标准；二是能够满足招标文件的实质性要求，并且经评审的投标价格最低，但是投标价格低于成本的除外，则抽签法显然都不能满足这两个条件。因此，从法律上讲，抽签法确定中标者并不符合法律规定的精神。

因此，抽签法是明显违反法律规定的。

我们再分析抽签法是否符合中国的国情和实际。抽签法的初衷是当前腐败形式下的无奈之举，也是富有中国特色的评标方法。抽签评标法是一些地方政府在招标领域反腐败进行的一些新的尝试。目前，很多地方政府甚至以红头文件的形式，规定某些评标必须使用摇号的方法。

这项制度的设计者提出，"明定规则难以执行，只能减少权力干预"，不过，这与其说是一种制度创新，不如说是一种妥协，以不能保证选择最优投标者的"代价"来换取确定中标过程中没有人为干预。但问题是，这一制度设计的实施效果，想象成分多于实际效果。工程招标过程中公平公正地确定招标者固然重要，但更重要的是确定中标者后如何切实尽到监管之责。显然，抽签法有一定的合理性，但如果缺乏有效监管和阳光操作，抽签法并不能完全杜绝权力对招投标的干预，围标和串标在抽签法的外衣下，照样可以发生。

再次，抽签评标法就算各环节都很公开、公正、公平，但随机性实在太大，中标人的中标价格、服务、技术等各方面的条件都是未知的、充满随意性的，根本无法做到"最大限度地满足招标文件中规定的各项综合评价标准。"因为抽签法不考察各投标人的资质、业绩和实力，如果在资格审查环节设置资质、业绩等门槛条件，则更容易产生量身定做的嫌疑。通过类似于彩票中奖或古老的"抓阄"方法来确定工程招标，其科学决策是无法体现的，也未必能达到业主的招标要求。

这种评标方法受到广泛质疑是肯定的。2013 年 1 月，法制网更是以"摇号中标是逃避式创新"为题，进行了比较详细的分析报道。抽签评标法不是法律规定和认可的一种评标方法，自诞生之日起就受到很多人的非议或者欣赏（摇号招标是创新还是无奈？雁晨，中国建设报，2009 年 6 月 12 日）。但是，近年来，在各地的评标实践中，摇号评标又应用得非常广泛。如厦门市曾规定：千万元以下国资项目工程摇号招标（卢志勇，经济参考报，2007 年 11 月 19 日）。再如海南东方就对摇号评标法进行了肯定（海南东方：工程摇号招标约束权力违规运行，新华网海南频道，2009 年 5 月 20 日）；其他如浙江（摇号让工程招投标更阳光，陈小军，今日江山，2010 年 4 月 6 日）；福建（众人面前一杆秤，写在京福线南平段一期工程招标工作结束之际，陈绿原，今日闽北）；江西（江西省彭泽至湖口高速公路新建工程土建施工招标分段摇号方案，江西澎湖高速公路网，2008 年 8 月 26 日）；四川（四川工程谁中标摇号来确定，郭丹，中国建设报：2009 年 12 月 2 日），还有湖北、河南、广东等地都曾大量采用过摇号评标法。广东深圳、东莞、惠州等地也曾大量使用过摇号评标法，对摇号评标法，广东经历过尝试—禁止—尝试的循环，目前还在使用。笔者作为评标专家，也曾多次参与过摇号评标的过程。但是，目前甚至有的地方把摇号评标方法作为一种规范化、标准化评标方法来遏制不正之风，甚至当地政府或纪委以红头文件的形式，规定要实行抽签法来进行评标。

抽签评标运用统计学的随机原理，如果操作得当，在招标中可以做到最大限度的"公平、公开和公正"。能够有效解决各种评标过程中的人为操控行为，在一定程度上遏制了围标、串标等现象的产生，也因此减少腐败行为。但是，摇号法或抽签法照样不能杜绝围标串标等行为，因为按照概率的原则，某些投标人多组织一些企业参与摇号，照样可以围标。

因此，目前一些地方规定使用抽签法来决定中标人的做法，有一定的合理性，对减少权力干预招投标有一定的作用，但不可过分夸大它的作用，更不可能放松抽签法下的监管。而从法律上讲，这种方法是完全违反法律规定的。不过，这种评标方法简单易行，花时很少。

问题 16　公共资源交易中心或招投标交易中心是什么部门？目前从属于行政监督部门合法吗？

答： 按照《招标投标法实施条例》第五条的规定，设区的市级以上地方人民政府可以根据实际需要，建立统一规范的招标投标交易场所，为招标投标活动提供服务。招标投标交易场所不得与行政监督部门存在隶属关系，不得以营利为目的。

也就是说，目前全国各地的公共资源交易中心不得与行政监督部门存在隶属关系。如有些地方，公共资源交易中心是建设行政部门或发改部门的二级机构的这种方式，是违背《招标投标法实施条例》规定的。目前的趋势是，公共资源交易中心逐步变成了省、市的直属事业单位。目前，国内有的省份在省级这一层面成立了公共资源交易局，这种模式是比较新颖的。

问题 17　交通运输部自 2016 年 2 月 1 日起施行的《公路工程建设项目招标投标管理办法》出台有何背景？主要从哪些方面完善了现有的公路工程建设项目招标投标制度？

答： 公路建设行业是最早全面开放建设市场，最先实行招投标制度的行业之一，早在 1989 年原交通部就首次发布了《公路工程施工招标投标管理办法》。尤其是自 2000 年 1 月 1 日起《招标投标法》实施以来，交通运输部先后制定颁发了一系列规范公路工程建设项目招标投标活动的部门规章和规范性文件，涵盖了公路工程施工、勘察设计、监理等多个方面，对于维护公开、公平、公正的公路建设市场竞争秩序发挥了重要作用。

"法定职责必须为、法无授权不可为"等改革思路，对交通运输部在招标投标监管中应发挥的作用提出了明确的路径。

但是，随着我国经济社会发展，公路工程建设项目招标投标活动的外部环境和内在要素正在发生重大变化，主要体现在四个方面：一是国务院于 2011 年颁布了《招标投标法实施条例》，需要结合公路行业特点对其中的条款进行补充细化，要求《公路工程施工招标投标管理办法》的相关内容更加具备可操作性。二是中共党的十八大和十八届三中、四中全会提出"简政放权"、"使市场在资源配置中起决定性作用和更好发挥政府作用"、"法定职责必须为、法无授权不可为"等改革思路，对交通运输部在招标投标监管中应发挥的作用提出了明确的路径。三是交通运输部提出了公路建设管理体制改革的总体思路，招标投标作为其重要环节，需充分考虑"择优导向"、"加强信用评价结果在招投标中的应用"、"坚持信息公开"等原则。四是目前公路建设市场招标投标领域出现了一些新情况、新问题，如招标人通过故意提高对投标人的资格条件要求等不合理的条件限制、排斥某些单位参与投标；一些招标投标活动当事人相互串通、围标串标，严重扰乱招标投标活动正常秩序，破坏公平竞争；评标时存在的疏忽、错漏情况等影响了评标结果的公正性；涉及招标投标方面的腐败问题时有发生等。

《公路工程施工招标投标管理办法》在坚持公路工程招标"公开公平公正"；增加"择优"的导向性；重拳打击投标人围标串标、弄虚作假；解决违法分包、工程变更等突出问题；推进招投标进入公共资源交易市场等方面完善了现有的公路工程建设项目招标投标制度。

问题 18　交通运输部自 2016 年 2 月 1 日起施行的《公路工程建设项目招标投标管理办法》整合了哪些法律法规和规章制度、文件？

答：正是由于交通工程招标的外部环境和内在要素的变化，亟待对有关公路工程建设项目招标投标的现有规章制度进行修订完善。自 2012 年起，交通运输部组织力量先后开展了公路工程施工、勘察设计、监理三个管理办法的修订工作，经多次征求意见和修改，本着精简、实用、合法等原则，结合公路建设管理体制改革，针对公路建设行业有关招标投标的新问题，坚持问题导向，坚持制度创新，进一步对《公路工程建设项目招标投标管理办法》进行了修改，并对三个管理办法进行统一整合、编制，解决了立法碎片化问题，完善了公路建设招标投标法规体系，一次性清理和废止了以前发布的已不再适用的与公路工程招标投标相关的 13 个规章和规范性文件，避免了规范性文件的效力长期处于不确定状态。

《公路工程建设项目招标投标管理办法》（中华人民共和国交通运输部令 2015 年第 24号）颁布施行后，交通运输部一次性清理和废止了不再适用的 13 个规章和规范性文件。这些规章和规范性文件是：

《公路工程施工招标投标管理办法》（交通部令 2006 年第 7 号）、《公路工程施工监理招标投标管理办法》（交通部令 2006 年第 5 号）、《公路工程勘察设计招标投标管理办法》（交通部令 2001 年第 6 号）和《关于修改〈公路工程勘察设计招标投标管理办法〉的决定》（交通运输部令 2013 年第 3 号）、《关于贯彻国务院办公厅关于进一步规范招投标活动的若干意见的通知》（交公路发〔2004〕688 号）、《关于公路建设项目货物招标严禁指定材料产地的通知》（厅公路字〔2007〕224 号）、《公路工程施工招标资格预审办法》（交公路发〔2006〕57 号）、《关于加强公路工程评标专家管理工作的通知》（交公路发〔2003〕464 号）、《关于进一步加强公路工程施工招标评标管理工作的通知》（交公路发

〔2008〕261号）、《关于进一步加强公路工程施工招标资格审查工作的通知》（交公路发〔2009〕123号）、《关于改革使用国际金融组织或者外国政府贷款公路建设项目施工招标管理制度的通知》（厅公路字〔2008〕40号）、《公路工程勘察设计招标评标办法》（交公路发〔2001〕582号）、《关于认真贯彻执行公路工程勘察设计招标投标管理办法的通知》（交公路发〔2002〕303号）。

问题19　交通运输部自2016年2月1日起施行的《公路工程建设项目招标投标管理办法》的适用范围是什么？

答：《公路工程建设项目招标投标管理办法》涵盖了公路工程施工、勘察设计、监理三个方面的招标管理办法。因此，适用于一切公路工程的招标。《公路工程建设项目招标投标管理办法》第二条规定，在中华人民共和国境内从事公路工程建设项目勘察设计、施工、施工监理等的招标投标活动，适用本办法。

该办法的第七十二条规定，使用国际组织或者外国政府贷款、援助资金的项目进行招标，贷款方、资金提供方对招标投标的具体条件和程序有不同规定的，可以适用其规定，但违背中华人民共和国的社会公共利益的除外。

此外，公路工程采用电子招标投标的，也适用《公路工程建设项目招标投标管理办法》，当然也应当按照国家有关电子招标投标的规定执行。

问题20　公路工程招标的监管模式有什么变化？各级交通主管部门对公路工程招标的审批和备案权限是什么？

答：实行备案制，加强事中事后监管是公路工程招标监管模式的新变化。交通运输部自2016年2月1日起施行的《公路工程建设项目招标投标管理办法》第三条规定，交通运输部负责全国公路工程建设项目招标投标活动的监督管理工作。省级人民政府交通运输主管部门负责本行政区域内公路工程建设项目招标投标活动的监督管理工作。

因此，2016年以后，交通运输部将公路工程招标备案权限下放至了省级交通运输主管部门。本次对工程招标办法的修订，进一步体现了简政放权、依法行政、深化行政审批制度改革。

《公路工程建设项目招标投标管理办法》明确了交通运输部和省级交通运输主管部门对于公路工程建设项目招标投标活动的监督管理职责，督促各级交通运输主管部门依法行政，依法行使监督权利，全面落实监督义务；规定了备案制度，要求招标人将资格预审文件、招标文件、招标投标情况的书面报告报交通运输主管部门备案，以利于监管部门加强事中事后监管；删减了将资格审查报告报交通运输主管部门备案等程序；下放招标监督权限，将公路工程招标备案权限下放省级交通运输主管部门，具体备案的部门、备案程序由省级交通运输主管部门负责确定。

问题21　交通运输部自2016年2月1日起施行的《公路工程建设项目招标投标管理办法》在坚持"公开、公平、公正"，增加"择优"的导向性等方面，进行了哪些具体的改革？

答：公路工程建设项目实行招投标制度，为降低公路建设成本、选择最优的参建队伍、促进市场公平竞争创造了良好的制度环境。交通运输部在 2015 年进行的公路建设管理体制改革调研中发现，由于各种外部因素的影响和制约，一些省份招投标程序和制度设计出现了偏差，没有充分考虑工程特点和技术要求，简单地以"抓阄"方式定标，没有将投标人的业务专长和建设能力作为重点考量因素，偏离了"择优"的基本价值导向，不利于公平竞争、良性竞争，没有充分发挥市场在资源配置中的作用。

《交通运输部关于深化公路建设管理体制改革的若干意见》也明确指出，坚持依法择优导向。遵循"公开、公平、公正、择优"原则，尊重项目建设管理法人依法选择参建单位的自主权。

《公路工程建设项目招标投标管理办法》坚持"公开公平公正"，增加"择优"的导向性，加强信用评价结果在资格审查和评标工作中的应用，新增技术评分最低标价法，禁止抽签、摇号直接确定中标候选人。

《公路工程建设项目招标投标管理办法》在以下三个方面提高"择优"的导向性。

一是加强信用评价结果在资格审查和评标工作中的应用，鼓励和支持招标人优先选择信用等级高的从业企业。对于信用等级高的单位，可以给予增加参与投标的标段数量，减免投标保证金，减少履约保证金、质量保证金等优惠措施；可以将信用评价结果作为资格审查或者评标中履约信誉项的评分因素。

二是公路工程施工招标评标新增技术评分最低标价法，对通过初步评审的投标人的施工组织设计、项目管理机构、技术能力等因素进行评分，按照得分由高到低排序，对排名在招标文件规定数量以内的投标人的报价文件进行评审，按照评标价由低到高的顺序推荐中标候选人。该方法可在一定程度上解决市场上现存的围标串标问题，并增加了综合实力强、实行现代企业管理的投标人中标机率。同时在公路工程施工招标中增加"技术能力"作为评标时的评分因素，也有利于招标人选择到综合实力强的企业。

三是明确禁止采用抽签、摇号等博彩性方式直接确定中标候选人。

习题与思考题

1. 单项选择题

（1）招标投标最早起源于以下哪个国家（　　）？

    A. 美国　B. 英国　C. 德国　D. 日本

（2）《中华人民共和国招标投标法实施条例》自（　　）开始实行。

    A. 2011 年 11 月 30 日　　B. 2011 年 12 月 1 日

    C. 2012 年 1 月 1 日　　D. 2012 年 2 月 1 日

（3）我国指导和协调全国招标投标工作的部门是（　　）。

    A. 发改委　B. 住建部　C. 财政部　D. 监察部

（4）招标投标交易场所不得与（　　）存在隶属关系。

    A. 行政监督部门　B. 建设部门　C. 纪检监察部门　D. 发改部门

（5）我国禁止（　　）以任何方式非法干涉招标投标活动。

    A. 招标人领导和工作人员　B. 监管部门工作人员

    C. 国家工作人员　　　　　D. 纪委人员

（6）交通运输部自（　　）起施行《公路工程建设项目招标投标管理办法》。

　　A. 2016 年 2 月 1 日　　B. 2015 年 12 月 1 日

　　C. 2016 年 1 月 1 日　　D. 2015 年 10 月 1 日

（7）政府采购中，如果进行工程招标，则适用法律为（　　）。

　　A.《政府采购法》　　　　　B.《招标投标法》以及《招标投标法实施条例》

　　C.《政府采购法实施条例》　　D. 财政局的部门规章

2. 多项选择题

（1）招投标的主要特征是（　　）。

　　A. 公平　B. 公开　C. 公正　D. 一次性

（2）建设工程的招标，包括（　　）。

　　A. 建筑物和构筑物的新建、改建、扩建及其相关的装修、拆除、修缮等

　　B. 与工程建设有关的货物，如电梯、照明设备、中央空调等

　　C. 与工程建设有关的服务，如勘察、设计、监理等服务

　　D. 办公电脑的招标

（3）下列属于建设工程招投标法规的是（　　）。

　　A.《工程建设项目招标代理机构资格认定办法》

　　B.《建筑工程设计招标投标管理办法》

　　C.《工程建设项目招标范围和规模标准规定》

　　D.《工程建设项目施工招标投标办法》

（4）下列不属于国务院通过的关于招投标的法规是（　　）。

　　A.《中华人民共和国招标投标法》　　B.《中华人民共和国政府采购法》

　　C.《中华人民共和国建筑法》　　　　D.《中华人民共和国招标投标法实施条例》

（5）招标投标工作信息化的内容包括（　　）。

　　A. 在网上建立潜在供应商数据库　　B. 在网上发布采购指南和最新的招标信息

　　C. 电子化评标　　　　　　　　　　D. 在网上发布招标投标的监管和处分信息

（6）交通运输部自 2016 年 2 月 1 日起施行《公路工程建设项目招标投标管理办法》，其适用范围包括公路工程的（　　）。

　　A. 施工招标　B. 监理招标　C. 勘察招标　D. 设计招标

3. 问答题

（1）招投标的意义和作用是什么？

（2）我国招投标的发展阶段是什么？

（3）最新法律法规对招投标部门监管的职责是怎么划分的？

（4）我国目前在行的有关建设工程招投标的法律法规有哪些？

（5）我国建筑招投标市场要坚持的原则有哪些？

（6）招投标活动与拍卖活动有哪些异同？

4. 案例分析题

　　2013 年 3 月，某市建设一段防洪大堤，采用财政资金 802 万元。业主为××江水利管理委员会。该业主按照以前的惯例，通过财政局申请资金和招投标审批。当地发改部门认为不应该去财政局审批，而应该来发改局下属的招投标办公室进行审批。你认为谁的理由

充分？应当如何处理？该案例反映了什么样的现实？

【参考答案】

1. 单项选择题
　　(1) B　(2) D　(3) A　(4) A　(5) C　(6) A　(7) B

2. 多项选择题（一个以上答案正确）
　　(1) ABCD　(2) ABC　(3) ABD　(4) ABC　(5) ACD　(6) ABCD

3. 略

4. 案例分析题

　　工程建设招投标，是指工程以及与工程建设有关的货物、服务，工程归属于《招标投标法》及其《招标投标法实施条例》管辖。政府采购，可以采购货物、服务和工程，政府采购中的工程招标，依据《政府采购法》第四条的规定，适用《招标投标法》。而依据《招标投标法实施条例》的规定，由县级以上地方人民政府发展改革部门指导和协调本行政区域的招标投标工作。县级以上地方人民政府有关部门按照规定的职责分工，对招标投标活动实施监督，依法查处招标投标活动中的违法行为。县级以上地方人民政府对其所属部门有关招标投标活动的监督职责分工另有规定的，从其规定。因此，政府采购可以进行工程交易，但必须依照招投标来实施。但当地政府部门如果规定工程招标必须由发改部门来审批，则应由发改部门来监管工程类交易。反之，如果当地政府部门没有明确规定，则可以依其原来的规定，有财政部门来监管，但必须依照《招标投标法》来实施招标监管。

　　该案例反映了我国政府采购监管部门和发改部门的某些利益冲突以及招投标工作职能部门的工作交叉，已成为新时期统筹监管政府采购和工程招标的矛盾焦点之一。

第2章 招标方式与规避招标问答

问题22 **《中华人民共和国招标投标法》规定的招标的两种方式——公开招标和邀请招标有何区别？**

答： 从世界各国的情况看，招标主要有公开招标和邀请招标两种方式。根据中国法律的规定：公开招标，是指招标人以招标公告的方式邀请不特定的法人或者其他组织投标。邀请招标，是指招标人以投标邀请书的方式邀请特定的法人或者其他组织投标。

这两种方式的区别主要在于：

（1）发布信息的方式不同。公开招标采用公告的形式发布，邀请招标采用投标邀请书的形式发布。

（2）选择的范围不同。公开招标因使用招标公告的形式，针对的是一切潜在的对招标项目感兴趣的法人或其他组织，招标人事先不知道投标人的数量；邀请招标针对已经了解的法人或其他组织，而且事先已经知道投标人的数量。

（3）竞争的范围不同。由于公开招标使所有符合条件的法人或其他组织都有机会参加投标，竞争的范围较广，竞争性体现得也比较充分，招标人拥有绝对的选择余地，容易获得最佳招标效果；邀请招标中投标人的数目有限，竞争的范围有限，招标人拥有的选择余地相对较小，有可能提高中标的合同价，也有可能将某些在技术上或报价上更有竞争力的供应商或承包商遗漏。

（4）公开的程度不同。公开招标中，所有的活动都必须严格按照预先指定并为大家所知的程序和标准公开进行，因为招标人选择的范围更大，竞争性更充分；相比而言，邀请招标的公开程度逊色一些，属于有限竞争性的选择。

（5）时间和费用不同。由于邀请招标不发公告，招标文件只送几家，使整个招投标的时间大大缩短，招标费用也相应减少。公开招标的程序比较复杂，从发布公告、投标人作出反应、评标、到签订合同，有许多时间上的要求，要准备许多文件，因而耗时较长，费用也比较高。

由此可见，两种招标方式各有千秋，从不同的角度比较，会得出不同的结论。在实际中，各国或国际组织的做法也不尽一致。有的未给出倾向性的意见，而是把自由裁量权交给了招标人，由招标人根据项目的特点，自主采用公开或邀请方式，只要不违反法律法规的规定，最大限度地实现了"公开、公平、公正"即可。总的原则是采用了财政资金（或国有资金）且超过了某个数额才要求进行公开招标。

问题23 **建设工程招标，哪些项目需要公开招标？**

答： 2003年3月8日，国家发改委与建设部、铁道部、交通部、信息产业部、水利部、民航总局共同颁布了《工程建设项目施工招标投标办法》。2005年7月14日，由国家发改委再一次牵头，与财政部、建设部、铁道部、交通部、信息产业部、水利部、商务部、民航总局等 11 个部委联合颁发了《招标投标部际协调机制暂行办法》。《招标投标部际协调机制暂行办法》规定，国家发改委为招标投标部际协调机制牵头单位。2012 年 2 月 1 日起施行的《中华人民共和国招标投标法实施条例》第四条规定：国务院发展改革部门指导和协调全国招标投标工作，对国家重大建设项目的工程招标投标活动实施监督检查；县级以上地方政府发展改革部门指导和协调本行政区域的招标投标工作。

《招标投标法实施条例》还规定：按照国家有关规定需要履行项目审批、核准手续的依法必须进行招标的项目，其招标范围、招标方式、招标组织形式应当报项目审批、核准部门审批、核准。项目审批、核准部门应当及时将审批、核准确定的招标范围、招标方式、招标组织形式通报有关行政监督部门。

因此，具体的项目是必须公开招标还是可以邀请招标，必须以国家的法律法规和当地政府规定的限额为准。例如，对各类工程建设项目，包括项目的勘察、设计、施工、监理以及与工程建设有关的重要设备、材料等的采购，达到下列标准之一的，必须进行招标：

（1）施工单项合同估算价在 200 万元人民币以上的；

（2）重要设备、材料等货物的采购，单项合同估算价在 100 万元人民币以上的；

（3）勘察、设计、监理等服务的采购，单项合同估算价在 50 万元人民币以上的；

（4）单项合同估算价低于上述第（1）、（2）、（3）项规定的标准，但项目总投资额在 3000 万元人民币以上的。

对于政府采购项目公开招标的标准，有些地方政府（经设区的市级以上人民政府财政部门批准）规定是 20 万元，有些是 50 万元，也有的地方规定 100 万元以上才要求公开招标。

问题 24　建设工程自行招标的条件是什么？

答：所谓自行招标，是指建设工程项目不委托招标机构招标，招标人自己进行招标的情况。自行招标不是招标方式的一种，是招标行为不进行代理的意思。根据 2013 年 4 月修订《工程建设项目自行招标试行办法》，为了规范工程建设项目招标人自行招标行为，加强对招标投标活动的监督，国家对自行招标活动进行了新的规定。

招标人自行办理招标事宜，应当具有编制招标文件和组织评标的能力，具体包括：

（1）具有项目法人资格（或者法人资格）；

（2）具有与招标项目规模和复杂程度相适应的工程技术、概预算、财务和工程管理等方面专业技术力量；

（3）有从事同类工程建设项目招标的经验；

（4）拥有 3 名以上取得招标职业资格的专职招标业务人员；

（5）熟悉和掌握《招标投标法》及有关法规规章。

因此，不能满足以上条件的，则需要将项目交给招标代理机构，代表招标人进行招标。

问题 25　法律法规对可以不招标的情况是如何规定的？

答：《招投标法》第六十六条规定：涉及国家安全、国家秘密、抢险救灾或者属于利用扶贫资金实行以工代赈、需要使用农民工等特殊情况，不适宜进行招标的项目，按照国家有关规定可以不进行招标。《招标投标法实施条例》根据实际情况，对可以不进行招标的情况进行了补充和细化。除《招标投标法》第六十六条规定的可以不进行招标的特殊情况外，有下列情形之一的，也可以不进行招标：

（1）需要采用不可替代的专利或者专有技术；

（2）采购人依法能够自行建设、生产或者提供；

（3）已通过招标方式选定的特许经营项目投资人依法能够自行建设、生产或者提供；

（4）需要向原中标人采购工程、货物或者服务，否则将影响施工或者功能配套要求；

（5）国家规定的其他特殊情形。

《招标投标法实施条例》的可操作性很强，既坚持了原则性，又兼顾了灵活性。一些工程，本来不招标也可以解决，代价也低，国家听取了地方部门的一些意见，把这些意见吸收到了《招标投标法实施条例》之中。

《中华人民共和国政府采购法》和相应的实施条例则没有规定不进行公开招标的情况，但对符合下列情形之一的货物或者服务，可以依照本法采用竞争性谈判方式采购：

（1）招标后没有供应商投标或者没有合格标的或者重新招标未能成立的；

（2）技术复杂或者性质特殊，不能确定详细规格或者具体要求的；

（3）采用招标所需时间不能满足用户紧急需要的；

（4）不能事先计算出价格总额的。

但竞争性谈判也是政府采购公开招标的方式之一。《政府采购法实施条例》第二十七条规定：符合《政府采购法》第三十一条第一项规定的情形，即因货物或者服务使用不可替代的专利、专有技术，或者公共服务项目具有特殊要求，导致只能从某一特定供应商处采购，可以采用单一来源的方式进行公开采购。

问题 26　对不进行招标的建设工程项目，应由什么部门来批准？

答：根据《招标投标法》第三条的规定，凡公开招标的项目，其具体范围和规模标准，由国务院发展计划部门会同国务院有关部门制订，报国务院批准。法律或者国务院对必须进行招标的其他项目的范围有规定的，依照其规定。另外，根据国家发改委所制定的《工程建设项目招标范围和规模标准规定》，达不到限额标准的，经项目主管部门批准，可以不进行招标。因此，项目的主管、审批部门是国家发改委或行业的主管部门，如交通、水利、铁路等，在各地方政府也是如此。如果是政府采购类项目，则一般是财政部门来批准。

问题 27　工程项目立项批复和招标方式批复是什么意思？

答：对某工程项目，建设单位先委托具有工程咨询资质的中介机构编制可行性研究报告报发改委，发改委审批或核准后就会下达一个文件，同意项目投资建设，这个批复文件就是立项批复。

立项批复后，建设单位再向发改委进行招标事项核准，是申请公开招标还是邀请招标，发改委审查后会下达一个关于招标事项核准的批复，核准申请工程是采用公开招标还是采用邀请招标。这个文件就是招标方式批复。立项批复后，建设单位会委托设计院进行初步设计，将初步设计报建设行政主管部门审查，审查完成后也会下达一个同意初步设计方案的批复，这个批复文件就是初步设计批复。具体的流程规定由当地发改委拟定。也有的地方，在进行立项批复后，会同步批复是公开招标还是邀请招标或不招标等。

问题28　规避招标与可以不进行招标的区别是什么？

答： 规避招标扰乱了正常的建设市场的秩序，使工程质量得不到保证，容易诱发腐败。但有些情况下，确实可能是对法律法规可以不进行招标的情况有误解而客观上造成了规避招标。那么，实践中，如何正确认识可以不进行招标的情况呢？应该坚持以下几条原则：涉及国家安全、国家秘密、抢险救灾或者属于利用扶贫资金实行以工代赈、需要使用农民工等特殊情况，不适宜进行招标的项目。一些建设单位随意定义"应急工程"，规避招标。有的业主以时间紧迫、任务重大为借口，将正常工程定义为"应急工程"，只在小范围发布招标公告，甚至直接确定承包人。

在招标实践中，笔者发现有招标人故意滥用《招标投标法实施条例》的规定"需要向原中标人采购工程、货物或者服务，否则将影响施工或者功能配套要求"。这一条是滥用最多的。比如，某工程，第一期是某公司中标，过几年后第二期启动建设，也直接指定这家公司施工。说是第二期和第一期有连续性，需要向原中标人采购工程或货物，这就是典型的利用法律法规规定的可以不进行招标的条款来打擦边球，故意歪曲法规。正常招标的项目都是在"阳光"下进行的，而所谓的不招标项目，往往是在工程承揽过程中，某个或某些关键人物就成了施工单位攻关的对象，容易导致钱权交易，产生腐败。

当然最常见的是，个别单位或个别领导招标意识淡薄，多以时间紧、任务重、抢进度等为由来规避招标。有些部门单位对政府工程"要招标"的认识已普遍趋于一致，但对"怎么招"的认识比较模糊。

问题29　实践中容易发生规避招标的项目有什么特点？

【背景】 某乡镇的合格学校建设项目是该"教育强县"的建设内容之一。该中学属于新建项目，投资800多万元。建设内容由1栋200多万元的主体教学楼、1栋130多万元的教师公寓、2栋100万元的学生宿舍、1栋80多万元的食堂、1个48多万元的操场、3栋20多万元的厕所、1条20多万元的围墙、1座20多万元的牌坊、1座15万元的电动门等组成。该建设项目开始后，建设单位对主体教学楼、教师公寓、学生宿舍、食堂等进行了公开招标，但对厕所、围墙、牌坊、电动门等建设内容没有进行招标，直接发包给该乡党委书记的亲戚或学校附近的村民进行承包。

答： 对于工程项目，容易发生规避招标的项目，一是建筑的附属工程。附属工程一般比较小，建设单位容易忽视。有些单位还认为只要建设的主体工程进行了招标就行了，附属工程就不需要招标，这是认识的误区。二是在工程项目计划外的工程，计划外工程从一开始就没有按规定履行立项手续，所以招标投标也就无从谈起。三是施工过程中矛盾比较大的工程，建设单位为了平息矛盾，违规将工程直接发包给当地村民或当地的黑恶势力，将为以后的工程质量和交付使用留下巨大隐患。

本案例中，厕所、围墙、牌坊、电动门等建设内容应进行招标，如果没有进行招标，直接发包给该乡党委书记的亲戚或学校附近的村民进行承包，则属于规避招标的行为，违反了招投标法规的规定。对于主体工程之外的零星工程，可以将其按专业的要求，纳入主体工程的招标中；也可以将这些零星工程作为一个包进行招标。

问题30　如何通过严格审查肢解工程来防止规避招标？

答：对于肢解工程来进行规避招标，是比较复杂的。建设单位将依法必须公开招标的工程项目化整为零或分阶段实施，使之达不到法定的公开招标规模；或者将造价大的单项工程肢解为各种子项工程，各子项工程的造价低于招标限额；或者利用关于标段的划分规定将标段划分得很小，从而规避招标，这是最常见的情况。例如在笔者的调研中，发现某个不大的公园建设招标中，供电一个包，绿化一个包，给水排水一个包，道路一个包……整个公园的造价不菲，但分解到很细的一个包就不要招标了，况且，这种肢解分包看起来还很有理由，面对监管部门的审查时说是按专业分工，加强了对建设项目专业性管理。再如，在审计过程中发现，某单位将办公楼装修工程肢解为楼地面装修、吊顶等项目对外单独发包。

问题31　法律对规避招标的处罚是什么？

答：对工程类项目，《招标投标法实施条例》第六十三条规定，"依法必须进行招标的项目的招标人不按照规定发布资格预审公告或者招标公告，构成规避招标的，依照招标投标法第四十九条的规定处罚。"即：

必须进行招标的项目而不招标的，将必须进行招标的项目化整为零或者以其他任何方式规避招标的，责令限期改正，可以处项目合同金额千分之五以上千分之十以下的罚款；对全部或者部分使用国有资金的项目，可以暂停项目执行或者暂停资金拨付；对单位直接负责的主管人员和其他直接责任人员依法给予处分。

对于政府采购类项目，《政府采购法》第二十八条规定，采购人不得将应当以公开招标方式采购的货物或者服务化整为零或者以其他任何方式规避公开招标采购。《政府采购法实施条例》第二十八条规定，在一个财政年度内，采购人将一个预算项目下的同一品目或者类别的货物、服务采用公开招标以外的方式多次采购，累计资金数额超过公开招标数额标准的，属于以化整为零方式规避公开招标，但项目预算调整或者经批准采用公开招标以外方式采购除外。

应当进行公开招标的项目化整为零或者以其他任何方式规避公开招标的，将由财政部门责令限期改正，给予警告，对直接负责的主管人员和其他直接责任人员依法给予处分，并予以通报。

问题32　这样的招标算肢解发包或规避招标吗？

【背景】某县街心公园扩建项目，政府投资80万元，这在当地算不小的项目。按该省招投标实施办法，100万元以上项目才需招投标。而县政府文件规定50万元以上的，必须进行招投标。在项目实施过程中，经有关部门同意将道路、绿化、喷水池分别直接发包给不同施工队伍，每个项目合同价都低于50万元。招投标管理部门认为业主采用肢解项目、化整为零办法规避招标，按《招标投标法》第四十九条规定，对业主处3万元罚款。业主不服，申请行政复议，请问，复议机关是支持招投标管理部门的决定还是撤销招投标管理部门的决定？理由是什么？

答：笔者认为，对于本案例，某县街心公园扩建项目，道路、绿化、喷水池虽然并不一定是属于一个施工单位可以承包的，也同时需要市政和园林绿化两个资质，分别发包也并不违法，但可以找到同时拥有有市政和园林这样资质的单位来投标和施工，因此，标的并不需要划分得那么小。但当地招投标管理部门的决定是有法律依据和道理的。复议机关应支持招投标管理部门的决定。

该工程确实有化整为零的嫌疑，所谓化整为零，即把达到法定强制招标限额的项目切割为几个小项目，每个小项目的金额均在法定招标限额以下，以此来达到逃避招标的目的。而以法律法规而言，按该省招投标实施办法，100万元以上项目才需招投标，而县政府文件规定50万元以上的，必须进行招投标，应以县政府文件为准，因为县政府文件的规定严格于省的条件，与省文件不相冲突。对于应招标的项目，应以严的为准，上位法或上级政府规定的是下限，即高于多少价格的必须招标而不是允许招标，因此应以县的规定为准。从客观实际上说，小县城的项目标的不大，也不多，更容易不规范，当地政府规定50万元的政府投资必须招标，是有一定道理的。

问题33　招标文件中能指定设备品牌或参考品牌等限制性条款吗？是否指定了三个以上的品牌就可以？

答：《招标投标法》中第三十二条规定，招标人不得以不合理的条件限制、排斥潜在投标人。同时《招标投标法实施条例》中对本条目做出的解释第五条"限定或者指定特定的专利、商标、品牌、原产地或者供应商"，属于"以不合理条件限制、排斥潜在投标人或者投标人"中的一种。

很多专业技术人员认为在招标文件中，有些内容如果不通过列"参考品牌"的方式，很难表达清楚技术要求，而且没有指定唯一的品牌且提供了三家及以上的品牌，自认为不属于违规行为。实际上招标人是在偷换观念，虽然招标人没有指定唯一品牌，但无论其推荐了多少种品牌，均属于限制了竞争，明显违背了《招标投标法》的三公原则，极易产生投诉情况。所以当出现采购的货物或服务有"技术复杂或性质特殊"情况时，建议采用邀请招标方式进行采购，而不必要冒违规的风险。

如果必须列出"参考品牌"，可参照《工程建设项目货物招标投标办法》第二十五条规定：招标文件规定的各项技术规格应当符合国家技术法规的规定。招标文件中规定的各项技术规格均不得要求或标明某一特定的专利技术、商标、名称、设计、原产地或供应者等，不得含有倾向或者排斥潜在投标人的其他内容。如果必须引用某一供应者的技术规格才能准确或清楚地说明拟招标货物的技术规格时，则应当在参照后面加上"或相当于"的字样。

问题34　资格审查条件中是否可以设置注册资金的限制？评分标准中是否可以设置注册资金的打分项目？

答：对于在资格审查条件和评分标准中能否引入注册资金，《招标投标法》、《招标投标法实施条例》、《政府采购法》和《政府采购法实施条例》均没有作出具体的规定，即对投标人的注册资金要达到多少金额才允许投标并未作出具体规定。但如果地方政府出台有关注册资金方面的门槛条件，也有法律依据。《中华人民共和国企业法人登记管理条例》

规定：企业必须在登记注册机关核定的范围内从事经营活动，且经营范围也必须与其拥有的注册资金数额一致。这一条就说明了投标人所承揽项目的总额不能超出其所拥有的资金数额，否则它没有足够的资金保障，结果可能导致项目无法完成。为了避免招标风险的发生，投标人注册资金数额必须高于采购预算金额。

但实践中，很多招标人将注册资金作为招标资格入围的"门槛"，任意抬高注册资金以限制排斥部分投标人参与，甚至导致项目流标，影响项目进度，也影响招标的公平与公正性。笔者倾向于某些地方政府的折中性规定，比如将注册资金作为评分的依据，但不作为资格审查的依据，这些规定也有一定的道理，且不违反《招标投标法》和《政府采购法》的规定。

问题35　建设工程招标中，关于水电气信等专业工程纳入总包招标后应如何处理？

【背景】 某建设工程招标，通过招标实现中标人总承包，然后中标人中标后，招标人又将某些专业工程私自与别的单位进行承包，这种做法是否合理合法？

答： 如在总包项目招标文件中已经说明了具体的专业分包工程，一般情况下，是由总包单位与专业分包单位签订专业分包合同（即：总包单位为该专业分包工程的发包人）。总包单位及专业分包单位就分包工程的质量、安全、进度等，向建设单位承担连带责任。

依据《房屋建筑和市政基础设施工程施工分包管理办法》第十条规定：分包工程发包人和分包工程承包人应当依法签订分包合同，并按照合同履行约定的义务。分包合同必须明确约定支付工程款和劳务工资的时间、结算方式以及保证按期支付的相应措施，确保工程款和劳务工资的支付。

所以，在有专业工程分包的情况下，一般说来，建设单位与专业分包施工单位不存在合同关系的，建设单位与专业分包施工单位直接进行结算，不符合部门规章和合同主体地位关系的规定和要求。但目前确实存在大量的招标人按总包的形式确定中标人后，又将某些专业工程另外以招标的方式分包出去的情况。

问题36　关于建设工程BOT项目招标的问题，请问该工程邀请招标正确吗？还需要发改委审批吗？

【背景】 某市拟修建一个钢结构过街天桥，拟采用BOT方式投融资，项目总投资约150万元。本项目由该市公用事业局负责。该局找了一个私营企业，由该企业出资建设，该企业想邀请招标，理由是该工程由它投资建设，非国有投资，可以邀请招标。

答： 关于招标形式的问题。由于总投资150万元，低于国家发改委规定的《工程建设项目招标范围和规模标准规定》的施工单项合同估算价200万元的规定，所以不是属于必须的招标范围，因此可不用通过公开招标的方式选择承包人。当然，如果是当地政府另有规定的除外。如果采用公开招标方式，就必须遵守《招标投标法》以及配套性文件的规定。由于不是必须招标项目，所以招标形式可以灵活掌握，即可以采用邀请招标的方式选择承包人，也无须有关政府部门批准，但应当向主管部门备案。

另外，过街天桥这类项目，确定也不适合采用BOT特许经营融资方式建设。BOT（Build Operate Transfer）是指工程进行建设，建成后由投资者进行经营并获得资金回收，再进行转让。由于城市过街天桥一般不会收取过路费，所以不可能进行经营回收资金，因此只能进行 BT 融资方式，即工程建设完毕后，转让给市政府。

问题37　央企中标 BT 项目后，施工用主要物资的采购还需要招标吗？

【背景】现在一些地方政府为解决基础设施项目的建设资金问题，很多项目采用 BT 模式进行运作，由中标的施工企业自行融资（自筹部分资金加银行贷款）组织施工，所需的主要原材料的采购工作全部由中标的施工企业自行完成。但央企建筑施工单位，其内部对于主要材料的集中采购招标工作都有一些自己的相关规定。针对央企建筑单位中标此类 BT 项目后，正常施工所需的主要物资采购工作是否属于依法必须招标的范围？由于施工情况会受到诸多因素的影响，此部分物资的招标工作是否可由企业根据内部规定自主决定相关采购工作？

答：采用 BT 模式实施的项目，一般采用设计和施工总承包，或者交钥匙总承包项目。因此在招标选择总承包人时，招标的范围是：工程建设项目的全部任务，包括项目的勘察、设计、施工、设备和材料的采购以及服务等，均由总承包人实施。其中设备和材料采购采用何种形式（包括招标和采购），要由总承包人负责。但是总承包人对现场作业和施工方法负全部责任，必须在工程项目竣工时，给发包人提供一个在投资得到控制的条件下，如期完成的、合格的工程建设项目。

正常施工所需的主要物资采购工作是否属于依法必须招标的范围？施工情况会受到诸多因素的影响，此部分物资的招标工作是否可由企业根据内部规定自主决定相关采购工作。依据《招标投标法实施条例》第九条的规定，可不进行招标的情形有：已通过招标方式选定的特许经营项目投资人依法能够自行建设、生产或者提供；需要向原中标人采购工程、货物或服务，否则将影响施工或者功能配套要求。因此，采用 BT 模式的总承包人对主要物资采购工作如何进行应由总承包人自主决定，是否招标也由总承包人自行决定。

但是，在实践中，很多 BT 项目，在招标文件中明确规定了一些所谓的"甲控物资"，即在招标文件中规定了，中标人中标后，要采购这些物资，需由业主来进行另外招标或在业主单位的监控下，由中标人通过公开招标的形式来确定某些主要物资。这种规定是合理合法的。因此，关键看 BT 项目的招标文件是如何约定的。

问题38　我国的政府采购方式有多种，具体到某一项目，该如何选择政府采购的方式？

答：政府采购方式指政府为实现采购目标而采用的方法和手段。我国《政府采购法》规定，我国的政府采购方式有：公开招标、邀请招标、竞争性谈判、单一来源采购、询价和国务院政府采购监督管理部门认定的其他采购方式。公开招标应作为政府采购的主要采购方式。那么，具体到某一项目，该如何选择政府采购的方式？

采购管理机构应依法制定集中采购目录和采购限额标准，但不能直接确定或指定采购方式。政府采购目录决定政府采购的范围和内容，采购限额标准决定采购的方式。管理机构对采购方式的管理应采取宏观管理方法，即只规定公开招标的限额标准，对达到公开招标限额标准以上的项目，采购人或采购代理机构就必须按照公开招标方式实施采购；如果采购人或采购代理机构认为某一项目具有特殊性，不具备公开招标条件，或经公开招标未能成立，在重新组织公开招标仍未成立的，要改变采购方式，就必须报管理机构批准。而在公开招标限额标准以下的项目，具体采取哪种方式，可由采购人或采购代理机构根据《政府采购法》规定的各种采购方式的适用情形自主决定。管理机构可以依法对采购人或采购代理机构选择采购方式及实施采购活动的行为实施监督，而没有必要对每个项目实行审批并规定具体的采购方式。

在依法确定采购方式时，还要考虑采购项目的具体情况以及采购机构的自身情况。

首先，确定采购方式，必须依照法律、法规的规定办理，因为任何人都没有超越法律法规的特殊权限。具体是参照当地财政部门的规定。比如，规定进口仪器设备的采购一定有专家论证；多少限额以上的货物采购必须公开招标；大宗常见货物、设备的零星采购采用协议供货等。

其次，还要结合采购项目的具体情况，具体问题具体对待，不能把采购项目的预算金额作为确定采购方式的唯一标准。在采购实践中，有的项目尽管预算金额较大，但数量较少，且属于标准产品，规格标准、统一，价格变化幅度不大，则不适宜于公开招标；或者说有的项目方案不细，技术复杂，没有办法计算出准确的价格，也不适宜于进行公开招标。而对于有些项目，尽管预算金额不大，但技术含量高，项目涉及内容多，价格变化幅度大，具备公开招标的条件，就应该采取公开招标方式。对于不具备公开招标条件而要采取非公开招标方式的项目，在选择其他采购方式时，更应该对项目进行具体分析，并按照有关规定，结合项目的具体情况，选择合适的采购方式。

再次，应该考虑自身的条件和能力。进行公开招标需要具备一定的条件和能力，比如说编制招标文件的能力、组织招标活动的能力、组织评标的能力等，编制招标文件的能力和组织评标的能力是招标必须具备的条件。而在有些采购单位、采购代理机构，人员较少，专业知识缺乏，要想进行公开招标采购是不太现实的。

问题39　工程项目招标范围的确定原则和标段划分标准是什么？

答：根据《工程建设项目招标范围和规模标准的规定》的要求，下列工程建设项目必须公开招标。

（1）关系到社会公共利益、公共安全的基础设施项目的范围。包括：煤炭、石油、天然气、电力、新能源等能源项目；铁路、公路、管道、水运、航空以及其他交通运输业等交通运输项目；邮政、电信枢纽、通信、信息网络等邮电通信项目；防洪、灌溉、排涝、引（供）水、滩涂治理、水土保持、水利枢纽等水利项目；道路、桥梁、地铁和轻轨交通、污水排放及处理、垃圾处理、地下管道、公共停车场等；城市设施项目；生态环境保护项目；其他基础设施项目。

（2）关系到社会公共利益、公众安全的公用事业项目的范围。包括：供水、供电、供气、供热等市政工程项目；科技、教育、文化等项目；体育、旅游等项目；卫生、社会福利等项目；商品住宅，包括经济适用住房；其他公用事业项目。

（3）使用国有资金投资项目的范围。包括：使用各级财政预算资金的项目；使用纳入财政管理的各种政府性专项建设基金的项目；使用国有企业事业单位的自有资金，并且国有资产投资者实际拥有控制权的项目。

（4）国家融资项目的范围。包括：使用国家发行债券所筹资金的项目；使用国家对外借款或者担保所筹资金的项目；使用国家政策性贷款的项目；国家授权投资主体融资的项目；国家特许的融资项目。

（5）使用国际组织或者外国政府资金的项目的范围。包括：使用世界银行、亚洲开发银行等国际组织贷款资金的项目；使用外国政府及其机构贷款资金的项目；使用国际组织或者外国政府援助资金的项目。

规定范围内的各类工程建设项目，包括项目的勘察、设计、施工、监理以及与工程建设有关的重要设备、材料等采购，达到下列标准之一的，必须进行招标。如：施工单项合同估算价在 200 万元人民币以上的；重要设备、材料等货物的采购，单项合同估算价在 100 万元人民币以上的；勘察、设计、监理等服务的采购，单项合同估算价在 50 万元人民币以上的；建设项目总投资额在 3000 万元人民币以上的。

《招标投标法》规定：建设业主不得将依法必须进行招标的项目化整为零或者以其他方式规避招标，对于建筑工程可按建设项目、单位工程或特殊专业工程划分标段，不允许肢解工程招标或规避招标。

各部委根据行业特点，也制定了建筑工程招标标段的标准。如原铁道部铁建设 [2011] 182 号文件规定了"标段划分的一般原则"，同时考虑标段的投资、重点工程分布及合理的施工组织安排。

1. 高速铁路和长大干线

（1）站前工程：包括路基、桥涵、隧道、轨道等工程，标段招标额一般不少于 25 亿元，项目招标额少于 25 亿元的应划为 1 个标段。综合接地、接触网立柱基础、声屏障、电缆沟槽、连通管道等有关接口工程内容，一并划入站前工程标段。

（2）站后工程：采用"四电"系统集成方式，原则上应按"四电"、信息、客服、防灾等工程进行系统集成招标，配套房屋纳入招标范围。

2. 其他新建铁路

（1）站前工程：标段招标额一般不少于 15 亿元。项目招标额少于 15 亿元的应划为 1 个标段。

（2）站后工程：提倡采用系统集成模式。不采用系统集成模式的，原则上按线路里程划分标段，一个建设项目或一个建设单位的标段数宜为 1～2 个，配套房屋纳入招标范围。

（3）项目招标额在 15 亿元以下的，可设 1 个综合施工（含站前、站后）标段，也可分站前、站后各设 1 个标段。

3. 改建铁路。鼓励将站前站后按里程划分综合标段，综合标段招标额一般不少于 10 亿元或线路长度不少于 100 千米。站前、站后工程分别招标的，站前工程标段招标额一般不少于 10 亿元或线路长度不少于 100 千米，站后工程标段个数为 1～2 个。

4. 特长隧道、极高风险隧道或隧道群、技术复杂的特大桥或桥梁群、单座建筑面积 3 万平方米及以上的站房、大型枢纽（区段站）可单独划分标段，其他站房工程应按专业化施工的要求划分标段集中招标，集装箱中心站（采用工程总承包方式）原则上按 1 个标段考虑，其他工点不得单独划分标段。

5. 采用非经济补偿方式的"三电"迁改、电磁防护和管线迁改等工程，应结合行政区域划分标段。

问题 40 政府采购中，哪些情况可以采用邀请招标的方式采购？哪些情况可以采用竞争性谈判方式采购？哪些情况可以采用单一来源方式采购？哪些情况可以采用询价方式采购？

答： 1. 政府采购中，能采用邀请招标方式，只有两种情况。第一种情况是货物或者服务具有特殊性，只能从有限范围的供应商处采购的。这种情况包括某些特殊用途的仪器、设备等，不过是否特殊或供应有限，必须经设区的市级以上人民政府财政部门批准才能认可。第二种情况是，采用公开招标方式的费用占政府采购项目总价值的比例过大的。如一些项目，本身金额不大，如采用公开招标，需要支付较大的评标费用，这种情况下，公开招标所节省的费用可能还不够专家的评标费用，这种情况下是可以采用邀请招标的。不过，这种情况同样必须经设区的市级以上人民政府财政部门批准才能认可。

2. 按照《政府采购法》第三十条和《政府采购法实施条例》第二十三条的规定，采购人采购公开招标数额标准以上的货物或者服务，符合下列情形之一的货物或者服务，可以采用竞争性谈判方式采购：

（1）招标后没有供应商投标或者没有合格标的或者重新招标未能成立的；

（2）技术复杂或者性质特殊，不能确定详细规格或者具体要求的；

（3）采用招标所需时间不能满足用户紧急需要的；

（4）不能事先计算出价格总额的。

采用竞争性谈判方式采购的，以上述第一、第二种情况比较多。如有的地方规定，公开招标，因为报名或通过资格审查的有效投标人不够三家而造成招标失败两次或两次以上的，可以转为竞争性谈判。有的地方甚至规定，因为报名或通过资格审查的有效投标人不够三家而造成招标失败一次以上的，经过财政部门的同意，不需要重新招标和公示，就可以直接转为竞争性谈判。

但是，竞争性谈判进行政府采购的情况，必须从严掌握，否则就会使竞争性谈判作为招标违规的道具。首先，在操作中要防止某些单位可能以"复杂特殊"和"紧急需要"为借口，把本应公开招标的项目要求通过竞争性谈判方式完成，降低供应商的竞争激烈程度，增加"心仪"供应商中标的机率。其次，要强化监管，坚持公平、公正、公开原则，禁止歧视性和排他性条款。要细化措施防患未然，按事先规定的法定程序公布评审标准和成交原则，防止暗箱操作。

值得注意的是，直接采用竞争性谈判而不采用公开招标，同样必须经设区的市级以上人民政府财政部门批准才能认可。

3. 单一来源采购，是指采购人向单一供应商直接采购的方式，尽管它是一种没有竞争的采购方式，但在政府采购中同样是不可或缺的采购方式之一，亦是其他采购方式的有效补充。

能够采用单一来源方式进行采购的，有以下三种情况：

（1）只能从唯一供应商处采购的；

（2）发生了不可预见的紧急情况不能从其他供应商处采购的；

（3）必须保证原有采购项目一致性或者服务配套的要求，需要继续从原供应商处添购，且添购资金总额不超过原合同采购金额百分之十的。

第一种情况是只能从唯一的供应商处采购的。由于技术、工艺或专利权保护的原因，产品和服务只能特定的供应商和服务提供者提供，且不存在任何其他合理的选择和替代品。在这种情况下，由于各种客观原因的限制，不可能采用竞争性方式寻找很多的供应商和服务提供者，只能采用单一来源采购方式。

第二种情况是发生了不可能预见的紧急情况，不能从其他供应商处采购的。不可预见事件导致出现异常紧急情况，且出现该紧急事件的情势也非因于签约机构，公开和限制性的其他采购方式由于程序相对复杂、时间限制较多，不可能在很短的时间内完成采购，难以满足用户的需求。在此情况下，单一来源采购方式由于程序相对简单，往往可以满足紧急采购的要求，也常常被运用。

第三种情况是必须保证原有采购项目一致性和服务配套的要求，需要继续从原供应商和服务提供者添购，且添购资金总额不超过原合同采购金额的百分之十。这些合同主要包括如下两大类：其一是附加类合同。就供应合同而言，在原供应商替换或扩充供应品的情况下，更换供应商会造成不兼容或不一致的困难；如果现存合同的完成需要增加原来预料到的额外采购，而该额外工程既不能同主合同分开（经济和技术原因），又非常必要；就服务合同而言，如果确实是不能同主合同分离，且为主合同完成所必需的服务，或者未曾预料到的额外服务；且这类合同的总金额不超过原合同的百分之十，采购方式往往是继续向原供应商和服务商提供未预料的额外产品和额外服务，这种情况下的采购方式都属于单一来源采购方式。其二是重复类合同。这类合同是指需增加购买、重复建设或反复提供类似的货物和服务，并且原合同是通过竞争邀请程序授予同样的供应商和服务提供者；在这种情况下，由于重复合同具有经常反复的特点，采购方与供应商与服务提供者需要确立一种比较稳定的合作关系，在规定的采购金额内，适宜采用单一来源采购方式。如很多地方的追加合同项目，就是原来的中标人，这样的招标就变成了单一来源。

值得注意的是，直接采用单一来源采购而不采用公开招标，同样必须经设区的市级以上人民政府财政部门批准才能认可。

4. 询价式招标可以是公开询价式招标，也可以在有限范围内进行，即有限询价式招标；还可以采取竞赛形式即带设计竞赛形式招标。所谓询价采购，是指询价小组根据采购需求，从符合相应资格条件的供应商名单中确定不少于三家的供应商，向其发出询价单让其报价，由供应商一次报出不得更改的报价，然后询价小组在报价的基础上进行比较，并确定最优供应商的一种采购方式。

按照《政府采购法》第三十条和《政府采购法实施条例》第二十三条的规定，采购人采购的货物规格与标准统一、现货货源充足且价格变化幅度小的政府采购项目，可以采用询价方式采购。

我国的《政府采购法》第40条规定：采取询价方式采购的，应当遵循下列程序：

（1）成立询价小组。询价小组由采购人的代表和有关专家共三人以上的单数组成，其中专家的人数不得少于成员总数的三分之二。询价小组应当对采购项目的价格构成和评定成交的标准等事项作出规定。

（2）确定被询价的供应商名单。询价小组根据采购需求，从符合相应资格条件的供应商名单中确定不少于三家的供应商，并向其发出询价通知书让其报价。

（3）询价。询价小组要求被询价的供应商一次报出不得更改的价格。

（4）确定成交供应商。采购人根据符合采购需求、质量和服务相等且报价最低的原则确定成交供应商，并将结果通知所有被询价的未成交的供应商。

可见，询价是一种竞争性的招标方式。

同样，政府采购中直接采用询价方式而不采用公开招标的方式，同样必须经设区的市级以上人民政府财政部门批准才能认可。

问题41　政府采购中，非招标采购方式包括哪几种方式？非公开招标，对评审专家人数和组成有什么要求？

答：按2014年2月1日起施行的《政府采购非招标采购方式管理办法》（财政部74号令）的规定，非招标采购方式包括竞争性谈判、单一来源采购和询价采购方式。

竞争性（含单一来源）谈判小组或者询价小组由采购人代表和评审专家共3人以上单数组成，其中评审专家人数不得少于竞争性谈判小组或者询价小组成员总数的2/3。采购人不得以评审专家身份参加本部门或本单位采购项目的评审。

问题42　为什么将公开招标作为政府采购的主要采购方式？

答：公开招标与其他采购方式相比，无论是透明度上，还是程序上，都是最富有竞争力和规范的采购方式，也能最大限度地实现公开、公正、公平原则。为此，《政府采购法》规定，货物服务采购项目达到公开招标数额标准的，必须采用公开招标方式。因特殊情况需要采用公开招标以外方式的，应当在采购活动开始前获得设区的市、自治州以上人民政府财政部门的批准。

招标采购单位不得将应当以公开招标方式采购的货物服务化整为零或者以其他方式规避公开招标采购。采用公开招标方式采购的，招标采购单位必须在财政部门指定的政府采购信息发布媒体上发布招标公告。

问题43　询价和竞争性谈判最大的区别是什么？询价可不可以指定品牌？

答：询价和竞争性谈判最大的不同在于，询价要求供应商一次性报出不可更改的价格，不存在多轮价格竞争的问题，而竞争性谈判可以要求供应商进行多轮报价。至于询价采购可不可以指定品牌问题，笔者倾向于不行。原因在于政府采购制度的核心是有效竞争，而有效竞争的基础则是品牌竞争。

问题44　通过发布公告方式邀请供应商参加竞争性谈判，是不是凡符合报名条件的供应商都应参加采购活动？

答：不是。竞争性谈判不保证给予每一个供应商平等的竞争机会，按照《政府采购法》和74号令要求，由竞争谈判小组确定三家以上满足采购需求的供应商参与谈判，但必须保证竞争过程的公平，这是竞争性谈判与公开招标的最大不同，非招标方式更多的是保证提高行政效能目标，而非强调保证所有潜在供应商平等的竞争机会。

问题45　在单一来源采购的公示环节，第一次公示提出异议后，第二次再来补充论证的人员是否应当回避公示前的那批论证人员？

答：按2014年2月1日起施行的《政府采购非招标采购方式管理办法》（财政部74

号令），对此无具体规定，理论上说应该回避。当然，针对提出的异议，请原来的专家给出解释亦无不可。整个74号令均未对单一来源采购涉及的专家作来源上的硬性要求，由采购人根据具体情况决定。

问题46 《政府采购非招标采购方式管理办法》（财政部74号令）规定按照《招标投标法》及《招标投标法实施条例》必须进行招标的工程建设项目以外的政府采购工程可以采用竞争性谈判和单一来源方式采购，这点是否与政府采购法矛盾，实践中如何适用法律？

答：不矛盾。虽然《政府采购法》第四条规定"政府采购工程进行招标投标的，适用《招标投标法》"，但无论是《政府采购法》还是《招标投标法》及其各自相关的法律体系，均未对工程类非招标采购方式及程序作出规定。74号令根据《政府采购法》第二条的规定，将采用非招标方式采购的政府采购工程纳入监管体系，是对《政府采购法》的补充完善。关于政府采购工程以及与工程建设有关的货物和服务的法律适用，以往实践中理解各异。2012年2月1日《招标投标法实施条例》实施后，厘清了两者的范围。正确理解《招标投标法实施条例》第二条所称的工程建设项目，可以从以下几个方面来把握。一是工程的定义。即主体应当是建筑物和构筑物，通俗地讲，建筑物就是用来居住或者办公的房屋，构筑物就是不用来居住和办公但需通过土建等来完成建设的物体，如水塔、围墙等。只有建筑物和构筑物的新建、改建、扩建及其相关的装修、拆除、修缮，才算工程，属于《招标投标法》及《招标投标法实施条例》的调整范围；建筑物和构筑物新建、改建、扩建无关的单独的装修、拆除、修缮，则属于《政府采购法》的调整范围。

二是与工程建设有关的货物、服务的定义。这里需要解释三个概念。第一，"建设"的概念。建设在这里既是动词，指工程建设本身，也含有时间的概念，指工程在建的过程。也就是说，只有工程建设过程中与工程有关的货物和服务，才属于《招标投标法》及《招标投标法实施条例》的调整范围，工程一旦竣工，其后即便采购与工程有关的货物和服务，也均属于《政府采购法》的调整范围。如工程建设过程中采购电梯，适用《招标投标法》，竣工后需更换电梯，适用《政府采购法》。第二，"不可分割"的概念。不可分割是指离开了工程主体就无法实现其使用价值的货物，如门窗属于不可分割，而家具等就属于可分割。第三，"基本功能"的概念。基本功能是指建筑物、构筑物达到能够投入使用的基础条件，不涉及建筑物、构筑物的附加功能。如学校的教学楼建设，楼建成装修后基本功能即已达到，而不能因为楼将用于教学，就把教学用的家具等为实现楼的附加功能的货物作为楼的基本功能对待，也就是说实现附加功能的货物属于《政府采购法》的调整范围。

问题47 公开招标失败后，采购人申请变更为非招标方式采购，是否还需要其主管预算单位同意？可否现场改为竞争性谈判继续采购？

答：《政府采购非招标采购方式管理办法》（财政部74号令）第二十七条规定，公开招标的货物、服务采购项目，招标过程中提交投标文件或者经评审实质性响应招标文件要求的供应商只有两家时，采购人、采购代理机构按照本办法第四条经本级财政部门批准后可以与该两家供应商进行竞争性谈判采购，采购人、采购代理机构应当根据招标文件中的采购需求编制谈判文件，成立谈判小组，由谈判小组对谈判文件进行确认。由此，该种情形仍然须经其主管预算单位同意。

"现场改为竞争性谈判继续采购"在实践中很难依法执行。原因在于，公开招标转变为竞争性谈判，意味着招标文件应变更为谈判文件、投标供应商代表成为谈判供应商代表，所以，招标文件需要按照竞争性谈判的要求重新制定，参加投标的供应商代表的授权需要法定代表人重新作出变更。此外，按照现行机关内部工作程序和发文要求，采购人的主管预算单位要现场提出书面申请，同时财政部门还要现场完成对该申请的书面批复，几乎不可能实现。上述限制性条件使得招标现场转为竞争性谈判方式继续采购不具可行性。

问题 48　《政府采购非招标采购方式管理办法》（财政部 74 号令）第四十一条中，首次出现了"具有相关经验的专业人员"的概念，应该如何界定？是否可以为政府采购专家库之外的人员？人数是否有要求？此外，有关专家、学者将"专业人员"解释为类似美国的注册政府采购官，今后我国要走政府采购职业化道路等。这一猜测是否正确？

答：该概念出现在单一来源采购规定中，意思是熟悉拟采购标的的技术、服务指标和市场情况的专业人员。可以是库外专家，也没有人数要求，完全由采购人自己确定。从全球范围看，各国政府采购都在向职业化、专业化采购转变，我国也不例外。政府采购制度改革 10 多年来，虽然专业人员队伍不断壮大，但从实际情况看，专家不专的现象较为普遍，采购代理机构基本上还处于低水平代理采购业务，这些机构人员的现状，较大程度上制约了我国政府采购制度有效性地发挥，必须通过不断加强采购人员职业化建设来逐步解决。目前，我国主要通过强化培训、考试等方式提升采购人员专业化水平，尚无评判"专业人员"的行业硬性标准。中国政府采购协会组建完成后，将承担行业自律管理等相关标准的建设工作。

问题 49　《政府采购非招标采购方式管理办法》（财政部 74 号令）第四条规定，采用非招标方式的须由设区的市、自治州以上人民政府财政部门批准。但实际情况是，县（区）级采购项目申请非招标方式的也很多，市（州）级财政部门也不太了解县（区）级采购项目的具体情况。十八届三中全会要求简政放权，可否由市（州）级财政部门授权县（区）级财政部门审批非招标方式？

答：《政府采购法》第二十七条规定"因特殊情况需要采用公开招标以外的采购方式的，应当在采购活动开始前获得设区的市、自治州以上人民政府采购监督管理部门的批准"。74 号令明确第四条不能突破《政府采购法》的规定，但下放审批权是深化政府采购制度改革的必然要求，该项审批权将在下一步有关法律制度建设中下放到县（区）级政府采购监管部门。就目前而言，各地可通过电子管理系统解决市、县两级的沟通和效率问题。

问题 50　招标人规避招标的表现有哪些？招标人规避招标该如何处罚？

答：任何单位和个人不得将依法必须进行招标的项目化整为零或者以其他任何方式规避招标。按《招标投标法》和《招标投标法实施条例》的规定，凡依法应公开招标的项目，采取化整为零或弄虚作假等方式不进行公开招标的，或不按照规定发布资格预审公告或者招标公告日又构成规避招标的，都属于规避招标的情况。如回避招标直接发包、利用标段划分规避、肢解专业分包等情形，是最常见的规避招标。

对政府采购，采购人规避招标的表现主要是在一个财政年度内，采购人将一个预算项目下的同一品目或者类别的货物、服务采用公开招标以外的方式多次采购，累计资金数额超过公开招标数额标准的，属于以化整为零方式规避公开招标。当然，因为项目预算调整或者经批准采用公开招标以外方式采购除外。

对规避招标的处理，《招标投标法》以及《招标投标法实施条例》的处罚比《政府采购法》以及《政府采购法实施条例》要严重得多，《招标投标法》第四十九条规定，必须进行公开招标的项目而不招标的，将必须进行公开招标的项目化整为零或者以其他任何方式规避招标的，责令限期改正，可以处项目合同金额千分之五以上千分之十以下的罚款；对全部或者部分使用国有资金的项目，可以暂停项目执行或者暂停资金拨付；对单位直接负责的主管人员和其他直接责任人员依法给予处分，是国家工作人员的，可以进行撤职、降级或开除，情节严重的，依法追究刑事责任。

在政府采购中，采购人有规避招标情形的，由财政部门责令限期改正，给予警告，对直接负责的主管人员和其他直接责任人员依法给予处分，并予以通报。

习题与思考题

1. 单项选择题

（1）按照最新的《工程建设项目自行招标试行办法》的规定，招标人自行招标的，应当自确定中标人之日起15日内，向（   ）提交招标投标情况的书面报告。

　　A. 国务院　　B. 省级人民政府　　C. 国家发展改革委员会　　D. 建设行政主管部门

（2）邀请招标需向（   ）个以上具备资质的特定法人或其他组织发出投标邀请书。

　　A. 3　　B. 4　　C. 5　　D. 6

（3）招标人自行办理招标事宜，应当有（   ）名以上取得招标职业资格的专职招标业务人员（   ）。

　　A. 2　　B. 3　　C. 5　　D. 10

2. 多项选择题

（1）按照《工程建设项目施工招标投标办法》的规定，标段的划分是招标活动中较复杂的一项工作，应当综合考虑的因素有（   ）。

　　A. 招标项目的专业要求　　B. 招标项目的管理要求

　　C. 对工程总承包的影响　　D. 对工程投资的影响　　E. 工程各项工作的衔接

（2）必须进行公开招标的项目有（   ）。

　　A. 大型基础设施、公用事业等关系社会公共利益、公众安全的项目

　　B. 全部或者部分使用国有资金投资或者国家融资的项目

　　C. 使用国际组织或者外国政府贷款、援助资金的项目

　　D. 涉及国家重大军事机密的项目

（3）《工程建设项目招标范围和规模标准》明确了公开招标的数额标准。达到下列标准之一的，必须进行招标（   ）。

A. 施工单项合同估算价在 200 万元人民币以上的

B. 重要设备、材料等货物的采购，单项合同估算价在 100 万元人民币以上的

C. 勘察、设计、监理等服务的采购，单项合同估算价在 50 万元人民币以上的

D. 项目总投资额在 3000 万元人民币以上的

（4）招标人自行招标的，如需要向国家发展改革委提交招标投标情况的书面报告。书面报告应包括下列内容（   ）。

A. 招标方式和发布资格预审公告、招标公告的媒介

B. 招标文件中投标人须知、技术规格、评标标准和方法、合同主要条款等内容

C. 评标委员会的组成和评标报告

D. 中标结果

3. 问答题

（1）公开招标和邀请招标有哪些区别？

（2）规避招标的主要表现有哪些？

（3）自行招标需招标人具备什么条件？

（4）建设工程招标方式的变更要办理哪些手续？

（5）建设工程招标，标段的划分应注意哪些原则？

4. 案例分析题

某市第一中学科教楼工程为该市重点教育工程。2010 年 10 月由市发改委批准立项、建筑面积 7800 平方米、投资 780 万元。项目 2011 年 3 月 12 日开工。此项目中，施工单位由业主经市政府和主管部门批准不招标，奖励给某建设集团承建，双方直接就签订了施工合同。请回答：你认为该项目有哪些不符合《招标投标法》和《招标投标法实施条例》之处？

【参考答案】

1. 单项选择题

（1）D   （2）D   （3）B

2. 多项选择题

（1）ABCDE   （2）ABC   （3）ABCD   （4）ABCD

3. 略

4. 案例分析题

该项目有规避招标的嫌疑。根据《招标投标法》第六十六条和《招标投标法实施条例》第九条，该工程不属于特殊的情况，且工程额超过了国家必须应公开招标的界限，必须进行公开招投标，而不能直接发包，签订合同。

第3章 招标信息发布问答

问题51　招标信息在招标投标过程中占有什么地位？又起什么作用？

答：招标信息在标投标过程中占有非常重要的地位。就像商品买卖过程中的市场信息一样，它是连接采购商与供应商的桥梁和纽带，所不同的是它是买方信息而非卖方信息。实际上，招标信息的发布是开展招标业务的关键环节。在发布方式上是公开发布？还是定向发布？在发布力度上是选择有影响的媒体？还是只要发布了就行？这些都直接影响招标活动的质量和效果，也会对公共采购市场的公平与效率产生重要作用。

问题52　招标信息为什么需要进行规范和管理？

答：众所周知，选择招标方式进行采购其采购对象都具有大宗、复杂、资金额大的特征，其采购主体一般都是政府、企事业单位和相关机构，其采购特点是专家采购或者说理性采购。在我国公有经济为主体的市场经济中，每年公共采购额以千亿万亿元计，为保证资金使用效果和采购质量，全国人大常委会颁布了《中华人民共和国招标投标法》，国务院授权有关部门颁布了相关的实施细则。这些法规和文件规定了必须公开招标信息必须通过国家指定发布媒体进行发布。其主要理由是：①招标信息属于大额采购信息，通过指定有一定影响力的媒体进行发布，可以保证有足够的受众范围，达到可以进行适度竞争的受众数量，最终促进社会以及市场竞争的公平和效率。②招标信息不同于一般的市场信息，必须真实、可靠和及时，稍有疏忽，就会给参与各方带来较大的经济损失。媒体被指定，就得接受政府管理部门的监督和检查，做好对发布信息的核准和登记，否则就会受到取消指定等处罚。③通过指定媒体进行发布，使得招标信息相对集中，便于供应商寻找，降低参与成本。④通过指定媒体进行发布，便于政府管理部门监督和管理公共采购市场，如可以及时发现那些该公开招标而没有公开招标的项目建设采购或公共采购，可以发现招标过程中存在的问题及时给以解决。⑤通过对招标信息发布的规范和管理，极大地促进了公共采购市场的有序、健康的发展，有助于防止采购活动中场下交易、歧视性招标、串通招标等不良行为的发生。

问题53　指定发布媒体作为规范招投标市场的主要手段，世界各国又是怎样的？

答：实际上，指定媒体或建立专业窗口相对集中地进行标讯发布，是一些国家和国际金融组织的通常做法。如《联合早报》是新加坡发布政府工程 招标公告的法定报刊，《联合国发展论坛》《欧盟官方分报》是刊登世行、亚行贷款项目招标信息、欧盟各国采购招标信息的专业性媒体。同时，有些国家建立或指定网络媒体发布标讯。如瑞典《API 在线》获得欧洲委员会授权向全球范围通过"每日电子标讯（Tenders Electronic Daily）"发布欧盟、欧洲自由贸易协会和关贸总协定的招标信息，美国的《采购改良网》（Acquisition Reform Network）是为联邦政府发布采购信息、获取货物和服务的专业网络。

总之，世界相关国家通过建立或指定媒体发布采购招标资讯，体现了公开透明的信息发布原则，促进了分共采购市场的发展。

问题 54　中国政府采购网与中国采购与招标网有何区别，发布信息时怎样合理区分？

答：中国政府采购网是财政部的，一般侧重政府采购类项目的信息发布。中国采购与招标网是发改委的。一般侧重工程交易类的信息发布。

问题 55　招标公告在省政府采购网发布以后，还需要在中国政府采购网发布吗？

答：省级政府采购网和中国政府采购网是必须发布的。具体可参考各地方政府的规定。

问题 56　香港公开招标信息发布媒体有什么新变化？

答：以前，香港规定，政府物流服务署的公开招标项目公告应在特区《政府宪报》、当地报刊、互联网及部分国外杂志上登载。但 2011 年 4 月 1 日起，政府物流服务署的公开招标项目公告将不会大范围地在特区的报刊上刊登，仅在《政府宪报》和政府物流服务署网站发布。

问题 57　政府采购信息发布中常见的问题有哪些？

答：在发布政府采购的各种信息时，必须保证信息公告内容的真实可靠，没有虚假、严重误导性陈述或重大遗漏。指定媒体发布的招标公告内容与招标人或其委托的招标代理机构提供的招标公告文本不一致，并造成不良影响的，应当及时纠正，重新发布。但是，在政府采购的实际操作中，信息发布经常会存在这样那样的问题，需要政府采购管理部门及时监督和纠正。在信息发布中，经常出现的问题主要表现为以下几个方面：

（1）违法收取或变相收取招标公告发布费用；

（2）无正当理由拒绝发布招标公告；

（3）无正当理由延误招标公告发布时间；

（4）名称、地址发生变更后，没有及时公告并备案；

（5）其他违法行为。

以上各种现象的存在，会在很大程度上影响政府采购信息发布制度的贯彻与执行，导致政府采购工作陷入信息危机。在实际工作中必须充分认识到，信息披露与发布对政府采购的规范化操作是一个极为重要和关键的问题，没有严格规范的信息发布制度，实现规范的政府采购操作就没有可能。

问题 58　公开招标，招标公告与资格预审文件公告的发布一般要求是什么？

答：建设工程招标，按《招标投标法》第十六条规定，招标人采用公开招标方式的，应当发布招标公告。依法必须进行招标的项目的招标公告，应当通过国家指定的报刊、信息网络或者其他媒介发布。

招标公告应当载明招标人的名称和地址、招标项目的性质、数量、实施地点和时间以及获取招标文件的办法等事项。《招标投标法实施条例》第十五条规定，公开招标的项目，应当依照《招标投标法》和本条例（指《招标投标法实施条例》）的规定发布招标公告、编制招标文件。招标人采用资格预审办法对潜在投标人进行资格审查的，应当发布资格预审公告、编制资格预审文件。

对于政府采购，也有类似的规定，《政府采购法》第十一条规定，政府采购的信息应当在政府采购监督管理部门指定的媒体上及时向社会公开发布，但涉及商业秘密的除外。《政府采购法实施条例》第三十八条规定，达到公开招标数额标准，符合《政府采购法》第三十一条第一项规定情形，只能从唯一供应商处采购的，采购人应当将采购项目信息和唯一供应商名称在省级以上人民政府财政部门指定的媒体上公示，公示期不得少于5个工作日。

招标文件、招标资格预审文件的公开、公示，是保证整个招投标工作三公原则的重要举措。信息公告对于规范招投标活动，减少乃至避免招投标过程中出现腐败，保证项目工程质量起到了巨大的作用。

问题59　建设工程发布招标公告，对媒体有什么要求？

答：《招标投标法实施条例》第十五条规定，依法必须进行招标的项目的资格预审公告和招标公告，应当在国务院发展改革部门依法指定的媒介发布。国家发改委指定在不同媒介发布的同一招标项目的资格预审公告或者招标公告的内容应当一致。其中，指定《中国日报》、《中国经济导报》、《中国建设报》、《中国采购与招标网》为发布依法必须招标项目的招标公告的媒介。另外，依法必须招标的国际招标项目的招标公告应在《中国日报》发布。一些地方政府，还规定必须在当地媒体和网站上发布招标公告。例如，有的地方要求在当地政府部门网站上发布，要求在不少于3家媒体上发布，这些规定，有利于投标人和当地群众容易了解招标公告，有利于群众监督。招标公告的发布应当充分公开，任何单位和个人不得非法限制招标公告的发布地点和发布范围。招标人或其委托的招标代理机构应至少在一家指定的媒介发布招标公告。指定报纸在发布招标公告的同时，应将招标公告如实抄送指定网络。《招标投标法实施条例》并没有对公告的细节做具体的规定，实际上，对公告做详细规定的是《招标公告发布暂行办法》。在指定报纸免费发布的招标公告所占版面一般不超过整版的四十分之一，且字体不小于六号字。

问题60　在媒体上发布招标信息，要收取费用吗？

答：《招标投标法实施条例》第十五条规定，指定媒介发布依法必须进行招标的项目的境内资格预审公告、招标公告，不得收取费用。《招标公告发布暂行办法》第五条规定，指定媒介发布依法必须招标项目的招标公告，不得收取费用，但发布国际招标公告的除外。

问题61　终止招标也应发布公告吗？

答：《招标投标法实施条例》第三十一条规定，招标人终止招标的，应当及时发布公告，或者以书面形式通知被邀请的或者已经获取资格预审文件、招标文件的潜在投标人。也就是说，由于某些原因，对于需要终止招标的项目，可以以在媒体上公开发布公告的方式对潜在投标人进行通知，也可以以书面的形式通知被邀请的或者已经获取资格预审文件、招标文件的潜在投标人。

问题62　对于招标公告信息发布违反相关规定的处罚是什么？

答：《招投标法实施条例》第六十三条规定，依法应当公开招标的项目不按照规定在指定媒介发布资格预审公告或者招标公告，或者在不同媒介发布的同一招标项目的资格预审公告或者招标公告的内容不一致，影响潜在投标人申请资格预审或者投标；依法必须进行招标的项目的招标人不按照规定发布资格预审公告或者招标公告，构成规避招标的，依照《招标投标法》第四十九条的规定处罚。而《招标投标法》第四十九条的处罚是：责令限期改正；可以处项目合同金额千分之五以上千分之十以下的罚款；对全部或者部分使用国有资金的项目，可以暂停项目执行或者暂停资金拨付；对单位直接负责的主管人员和其他直接责任人员依法给予处分。

对于政府采购项目，未依法在指定的媒体上发布政府采购项目信息，将依据《政府采购法》第七十一条的规定，责令限期改正，给予警告，可以并处罚款，对直接负责的主管人员和其他直接责任人员，由其行政主管部门或者有关机关给予处分，并予通报。对于采购代理机构，还可以按照有关法律规定处以罚款，可以依法取消其进行相关业务的资格，构成犯罪的，依法追究刑事责任。

问题63　中标信息的公示时间有什么要求？

答：《招标投标法》第四十七条规定："依法必须进行招标的项目，招标人应当自确定中标人之日起十五日内，向有关行政监督部门提交招标投标情况的书面报告。"而《招标投标法实施条例》第五十四条规定，依法必须进行招标的项目，招标人应当自收到评标报告之日起3日内公示中标候选人，公示期不得少于3日。投标人或者其他利害关系人对依法必须进行招标的项目的评标结果有异议的，应当在中标候选人公示期间提出。招标人应当自收到异议之日起3日内作出答复；作出答复前，应当暂停招标投标活动。可见，无论是《招标投标法》还是《招标投标法实施条例》，并没有对中标公示和发中标通知书之间有多少天进行规定。事实上，评标结果或评标报告一般与评标连在一起的，但如果是招标代理机构在评审结束后，并没有把评标报告交给招标人，则这段时间并不计算在"招标人应当自收到评标报告之日起3日内"。因此，公示中标候选人并没有非常严谨的约束。

另外，对于中标通知书何时发的问题，《政府采购法》中并没有规定。根据《政府采购货物和服务招标投标管理办法》第五十九条的规定，代理机构应当在评标结束后五个工作日内将评标报告送采购人。采购人应当在收到评标报告后五个工作日内，按照评标报告中推荐的中标候选供应商顺序确定中标供应商。由此推之，采购人委托代理机构采购的，确定中标供应商的时间应当在评标结束后十个工作日内。因此，一般认为，确定中标人的时间不应超过十个工作日。

为了避免出现中标通知书发出后有投标人质疑或者投诉后不得不撤回中标通知书的情况出现，不少代理机构都没有严格按照"在发布中标公告的同时，应当向中标供应商发出中标通知书"之规定进行操作。而是先发布中标公告，七个工作日内如果没有投标人提出异议，再向中标人发出中标通知书。

例如，在某地关于某学校的维修工程招标中，招标人要求的工期比较紧。因此，招标文件对投标人的工期要求也比较短。评标一结束，招标人便委托招标代理机构发布了中标通知书。中标通知书发出的次日，招标人与中标人签订了采购合同。合同签订的次日，中标人开始施工。但中标人开始施工后的第五天，却有未中标的投标人对中标人的资质提出了质疑。对质疑答复不满后，还向监管部门提起了投诉。监管部门为了保证工程质量，便在问题未查清前通知中标人暂停施工。后经调查，投诉人投诉的问题根本就不存在。而在监管部门调查期间，公共资源交易中心却处于一个非常被动的地位：一方面是要配合监管部门的调查；另外一方面还要天天应对中标人的催促和询问。

《招标投标法实施条例》贯彻实施后，随着各方从业人员法制意识的不断增强，越来越多的代理机构意识到了违反政府招标管理部门的规章同样可能引发投诉。于是，又对中标通知书的发布做了一些调整。当然，具体的调整又存在不同。如有的地方是在评审结束后先发布一个预中标公告，如果没有人提出异议，再发中标通知书。预中标公告的时间有三天，也有五天，最多的一般是七天。但是，国家相关法律法规是没有所谓预中标的概念和规定的。当然，有的地方是在招标结果出来后直接发布中标公告，与此同时发出中标通知书。

问题64　中标信息公开与公示内容有规定吗？

答：对建设工程的中标信息如何公示，无论是《招标投标法》还是《招标投标法实施条例》，都没有对中标公告中的信息公开内容进行规定。对工程领域的招标，目前中标信息公示依据的是国家住建部《关于进一步加强房屋建筑和市政工程项目招标投标监督管理工作的指导意见》（建市［2012］61号）第六条的规定：各地住房城乡建设主管部门要进一步健全中标候选人公示制度，依法必须进行招标的项目，招标人应当在有形市场公示中标候选人。公示应当包括以下内容：评标委员会推荐的中标候选人名单及其排序；采用资格预审方式的，资格预审的结果；唱标记录；投标文件被判定为废标的投标人名称、废标原因及其依据；评标委员会对投标报价给予修正的原因、依据和修正结果；评标委员会成员对各投标人投标文件的评分；中标价和中标价中包括的暂估价、暂列金额等。

但一些地方政府有一些具体的执行细节，如有的地方规定必须公布评标委员会的名单，一些地方则禁止公布评标委员会的名单。

在政府采购领域，根据《政府采购货物和服务招标投标管理办法》第六十二条的规定，中标供应商确定后，中标结果应当在财政部门指定的政府采购信息发布媒体上公告。公告内容应当包括招标项目名称、中标供应商名单、评标委员会成员名单、招标采购单位的名称和电话。

问题65　政府采购中，公开招标，中标公告的公示期是多长时间？

答：中标公告应公示多长时间，《政府采购法》和《政府采购法实施条例》均没有进行具体的规定。《政府采购法实施条例》只是规定了采购人或者采购代理机构应当自中标、成交供应商确定之日起2个工作日内，应发出中标、成交通知书，但具体应公示多长时间却没有明确规定。不过，根据《政府采购货物和服务招标投标管理办法》第六十三条的规定，投标供应商对中标公告有异议的，应当在中标公告发布之日起七个工作日内，以书面形式向招标采购单位提出质疑。招标采购单位应当在收到投标供应商书面质疑后七个工作日内，对质疑内容作出答复。因此，可以这样理解，如果政府采购的中标公告在公示后七个工作日后没有人质疑投诉，则可以生效了。因此，政府采购的中标公告公示期为 7 个工作日。

问题 66　政府采购中，单一来源采购信息或中标供应商中标公告的公示时间是多久？

答：按照《政府采购法实施条例》第三十八条的规定，达到公开招标数额标准，符合《政府采购法》第三十一条第一项规定情形，只能从唯一供应商处采购的，采购人应当将采购项目信息和唯一供应商名称在省级以上人民政府财政部门指定的媒体上公示，公示期不得少于 5 个工作日。

此外，单一来源作为一种非公开采购的方式，在《政府采购非招标采购方式管理办法》（财政部 74 号令）第三十八条也规定，拟采用单一来源采购方式的，采购人、采购代理机构在按照本办法第四条报财政部门批准之前，应当在省级以上财政部门指定媒体上公示，并将公示情况一并报财政部门。公示期不得少于 5 个工作日。

因此，单一来源的中标供应商公示时间应为 5 个工作日。

问题 67　招标公告应包括哪些内容？

答：如果是建设工程类的招标公告，按照《招标投标法》第十六条的规定，招标公告应当载明招标人的名称和地址、招标项目的性质、数量、实施地点和时间以及获取招标文件的办法等事项。

如果是政府采购的招标公告，按《政府采购法实施条例》第十七条的规定，公开招标公告应当包括以下主要内容：

（1）招标采购单位的名称、地址和联系方法；

（2）招标项目的名称、数量或者招标项目的性质；

（3）投标人的资格要求；

（4）获取招标文件的时间、地点、方式及招标文件售价；

（5）投标截止时间、开标时间及地点。

而按照《政府采购信息公告管理办法》第十条规定，招标公告更具体详细，还应包括投标截止时间、开标时间及地点以及采购项目联系人姓名和电话。

问题 68　建设工程招标失败，重新招标，是否应另外再次发布招标失败公告后再发招标公告，重新完整地走一次流程？还是虽然重新招标，可以直接通知各投标人拟重新招标，且不需要购买新的招标文件和提交新的保证金？

答：重新招标，包括四种情况，即招标公告发出后，购买标书的单位不足 3 家，拟重新招标；开标时，递交投标文件的单位不足 3 家，拟重新招标；评标后，全部为废标，拟重新招标；评标结果公示期间，未定标前，接到投诉，上级部门判定评标无效，需要重新招标。

无论哪种情况需要重新招标，必须重新走一次流程。也就是说，要重新发布招标公告，投标人重新购买招标文件，重新提交保证金，原来的投标人可以继续投标，也可以不继续投标，还允许新的投标人参与投标。但是，绝对不可以直接通知以前的各投标重新投标。

问题69 政府采购中，招标公告发布的问题主要有哪些？

答：采购人或采购代理机构在信息发布中，经常出现的问题主要表现为以下几个方面：

（1）依法必须招标的项目，应当发布招标公告而不发布；

（2）不在指定媒体依法发布必须招标项目的招标公告；

（3）招标公告中有关获取招标文件时间和办法的规定明显不合理；

（4）招标公告中以不合理条件限制或排斥潜在投标人；

（5）提供虚假的招标公告和证明材料，或者招标公告中含有欺诈内容；

（6）在两个以上媒体发布同一招标项目的招标公告内容明显不一致。

其中，政府采购指定媒体在信息发布方面经常存在的问题有：

（1）违法收取或变相收取招标公告发布费用；

（2）无正当理由拒绝发布招标公告；

（3）无正当理由延误招标公告发布时间；

（4）名称、地址发生变更后，没有及时公告并备案；

（5）其他违法行为。

问题70 公路工程的招标全过程信息发布与公示，在哪些方面具有较大的突破？

答：自2016年2月1日起施行《公路工程建设项目招标投标管理办法》，在招标全过程的信息公示方面有较大的突破。该办法借鉴上市公司信息披露制度，提出对资格预审文件和招标文件的关键内容、中标候选人关键信息、评标信息、投诉处理决定、不良行为信息的"五公开"要求。"五公开"全面披露信息，广泛接受监督。

自1989年起，公路工程建设项目招标投标制度经历了初步形成、逐步发展完善等多个阶段，交通运输部一直秉承"公开、公平、公正、诚实信用"的基本原则，针对各个不同阶段公路建设市场上存在的招标投标突出问题采取了相应的解决措施。例如，自2004年起交通运输部在公路工程施工招标中全面推行合理低价法、鼓励无标底招标，就是要对评标办法进行改进，尽可能减少人为因素对评标工作的影响。可以说，交通运输部历次在招标投标制度设计上的重大变革，都是在与公路建设市场上出现的各种违法违规行为和新问题进行博弈。

但是，由于个别省份交通运输厅领导或其他干部插手干预公路工程建设项目招标活动，导致部分社会公众对公路行业的招标投标现状不甚了解或者存在以偏概全的误解。究其原因，主要是因为政府与社会公众的信息不对称、招标人与投标人的信息不对称。

为彻底扭转这种局面，借鉴上市公司的信息披露制度，交通运输部决定进一步提高招标投标信息的公开程度，确保公路工程建设项目招标投标活动的每一步均在阳光下运行。在招标投标信息披露过程中，鼓励招投标活动的当事人乃至社会公众对其中可能存在的违法违规行为进行监督。

问题71 公路工程的招标信息发布，有哪些关键内容必须要公开？

答： 自 2016 年 2 月 1 日起施行《公路工程建设项目招标投标管理办法》规定，"招标投标活动信息应当公开，接受社会公众监督。"

《公路工程建设项目招标投标管理办法》第十八条规定，招标人应当自资格预审文件或者招标文件开始发售之日起，将其关键内容上传至具有招标监督职责的交通运输主管部门政府网站或者其指定的其他网站上进行公开，公开内容包括项目概况、对申请人或者投标人的资格条件要求、资格审查办法、评标办法、招标人联系方式等，公开时间至提交资格预审申请文件截止时间 2 日前或者投标截止时间 10 日前结束。

招标人发出的资格预审文件或者招标文件的澄清或者修改涉及前款规定的公开内容的，招标人应当在向交通运输主管部门备案的同时，将澄清或者修改的内容上传至前款规定的网站。

习题与思考题

1. 单项选择题

（1）依法必须进行招标的项目，招标人应当自收到评标报告之日起（　　）日内公示中标候选人。

A. 3　B. 5　C. 7　D. 10

（2）依法必须进行招标的项目，招标人公示中标候选人，公示期不得少于（　　）日。

A. 3　B. 5　C. 7　D. 10

（3）投标人或者其他利害关系人对依法必须进行招标的项目的评标结果有异议的，招标人应当自收到异议之日起（　　）日内作出答复。

A. 3　B. 5　C. 7　D. 10

（4）指定媒介发布依法必须进行招标的项目的境内资格预审公告、招标公告（　　）。

A. 可以收取费用　　　　　　B. 不得收取费用

C. 可以收取公告成本费用　　D. 可以收取工本费

2. 多项选择题

（1）发布招标公告的指定媒介有下列情形之一的，给予警告；情节严重的，取消指定（　　）。

A. 违法收取或变相收取招标公告发布费用的

B. 无正当理由拒绝发布招标公告的

C. 不向网络抄送招标公告的

D. 无正当理由延误招标公告的发布时间的

（2）招标公告应当载明的信息有（　　）。

A. 招标人的名称和地址

B. 招标项目的性质、数量、实施地点和时间

C. 投标截止日期

D. 招标人联系方式以及获取招标文件的办法

（3）拟发布的招标公告文本有下列情形之一的，有关媒介可以要求招标人或其委托的招标代理机构及时予以改正、补充或调整（　　）。

A. 字迹潦草、模糊，无法辨认的

B. 载明的事项不符合本办法第六条规定的

C. 没有招标人或其委托的招标代理机构主要负责人签名并加盖公章的

D. 在两家以上媒介发布的同一招标公告的内容不一致的

（4）招标人或其委托的招标代理机构有下列行为之一的，可以处项目合同金额千分之五以上千分之十以下的罚款或处一万元以上五万元以下的罚款（　　）。

A. 依法必须招标的项目，应当发布招标公告而不发布的

B. 不在指定媒介发布依法必须招标项目的招标公告的

C. 招标公告中有关获取招标文件的时间和办法的规定明显不合理的

D. 招标公告中以不合理的条件限制或排斥潜在投标人的

（5）招标公告在两个以上媒介发布的同一招标项目的招标公告的内容不一致的，可以进行以下哪些处罚（　　）？

A. 责令改正

B. 可以处项目合同金额千分之五以上千分之十以下的罚款

C. 对单位直接负责的主管人员处分

D. 其他直接责任人员依法给予处分

3. 问答题

（1）中标公告与中标通知书可以互相替代吗？

（2）对应当在财政部门指定的政府采购信息发布媒体上公告信息而未公告的招标项目，可以进行哪些处分？

（3）招标公告的信息公示要求有哪些？

（4）中标公示的要求有哪些？

4. 案例分析题

（1）某地公共资源交易中心将某建设工程的招标公告发布在某个省建设信息网站，但需要缴费加入会员才能看到公告内容，这样做合不合法？违反了哪些相关的法律法规？

（2）某镇政府某次发布招标公告，在国庆前夕的9月30日发布招标公告，国庆期间放假7天，在10月8日截止发售招标文件，且只在镇政府信息网一个途径发布，这样做合法吗？

【参考答案】

1. 单项选择题

（1）A　（2）A　（3）A　（4）B

2. 多项选择题

（1）ABCD　（2）ABCD　（3）ABCD　（4）ABCD　（5）ABCD

3. 略

4. 案例分析题

（1）指定媒介发布依法必须进行招标的项目的境内资格预审公告、招标公告，不得收取费用。《招标投标法》及《招标投标法实施条例》没有规定投标人是否需要缴费成为会

员才能看到公告内容，但对于政府部门的网站是不能收费才能看到信息的。对于社会上的营业性网站，则没有进行规定。

（2）招标公告应在 3 家以上的网站（媒介）上进行发布。招标人应当按照资格预审公告、招标公告或者投标邀请书规定的时间、地点发售资格预审文件或者招标文件。资格预审文件或者招标文件的发售期不得少于 5 日。

第 4 章　招标文件问答

问题 72　建设工程招标，招标文件中合同条款拟定不完善会带来哪些风险？

答：建设工程招标文件是招标人和投标人签订合同的基础，招标文件中完整、严谨的合同条款及对发包人的责任、义务的理解和可履行情况的分析、预测可能违约的风险，招标人可以在招标文件编制时采取措施减少工程建设过程中索赔事件的发生，降低索赔事件带来的风险。

1. 施工场地条件和交付时间的风险防范

《建设工程施工合同（示范文本）》中规定，发包人按协议条款约定的时间和要求，一次或分阶段完成以下工作：

办理土地征用，青苗树木赔偿，房屋拆迁，清除地面、架空和地下障碍等工作，使施工场地具备施工条件，并在开工后继续负责解决以上事项遗留问题；将施工所需水、电、电讯线路从施工场地外部接至协议条款约定地点，并保证施工期间的需要；开通施工场地与城乡公共道路的通道，以及协议条款约定的施工场地内的主要交通干道，满足施工运输的需要，保证施工期间的畅通；向承包人提供施工场地的工程地质和地下管网线路资料，保证数据真实准确；办理施工所需各种证件、批件和临时用地、占道及铁路专用线的申报批准手续（证明承包人自身资质的证件除外）；将水准点与坐标控制点以书面形式交给承包人，并进行现场交验；组织承包人和设计单位进行图纸会审，向承包人进行设计交底；协调处理施工现场周围地下管线和邻近建筑物、构筑物的保护，并承担有关费用。

发包人不按合同约定完成以上工作造成延误，承担由此造成的经济支出，赔偿承包人有关损失，工期相应顺延。

招标人在招标策划时，可根据工程项目前期准备工作进展的情况和招标人工作人员数量、工作协调能力及其他履行情况的估计，可以在专用条款内将时间适当延长，根据工程建设需要或经济分析比较不宜延迟时，可在招标文件中以竞价或不竞价的方式，确定费用，委托承包人办理，降低因不能履行义务引起索赔风险。

2. 合同价格风险

合同价款的方式有固定价格合同、可调价格合同、成本加酬金合同。招标人应根据工程项目的情况，按与工程性质相匹配的方法选择招标计价方式。固定价格合同是可以在专用条款划定风险范围和风险费用的计算方法。如价格异常波动情况，招标人在招标文件的合同条款中划定可调主要或大宗材料的名称，规定波动风险的范围（如价格波动在 5% 内时，风险承包人承担，超过 5% 以上部分发包人承担涨价的 70%，承包人承担涨价的 30%）。异常涨价风险价格可按实际施工期间材料政府指导价与招标时政府指导价的差值计算材料价值，既可减少索赔纠纷，又能防止投标人在分析综合单价时采用不平衡报价，增大索赔金额的风险。

3. 工程款（进度款）支付风险

招标人应根据工程项目专项资金准备和到位情况，在招标文件中拟定支付时间和支付比例、支付方式。合同签订后必须遵照执行，并承担违约责任、补偿因此造成的承包人的经济损失。

4. 工程师的不当行为风险

工程师是发包人指定的履行本合同的代表或监理单位的总监理工程师，从施工合同的角度看，他们的不当行为给承包人造成的损失应当由发包人承担。招标人在招标时可以根据工程师的专业知识、工作经验和工作能力、综合素质、职业道德品质情况在招标文件和签订合同时对工程师的职权进行明确和限定，以降低因为其行为不当给招标人带来的损失。

5. 不可抗力事件的风险

不可抗力事件是指当事人在招投标和合同签订时不能预见，对其发生和后果不能避免并不能克服的事件，不可抗力事件包括战争、动乱、施工中发现文物、古墓等有考古研究价值的物品，物价异常波动、自然灾害等。不可抗力事件的风险承担应当在招标文件和合同中约定，承担方向保险公司投保解决。

对工程招标来说，招标文件一般会附带合同条款。虽然目前有各种现成的格式合同，但是对某些特殊的工程，如交货日期、进度以及罚款、奖励或技术有特殊要求的工程来说，这些格式合同还不足以概括每一种工程实践，如果采用标准的格式合同，也蕴含着某些风险，需要提请招标人注意。

问题 73　招标文件描述表达不准的风险是什么？编制招标文件需要注意哪些问题？

答： 招标文件，不管是政府采购还是工程招标，都是招投标工程中的宪法。招标投标实质上是一种买卖的交易，这种买卖完全遵循公开、公平、公正的原则，必须按照法律法规规定的程序和要求进行。招标文件应该将招标人对所需产品名称规格数量、技术参数、质量等级要求、工期、保修服务要求和时间等各方面的要求和条件完全准确表述在招标文件中，这些要求和条件是投标人作出回应的主要依据，若招标文件没有将其所需的要求具体准确表达告之投标人，投标人将为取得中标按就低的原则选择报价，这时投标书提供的产品、服务有可能没有达到招标项目使用的技术要求标准。

根据《评标委员会和评标方法暂行规定》评标委员会应当根据招标文件规定的评标标准和方法，对投标文件进行系统的评审和比较。招标文件中没有规定的标准和方法不得作为评标的依据。根据这一规定，招标人和评标委员会又不能废除达到招标文件要求但又没有达到项目使用要求的投标文件，若这样的投标人中标，必然会给招标人带来法律责任和经济、时间上的损失。对于这一风险的防范措施主要是在编制招标文件时非常清楚了解项目特点和需要，项目前期筹备单位、使用单位、主管部门、行业协会、多单位参与招标文件的编制、研讨会审、修订工作，做到"详"、"尽"、"简"。

如果招标文件的门槛过高，尤其是不必要的门槛过高，既有为某投标人量身定做的嫌疑，也容易造成有效投标人数不足而流标。

问题 74　工程招标中，招标人如何防止投标人不平衡报价方法所造成的风险？

答： 投标人采用不平衡报价是招标人在工程施工招标阶段需要防范的主要风险之一，

这种风险难以完全避免，但招标人可以在招标前期策划和编制招标文件时防范不平衡报价、降低不平衡报价带来的风险。

1. 提高招标图纸的设计深度和质量。招标图纸是招标人编制工程量清单、投标人投标报价的重要依据。目前大部分工程在招投标时设计图纸还未满足施工需要，在施工过程还会出现大量的补充设计和设计变更，导致了招标的工程量清单跟实际施工的工程量相差甚远。虽然使用工程量清单计价方法一般采用固定综合单价，工程量按实计量的计价模式，但这也给投标人实施不平衡报价带来了机会。因此，招标人要认真审查图纸的设计深度和质量，避免出现"边设计，边招标"的情况，尽可能使用施工图招标，从源头上减少工程变更的出现。

2. 提高造价咨询单位的工程量清单编制质量，以免给不平衡报价留有余地。招标人要重视工程量清单的编制质量，消除那种把工程量清单作为参考，最终要按实结算的依赖思想，要把工程量清单作为投标报价和竣工结算的重要依据、工程项目造价控制的核心、限制不平衡报价的关键。

不平衡报价一般是抓住工程量清单中漏项、计算失误等错误，因此，要安排有经验的造价工程师负责该工作。工程量清单的编制要尽可能周全、详尽、具有可预见性，同时编制工程量清单要严格执行《建设工程工程量清单计价规范》GB 50500—2008，要求数量准确，避免错项和漏项，防止投标单位利用清单中工程量的可能变化进行不平衡报价。每一个项目的特征必须清楚、全面、准确地描述，需要投标人完成的工程内容准确详细，以便投标人全面考虑完成清单项目所要发生的全部费用，避免由于描述不清引起理解上的差异，造成投标人报价时不必要的失误，影响招投标工作的质量。

3. 在招标文件中增加关于不平衡报价的限制要求

（1）限制不平衡报价中标。在招标文件中，可以写明对各种不平衡报价的惩罚措施，譬如：某分部分项的综合单价不平衡报价幅度大于某临界值时（具体工程具体设定，一般不超过10%，国际工程一般为15%可以接受），该标书为废标。

（2）控制主要材料价格。招标人要掌握工程涉及的主要材料的价格，在招标文件中，对于特殊的大宗材料，可提供适中的暂定价格（投标报价时的政府指导价），并在招标文件中明确对涉及暂定价格项目的调整方法。

采用固定价招标的，在招标文件中明确：材料费占单位工程费2%以下（含2%）的各类材料为非主要材料；材料费占单位工程费2%～10%之间含10%的各类材料为第一类主要材料；材料费占单位工程费10%以上的各类材料为第二类主要材料。在工程施工期间，非主要材料价格禁止调整，第一类材料价格变化幅度在±10%以内，价差由承包商负责，超过±10%的（含±10%）由发包人负责；第二类材料价格变化幅度在±5%以内的，价差由承包人负责，超过±5%的（含±5%）的部分由发包人负责。

（3）完善主要施工合同条款。在招标文件中，应将合同范本中的专用条款具体化并列入招标文件，合同专用条款用语要规范，概念正确，定性、定量准确。树立工程管理的一切行为均以合同为根本依据的意识，强化工程合同在管理中的核心地位。工程量清单作为合同的一部分，是工程量计量和支付的依据，必须与合同配套。工程量清单报价中的变更要由合同来调整。

在招标文件中，明确综合单价在结算时一般不作调整。在专项条款中，明确当实际发生的工程量与清单中的工程量相比较，分部分项单项工程量变更超过15%的，并且该分部分项工程费超过分部分项工程量清单计价1%的，增加或减少部分的工程量的综合单价由承包人提出，应对该分项的综合单价重新组价，同时明确相应的组价方法，经发包人确认后，作为决算依据，以消除双方可能因此产生的不公平额外支付。

在招标文件中，明确规定招标范围内的措施项目的报价固定，竣工结算时不调整。

问题75　招标文件的规定与投标文件的承诺不一致的，应以哪个为准？

答：招标文件属于招标过程中的宪法。招标邀请是一种邀约邀请，也就是说，只要来参加投标，就必须遵守招标文件的规定，其投标保证金就是同意这种邀约邀请的保证；另外就是无论谁中标，中标后都是要遵守招标人同样的规定。但如果招标文件与投标文件不一致，例如，招标文件规定质保期3年，而投标（中标）文件承诺为5年，则这个时候是以投标文件为准。再如，招标文件规定工期90天，而投标文件承诺工期为60天，则以60天为准，如投标文件承诺为120天，则会被否决投标。也就是说，招标文件的要求与投标文件的承诺不一致，应以对招标人有利的规定或承诺为准。

问题76　工程招标，招标文件编制的要求是什么？

答：招标文件的编制是实现招标人意图的重要载体，要编制好一个优秀的招标文件，既要符合法律法规的要求，也要符合招标人的需要。一般来说，编制工程招标的招标文件应注意以下几点：

（1）招标文件应当由招标人或委托招标代理机构负责编制，招标人自行编制招标文件时应具备相应的能力并取得核准，委托招标代理机构编制招标文件时，招标代理机构的业务范围和资质等级应符合规定。

（2）招标文件应当根据招标项目特点和需要编制。

（3）招标人应当在招标文件中规定实质性要求和条件，并用醒目的方式标明。

（4）招标文件规定的各项技术标准应符合国家强制性标准。招标文件中规定的各项技术标准均不得要求或标明某一特定的专利、商标、名称、设计、原产地或生产供应者，不得含有倾向或者排斥潜在技术的其他内容。如果必须引用某一生产供应者的技术标准才能准确或清楚地说明拟招标项目的技术标准时，则应当在参照后面加上"或相当于"的字样。

（5）工程项需要划分标段，确定工期的，招标人应当合理划分标段、确定工期，并在招标文件中载明。对工程技术上紧密相连、不可分割的单位工程不得分割标段，招标人不得以不合理的标段或工期要求限制或者排斥潜在投标人或者投标人。

（6）招标文件应当明确规定评标时除价格以外的所有评标因素，以及如何将这些因素量化或者据以进行评估。

（7）招标文件应当规定一个适当的投标有效期，以保证招标人有足够的时间完成评标和与中标人签订合同。投标有效期从投标人提交投标文件截止之日起计算。

（8）施工项目招标工期超过12个月，招标文件中可以规定工程造价指标体系、价格调整因素和调整方法。

（9）招标人可以对发出的招标文件进行必要的澄清或者修改，该澄清或修改的内容为招标文件的组成部分，但应当在招标文件要求提交投标文件截止时间至少15日前，以书面形式通知所有招标文件收受人。采用资格后审，不设报名登记情况时，应在发布招标公告的媒介上发布。

（10）招标文件或者澄清、修改通知应当报工程所在地县级以上地方人民政府建设行政主管部门备案。

特别值得注意的是，接受委托编制标底的中介机构不得参加受托编制标底项目的投标，也不得为该项目的投标人编制投标文件或者提供咨询。

问题 77　售价 2000 元的招标文件合理吗？

【背景】某省某造价不到 300 万元的公路养护项目，招标代理公司发布招标公告，规定每份招标文件售价 2000 元，该公路养护项目的招标公告发出后，先后有近 60 多家施工公司作为投标人购买招标文件。这样，招标代理机构仅在招标文件购买环节，就收费近120 万元。招标工作完成后，没有中标的投标人向有关部门投诉。有关部门经过调查后认定这家招标代理机构存在通过售卖招标文件牟利的严重行为，遂作出相应行政处罚。这样的规定有什么法律依据？合理吗？

答：在本案例中，招标代理机构对招标文件收费 2000 元，就是天价标书的具体体现，招标文件发售具有明显的牟利目的。

一些招标代理机构，利用和投标人的不对称地位，大肆出售招标文件牟利，损害了投标人的利益。如笔者发现，某些大型 BOT 工程的招标项目，每份招标文件竟然收费 5000元。在实践中，一些薄薄的招标文件，不过数十页纸，招标人或代理机构为了牟利，通过附带出售光盘的形式，竟然在报名环节就收费达几千元。还有的项目，招标人（业主）在发售资格预审文件时漫天要价，招标单位广为发售，不下数百家投标人购买中标，仅此即可收入数万元，且不出具税务局制发的发票，有些甚至是白条，给有关监管部门查处造成相当困难，因为查无实据。

而某些投标人为了中标，明知没有办法抵制招标代理机构的这种行为，也只能忍气吞声，投标人的这种默认行为，反过来也助长了招标代理机构通过出售招标文件而大肆敛财的气焰。

《招投标法实施条例》第十六条规定：招标人发售资格预审文件、招标文件收取的费用应当限于补偿印刷、邮寄的成本支出，不得以营利为目的。《招标代理服务收费管理暂行办法》第九条规定："出售招标文件可以收取编制成本费，"就本案来看，收取 2000 元的招标文件编制费显然过高，有明显的牟利目的，因此行政监督机构的查处行为是适当的。目前，在政府采购中，相当多的公共资源交易中心已不收取所谓的报名费或招标文件费用，投标人免费从网上下载招标文件的电子版。但一些代理机构，是允许收取招标文件的成本费的。《政府采购法实施条例》第六十九条规定，从事集中采购的事业单位，从事营利活动的，由财政部门责令限期改正，给予警告，有违法所得的，并处没收违法所得，对直接负责的主管人员和其他直接责任人员依法给予处分，并予以通报。其中的营利活动，就包括高价出售招标文件营利。

问题 78　招标文件的发售或出售日期有什么要求？

答：我国的《招标投标法》第二十四条规定："招标人应当确定投标人编制投标文件所需要的合理时间；但是，依法必须进行招标的项目，自招标文件开始发出之日起至投标人提交投标文件截止之日止，最短不得少于二十日。"资格预审文件或者招标文件的发售期不得少于5日；依法必须进行招标的项目提交资格预审申请文件的时间，自资格预审文件停止发售之日起不得少于5日。《招标投标法实施条例》第十六条规定，招标人应当按照资格预审公告、招标公告或者投标邀请书规定的时间、地点发售资格预审文件或者招标文件。资格预审文件或者招标文件的发售期不得少于5日。

《政府采购法》第三十五条规定，货物和服务项目实行招标方式采购的，自招标文件开始发出之日起至投标人提交投标文件截止之日止，不得少于二十日。

也就说，招标文件的发售日期一般应为五个工作日；从招标文件发售到提交投标文件的截止时间，不管是政府采购还是建设工程招标，不管是资格预审文件还是招标文件，一般不得小于二十日。

在实践操作中，也有一些业主苦心设计规避法律和法规的限制，以抢时间为名，不顾实际工作要求，故意缩短购买标书或投标截止的日期，将购买标书截止的时间安排在公告的次日，使大多数有竞争力的投标人无法参与购买。只有那些与业主有关系的投标人因事先获得消息，才可以应对自如。

问题79　政府采购中，招标文件的内容至少应包括哪些方面？如何防止因粗制滥造的招标文件造成乌龙采购？

【背景】某省公安厅巡特警总队为提高警力装备水平，花费218万元采购破拆工具一批共613套。采购的设备为用于破除拆除障碍、消防急救和解救人质等，统一下发配给各地级市公安局使用。招标采购的设备很单一，就是一套工具以及相应的配件。招标采购人为该省公安厅装备处，招标人将此项采购委托给平×招标代理公司，由平×招标代理公司制作招标文件并发布招标公告。

由于该省公安厅装备处没有对采购内容提出具体要求，致使招标文件没有任何参数、性能指标要求。2013年7月23日，该招标采购评标会在某宾馆进行封闭评标，投标人共有3家，招标人委派一名代表参与评标。由于招标文件对招标采购的设备没有任何参数、指标、性能的约束和规定，致使专家在评标打分时，对技术评审无从下手、无所适从。无奈之下，专家只好根据商务、价格评审结果，加上自己的印象和感观，技术评审比较草率，随意性大。最后，评定A公司即价格最低的投标人为第一中标候选人。评选结果出来以后，招标人非常不满，第一中标候选人提供的中标产品（重23kg）比第二中标候选人提供的产品（重11kg）重一倍以上。认为所中标的工具设备太重，不方便警察使用。那么，应如何防止因粗制滥造的招标文件造成乌龙采购？

答：《政府采购法实施条例》第三十二条规定，采购人或者采购代理机构应当按照国务院财政部门制定的招标文件标准文本编制招标文件。

招标文件应当包括采购项目的商务条件、采购需求、投标人的资格条件、投标报价要求、评标方法、评标标准以及拟签订的合同文本等。

本案例中，第一中标候选人提供的中标产品（重23kg）比第二中标候选人提供的产品（重11kg）重一倍以上。由于这些破拆工具是警察在救人、救火和高空作业、野外作业等地方使用，比较笨重的设备明显不符合招标人的要求。但由于招标文件没有提出明确的参数、指标和性能要求，致使投标人在投标时无所适从，评标专家则只能根据印象和自己的感觉进行技术评审。因此，在进行技术评审时，三家投标人的技术得分相差不大，但由于三家投标人的价格和商务得分差距大，最终，价格和商务取胜的投标人为第一中标候选人。评标结果出来后，招标人不满意，专家也不满意。而事实上，第一中标候选人提供的产品确实也有明显的缺陷，招标人并没有选到性价比最优的产品，这也有违政府采购公开招标的要求，浪费了纳税人的钱财。

虽然相关法律法规并没有说粗制滥造的招标文件就不能继续招标，但监管部门在审核招标文件的倾向性时，也应对招标文件制作的技术水平做一些宏观的监管或提醒，必要时可给予黄牌警告。

众所周知，招标文件所规定的对投标人的资格、资质要求和招标设备的参数、性能、指标要求，是评标专家评审、打分的主要依据和约束条件，也是投标人谋取中标所要考虑的主要因素，说招标文件是招标过程中的"宪法"一点也不为过。本案例中，招标文件没有对所招标的设备没有任何具体的参数和性能、指标要求，是非常草率和随意的招标，使得严肃的招标变成了随意的儿戏，既不能使招标人满意，也浪费了政府的财政资金，同时，也使投标人不服气，使评审专家觉得很荒谬。从本案例中，提醒有关监管部门有必要认真审查招标文件，既要防止有倾向性、暗示性、歧视性的条款，也要防止随意性、马虎性、不严谨性的招标文件出台，防止"乌龙"招标案的发生。

问题 80　招投标文件应保存多久？如果藏匿、销毁或者违规保存招投标文件，应如何处罚？

答：招投标文件包括招标文件、投标文件（中标文件）、评标报告等。《政府采购法》第四十二条规定，采购人、采购代理机构对政府采购项目每项采购活动的采购文件应当妥善保存，不得伪造、变造、隐匿或者销毁。采购文件的保存期限为从采购结束之日起至少保存十五年。《政府采购货物和服务招标投标管理办法》（中华人民共和国财政部令第 18号）第六十七条规定，招标采购单位应当建立真实完整的招标采购档案，妥善保管每项采购活动的采购文件，并不得伪造、变造、隐匿或者销毁。采购文件的保存期限为从采购结束之日起至少保存十五年。

《政府采购法实施条例》第四十六条规定，《政府采购法》第四十二条规定的采购文件，可以用电子档案方式保存。也就说，招标文件、中标文件可以保存在招标人或招标代理机构。

《政府采购法》第七十六条规定，采购人、采购代理机构违反本法规定隐匿、销毁应当保存的采购文件或者伪造、变造采购文件的，由政府采购监督管理部门处以二万元以上十万元以下的罚款，对其直接负责的主管人员和其他直接责任人员依法给予处分；构成犯罪的，依法追究刑事责任。《政府采购货物和服务招标投标管理办法》（中华人民共和国财政部令第 18 号）第七十三条规定，招标采购单位违反有关规定隐匿、销毁应当保存的招标、投标过程中的有关文件或者伪造、变造招标、投标过程中的有关文件的，处以二万元以上十万元以下的罚款，对其直接负责的主管人员和其他直接责任人员，由其行政主管部门或者有关机关依法给予处分，并予通报；构成犯罪的，依法追究刑事责任。

对于工程招投标的文件保存，《招标投标法》和《招标投标法实施条例》都没有进行具体的规定，一般都是参照政府采购的规定进行。

问题81 什么是投标限价？什么是标底？投标限价和标底是可以公开的吗？

答： 所谓投标限价，一般指招标的最高限价。在政府采购中，最高限价是否应公开，《政府采购法》以及其他的法律法规没有进行规定，但各地的实践中，投标的最高限价一般会公开，超过最高限价的投标无效。但在工程招标中，有些地方是不公开最高限价的。对工程招标，若招标人设有最高投标限价的，按《招标投标法实施条例》第二十七条的规定，应当在招标文件中明确最高投标限价，如果不能明确最高投标限价，则应明确最高投标限价的计算方法。

所谓标底，就是俗称的拦标价。可以通俗地理解为招标项目的成本价、底价或招标人的心理价格。《招标投标法实施条例》第二十七条规定，招标人可以自行决定是否编制标底。

一个招标项目只能有一个标底。标底必须保密。接受委托编制标底的中介机构不得参加受托编制标底项目的投标，也不得为该项目的投标人编制投标文件或者提供咨询。《招标投标法》第二十二条规定，招标人不得向他人透露已获取招标文件的潜在投标人的名称、数量以及可能影响公平竞争的有关招标投标的其他情况。招标人设有标底的，标底必须保密。对工程招标，开标前泄露标底的，按《招标投标法》第五十二条的规定，给予警告，可以并处一万元以上十万元以下的罚款；对单位直接负责的主管人员和其他直接责任人员依法给予处分；构成犯罪的，依法追究刑事责任。对政府采购项目，泄露标底的，《政府采购法》第七十二条规定，构成犯罪的，依法追究刑事责任；尚不构成犯罪的，处以罚款，有违法所得的，并处没收违法所得，属于国家机关工作人员的，依法给予行政处分。

但是，如果招标项目设有标底，则在开标时必须公开。

与投标最高限价相对应的是，投标的最低限价。招标人不得规定最低投标限价。招标人不得设定最低投标限价，不等于投标人可以以低于成本价投标。无论是工程招标还是政府采购，法律法规是禁止以低于成本价投标的。

问题82 政府采购招标公告已经发出，因招标文件有重大问题，但又过了修改法定时限（比如离开标时间只有2天了），可不可以重新招标？

答： 不可以。采购人或者采购代理机构应当按照国务院财政部门制定的招标文件标准文本编制招标文件。招标文件规定的各项技术标准应当符合国家强制性标准。

如果发现招标文件发出后有问题，则应根据《政府采购货物和服务招投标管理办法》（财政部令第18号）第二十八条的规定进行澄清。"招标采购单位对已发出的招标文件进行必要澄清或者修改的，应当在招标文件要求提交投标文件截止时间十五日前，在财政部门指定的政府采购信息发布媒体上发布更正公告，并以书面形式通知所有招标文件收受人。该澄清或者修改的内容为招标文件的组成部分。如果要发澄清，不能满足15天的要求，则应延长投标截止时间，'招标采购单位可以视采购具体情况'，但延长投标截止时间和开标时间，至少应当在招标文件要求提交投标文件的截止时间三日前，将变更时间书面通知所有招标文件收受人，并在财政部门指定的政府采购信息发布媒体上发布变更公告"。也就是说，当招标文件有问题时，如果发现得太晚了，离递交投标文件截止时间不足三日的话，则只能硬着头皮，按程序继续开标，而不能直接废标重新招标。

问题83　工程招标中，资格预审文件中各流程时间期限的规定是什么？请总结并解释一下各时间期限的意思。

答：根据《招标投标法实施条例》第16、17、21、22、60、61条的规定，资格预审文件中，各流程的时间规定是：

（1）资格预审文件发售期：不得少于5日。即从开始发售招标文件之日到不允许投标人购买招标文件的时间，不得少于5个日历日。

（2）提交资格预审申请文件的期限：自资格预审文件停止发售之日起不得少于5日。即投标人从最迟能买到资格预审文件的时间（资格预审文件停止发售之日），到他做好投标文件能提交的时间，应不短于5天。

（3）澄清或修改资格预审文件的期限：澄清或修改资格预审文件影响资格预审申请文件编制的，应在资格预审申请文件提交截止时间3日前作出。也就是说，如果资格预审文件有问题，招标人需要修改或澄清招标文件，最少也应在提交资格预审文件的截止时间3天前提出。

（4）资格预审文件异议提出期限：资格预审申请文件提交截止时间2日前提出。也就是说，如果投标人发现招标的资格预审文件有问题或异议，必须在资格预审申请文件提交截止时间2日前提出。

（5）资格预审文件异议答复期限：招标人应在收到异议之日起3日内答复，作出答复前，暂停招标投标活动。也就是说，如果招标人在收到投标人对资格预审文件的异议，则招标人应在收到异议之日起3日内答复，作出答复前，暂停招标投标活动（如开标、评标）。

（6）资格预审申请人或其他利害关系人提出投诉期限：自知道或应当知道之日起10日内。"自知道或应当知道之日"，可以理解为公告日期或法律法规规定的日期。

问题84　本地采购项目招标，却要到外地去报名参加，合理吗？

【背景】A城市某单位需要采购一批设备，通过B城市的某公司代理招标，这个公司要求到B城市报名，这个要求合法吗？合理吗？

答：这种情况不仅合法而且可能还合理。A城市某单位需要采购一批设备，通过B城市的某公司代理招标，这个公司要求到B城市报名，这符合《政府采购法》和相关法律法规的规定，并无不妥。在采购实践中，采购人在A城市，但当地没有合适的采购代理单位，或者评标专家，采购人在异地进行评标，可以节省采购评标的费用，这是允许的。除非当地财政部门有明确的规定，当地的项目，不允许在异地进行开标和评标，则另当别论。

问题85　建设工程招标，某投标人对招标文件有疑问，第一次进行了答疑和澄清。其后，该投标人又有疑问，第二次提出异议。但第二次提出异议后，招标人和招标代理机构无回复，请问这种情况该怎么办？这种质疑期应为多久？

答：《招标投标法》和其他相关法律并没有规定投标人可以对招标文件提出几次异议，在招标公告发出后至投标截止时间之前的 10 天内，投标人可以多次就招标文件的疑问进行异议，要求招标人进行澄清。根据《招标投标法实施条例》第二十二条的规定，潜在投标人或者其他利害关系人对招标文件有异议的，应当在投标截止时间 10 日前提出。招标人应当自收到异议之日起 3 日内作出答复；作出答复前，应当暂停招标投标活动。但是，"自招标文件开始发出之日起至投标人提交投标文件截止之日止，最短不得少于二十日"，如果刚好满足二十日的要求，则一般来说，投标人是没有两次机会对招标文件提出异议的，因为时间不够。本案例中，招标人之所以对投标人第二次异议不进行答复，可能是过了异议的时间了。

但是，如果在规定的时间内，招标人拒不对投标人的异议进行答复。则根据《招标投标法实施条例》第六十四条的规定，"招标文件、资格预审文件的发售、澄清、修改的时限，或者确定的提交资格预审申请文件、投标文件的时限不符合《招标投标法》和本条例规定"可以由有关行政监督部门责令改正，并处 10 万元以下的罚款。

问题86　关于招标人在招标公告中对资质描述不准确的问题怎么办？

【背景】某次招标中，因招标人在招标公告中对资质描述不准确，造成开标后中标人的资质和招标人本意想要的资质有偏差，但这两种资质都能做本项目工程。请问这种情况下是否还需要重新招标？

答：不需要重新招标。原因有两个，第一是这种资质能做该项目工程，满足国家相关法律法规的要求。《招标投标法》第二十六条规定："投标人应当具备承担招标项目的能力；国家有关规定对投标人资格条件或者招标文件对投标人资格条件有规定的，投标人应当具备规定的资格条件"。也就是说，无论是国家法律还是招标文件，该投标人的资质均能满足其要求。资格条件（不是只指资质条件，还包括业绩条件等）在具备承担招标项目的能力的前提下，可以采用国家规定的标准，或者采用与国家规定有差别的招标文件（包括招标公告和资格预审文件）规定的标准。只要能够具备完成本项目工程任务的资格条件，就无需重新招标。第二，这种资质不一致是由招标人的招标文件不准确造成的，如果重新招标，则先要终止招标，其原因是招标人的责任引起的，因此要对投标人的所有损失做出赔偿，这些赔偿费用包括购买招标文件的费用、投标人旅差费、编制投标文件费、投标保证金利息等。如果已经发出中标通知书，则还应承担改变中标结果的法律民事责任。

问题87　按2016年2月1日起施行的《公路工程建设项目招标投标管理办法》，公路工程招标，采用资格预审与资格后审的方法评标，在招标文件中应如何规定招标程序？

答：《公路工程建设项目招标投标管理办法》第十一条规定，公路工程建设项目采用资格预审方式公开招标的，应当按照下列程序进行：

（1）编制资格预审文件；

（2）发布资格预审公告，发售资格预审文件，公开资格预审文件关键内容；

（3）接收资格预审申请文件；

（4）组建资格审查委员会对资格预审申请人进行资格审查，资格审查委员会编写资格审查报告；

（5）根据资格审查结果，向通过资格预审的申请人发出投标邀请书；向未通过资格预审的申请人发出资格预审结果通知书，告知未通过的依据和原因；

（6）编制招标文件；

（7）发售招标文件，公开招标文件的关键内容；

（8）需要时，组织潜在投标人踏勘项目现场，召开投标预备会；

（9）接收投标文件，公开开标；

（10）组建评标委员会评标，评标委员会编写评标报告、推荐中标候选人；

（11）公示中标候选人相关信息；

（12）确定中标人；

（13）编制招标投标情况的书面报告；

（14）向中标人发出中标通知书，同时将中标结果通知所有未中标的投标人；

（15）与中标人订立合同。

采用资格后审方式公开招标的，在完成招标文件编制并发布招标公告后，按照前款程序第（7）项至第（15）项进行。

采用邀请招标的，在完成招标文件编制并发出投标邀请书后，按照前款程序第（7）项至第（15）项进行。

问题 88　按 2016 年 2 月 1 日起施行的《公路工程建设项目招标投标管理办法》，公路工程招标，在招标文件中，出现哪些条款则属于以不合理的条件限制、排斥潜在投标人或者投标人？

答：《公路工程建设项目招标投标管理办法》第二十一条规定，招标人结合招标项目的具体特点和实际需要，设定潜在投标人或者投标人的资质、业绩、主要人员、财务能力、履约信誉等资格条件，不得以不合理的条件限制、排斥潜在投标人或者投标人。

除《中华人民共和国招标投标法实施条例》第三十二条规定的情形外，招标人有下列行为之一的，属于以不合理的条件限制、排斥潜在投标人或者投标人：

（1）设定的资质、业绩、主要人员、财务能力、履约信誉等资格、技术、商务条件与招标项目的具体特点和实际需要不相适应或者与合同履行无关；

（2）强制要求潜在投标人或者投标人的法定代表人、企业负责人、技术负责人等特定人员亲自购买资格预审文件、招标文件或者参与开标活动；

（3）通过设置备案、登记、注册、设立分支机构等无法律、行政法规依据的不合理条件，限制潜在投标人或者投标人进入项目所在地进行投标。

问题 89　对招标文件有质疑，需要写招标质疑函，招标质疑函有规定的格式吗？

答：潜在投标人或者其他利害关系人可以按照国家有关规定对资格预审文件或者招标文件提出异议。异议必须用书面的方式提出，这就是招标质疑函。国家和有关部门没有规定统一的招标质疑函格式。一般说来，质疑函请写清质疑的招标编号、名称、质疑的内容与依据，要求答复的内容等，既不能模糊笼统，又不能啰唆重复，没有逻辑性。

问题 90　通常，招标文件存在的主要问题是什么？

答：通常，不同组织的招标文件存在的问题各不相同，同一组织不同项目的招标文件存在的问题也不尽相同，招标文件存在的主要问题但归纳起来主要有以下几种类型：

（1）文字表述存在用词不当、语句不顺、逻辑混乱等现象；在行文中不能正确使用专业术语，意思表达不清楚，说外行话的现象时有发生。

（2）时间安排紧，要求投标人响应的时间短。有些招标投标项目从立项、组织招标到履行合同，时间安排仓促。招标公告的发布时间达不到法定最低时限要求，在广大潜在投标人不知道的情况下仓促进行。限定合同履行时间太短，外地投标人根本无法响应。

（3）随意提高或降低投标人的准入资格、标的物的质量安全等要求；设置不合理的条件排斥或限制潜在投标人参与，对投标人实行差别待遇或歧视待遇。

（4）对主要技术指标的描述不能满足需要。有的过于笼统，反映不出项目自身特色，提供的技术参数不够详尽。致使投标文件的制作和内容五花八门，缺乏规范性和可比性。

（5）招标方式的选择不符合规定。评标方法和评标标准模糊不清。不依据法定的使用条件选择招标方式，打着公开招标的名义行邀请招标或竞争性谈判之实。招标文件中没明确的评标方法，或简单地标明"采用综合评标"，但评标标准、评标因素及各自所占权重都没有交代或交代不全。

（6）拟签合同的主要条款不完整。对于采用标准文本的招标文件，拟签合同通用条款一般比较完整。但针对具体招标项目的专用条款却普遍存在问题。有的招标文件只有通用条款，没有专用条款；有的对专用条款描述不具体，影响后续合同的履行。

问题 91　政府采购中，招标文件中对"评分细则"的规定有什么要求？

答：根据《财政部关于加强政府采购货物和服务项目价格评审管理的通知》，招标文件"采用综合评分法的，应当根据采购项目情况，在招标文件中明确合理设置各项评审因素及其分值，并明确具体评分标准。投标人的资格条件，不得作为评分因素。"招标文件的评分细则中"货物项目的价格分值占总分值的比重不得低于30%，不得高于60%；服务项目的价格分值占总分值的比重不得低于10%，不得高于30%。"

问题 92　政府采购中，招标文件中对"采购国货"的规定是什么？

答：根据《政府采购法》第十条的规定，政府采购应当采购本国货物、工程和服务。但现有法律法规并未界定何为国货，因此加大了政府采购招标文件相关规定编制的难度。

尽管我国现有法律法规没有关于国货的认定标准，但有关进口产品的认定标准，即财政部《政府采购进口产品管理办法》提到的：进口产品是指通过中国海关报关验放进入中国境内且产自关境外的产品。据此，可以将最终产品产自国内，不需要通过中国海关报关验放进入中国境内的产品认定为本国产品。

问题 93　政府采购中，编制招标文件应注意哪些事项？

答：政府采购中，招标文件是供应商准备投标文件和参加投标的依据，同时也是评标的重要依据，因为评标是按照招标文件规定的评标标准和方法进行的。招标文件的编制要特别注意以下几个方面：

（1）所有采购的货物、设备或工程的内容，必须详细地一一说明，以构成竞争性招标的基础；

（2）制定技术规格和合同条款不应造成对有资格投标的任何供应商或承包商的歧视；

（3）评标的标准应公开和合理，对偏离招标文件另行提出新的技术规格的标书的评审标准，更应切合实际，力求公平；

（4）符合本国政府的有关规定，如有不一致之处要妥善处理。

问题94　建设工程招投标中，编制招标文件，常见的法律风险是什么？

答： 建设工程招投标中，招标文件是招标人提出采购要求和招标投标程序规则，指导投标人编制投标文件的法律文件，是招标、评标、定标的依据，也是投标人编制资格预审申请文件、投标文件和参加投标的依据，还是招标人和中标人签订合同的基础，对招标投标双方都具有法律约束力。招标文件合法、规范与否，直接影响着招标投标活动成败和合同履行效果。因此把好招标文件质量关，防范招标文件违规、错漏引发的法律风险，是保障项目顺利实施的关键。

对于招标文件的法律要求，《招标投标法》和《招标投标法实施条例》等有关法律法规皆有详细规定。

《招标投标法》第十九条规定："招标人应当根据招标项目的特点和需要编制招标文件。招标文件应当包括招标项目的技术要求、对投标人资格审查的标准、投标报价要求和评标标准等所有实质性要求和条件以及拟签订合同的主要条款。国家对招标项目的技术、标准有规定的，招标人应当按照其规定在招标文件中提出相应要求。招标项目需要划分标段、确定工期的，招标人应当合理划分标段、确定工期，并在招标文件中载明。"

《招标投标法》第二十条规定："招标文件不得要求或者标明特定的生产供应者以及含有倾向或者排斥潜在投标人的其他内容。"

《招标投标法实施条例》第十五条规定："编制依法必须进行招标项目的资格预审文件和招标文件，应当使用国务院发展改革部门会同有关行政监督部门制定的标准文本"。目前，《标准施工招标文件》、《标准施工招标资格预审文件》、《标准设计施工总承包招标文件》、《简明标准施工招标文件》等标准文本也相继颁布实施。另外，机电产品国际招标文件应采用商务部颁布的《机电产品采购国际竞争性招标文件》范本编制，在实践中也已得到广泛应用。从长期来看，应用标准文本编制资格预审文件和招标文件是发展趋势。

实践中，有的招标文件内容脱离项目特点和需要，故意抬高项目的技术标准，或提出与项目实际不符的资格条件，如6层以下建筑工程，需要房屋建筑工程施工总承包企业资质三级即可，但有些项目提出需要二级甚至一级资质，这些做法涉嫌排挤有资格承接项目的投标人。对此，《招标投标法实施条例》第三十二条先是强调："招标人不得以不合理的条件限制、排斥潜在投标人或者投标人"，紧接着又明确规定："设定的资格、技术、商务条件与招标项目的具体特点和实际需要不相适应或者与合同履行无关"或"依法必须进行招标的项目以特定行政区域或者特定行业的业绩、奖项作为加分条件或者中标条件"，属于以不合理条件限制、排斥潜在投标人或者投标人，可根据《招标投标法》第五十一条处罚。

建设工程招标，关于招标文件的常见法律问题有以下几类：

1. 招标文件内容不合法、不合理

（1）限制、排斥外地企业投标。明确要求外地企业必须具有高于本地企业的资格条件或具有在当地的经历和业绩，或根据地方限制竞争的政策文件限制外地企业的进入和竞争等。

（2）招标文件未公开载明投标资格审查标准，对投标人资格设置不合理条件或量身定做招标规则。如指定产品、设备的品牌、型号、原产地、供应商，为投标人指定设备型号、分包队伍，要求投标人必须具备较高的资质等级，增加不必要的资格准入条件，提出过高的业绩要求，拔高市场准入门槛，或与投标人串通提出某些特殊要求，阻碍市场有序平等竞争。

（3）设置不合理的技术条款。如将某投标人独有的或者比较有优势的技术因素确定为招标文件的重要技术参数或者将其所占技术条款的权重提高，使该投标人在竞争中获得较大优势。

2. 招标文件内容不规范、不明确

（1）招标条件脱离招标项目实际。如不考虑正常的生产、建设周期而提出不合理的工期（供货期）要求，缩短法律限定的投标文件编制时间，设置苛刻的付款方式，提出根本难以满足的特殊服务要求和技术参数，规定"一边倒"的违约责任等，易引发争议，也为履行合同留下隐患。

（2）评标办法和评标标准不公开。招标文件没有明确规定评标标准和评标办法，而是事后制定或者规定的内容不合理，或者只规定采用经评审的最低投标价法或采用综合评标法但不具体，为暗箱操作留下余地，如重技术评标标准轻商务评标标准甚至取消商务评标标准，评标标准和方法含有倾向性内容，妨碍公平竞争。

（3）招标文件忽视对合同条件的规定。只是原则性地列出主要条款或者合同内容不符合项目需要，导致在后续与中标人签约时增加谈判难度或者无法通过谈判更改既定合同条款内容，引发合同法律风险。

（4）招标文件功能描述不明确，技术指标、质量要求、验收标准不明确，将影响投标人的正常报价和投标策略，最终影响招标项目顺利实施。

问题95　建设工程招投标中，编制招标文件，如何化解招标文件的法律风险？

答：编制建设工程的招标文件，可以从以下几个方面化解法律风险：

1. 推进招标文件规范化、标准化建设

招标人应按照管理精益化要求，加强招标投标基础工作，制定、推行各类招标项目的招标文件范本。招标文件范本应根据不同采购项目的特点分别设定投标人资格条件和合同文本，分类别、分专业制定相对固定、科学的评标办法和评标标准，力求条款完善、内容合法、格式规范、切合实际。编制具体项目招标文件时不能简单套用范本，而是要充分结合招标项目实际和特点，对专业性强的采购项目可邀请专家咨询论证，确保招标文件既能通过使用范本实现规范化，也要有针对性地适应招标项目的个体需求。

2. 坚持公平公正、无倾向性和歧视性的原则编制招标文件

招标文件应注意按最基本的技术能力和业绩要求对投标人资格作出规定。不得设置不合理的"技术壁垒"，不得以不合理的条件限制或排斥潜在投标人，制订商务条件、技术

规格和合同条款时不得对任何潜在投标人实行歧视待遇，妨碍或者限制公平竞争。

第一，招标文件设置的投标人资格条件应当具有必要性。针对招标项目的实际需求制定招标文件，投标人资格条件应当是实施招标项目必须具备的条件，尽量减少特殊条件要求，不得有针对某一潜在的投标人或排斥某一潜在投标人的规定，不得量身定制投标人资格条件（如必须在本地或本单位有业绩）。

第二，招标文件不得指明特定的厂家或产品。招标项目的技术规格除有国家强制性标准外，一般应当采用国际或国内公认的标准，不得要求或标明某一特定的生产厂家、承包商或注明某一特定的商标、名称、专利及原产地等。技术规格或其他内容如确实无法准确描述的，可以注明"相当于"或"或同等品"等字样，禁止提及特定专利、商标、型号、原产地或生产厂家，或者虽然没有指明特定的厂家或产品，但暗含排斥潜在投标人的内容。

第三，为了规避招标文件的倾向性问题，招标人应掌握相关产品的技术参数构成和主要指标，必要时开展市场调研，针对档次相当的同类工程、货物或服务，制定基本相同且必须满足的主要技术指标。在招标文件中，当关键性指标确定以后，非关键性指标不宜过细，以免产生技术倾向（即倾向于某制造商的技术标准）。对主流产品的市场情况要跟踪了解，及时掌握最新动态。对某些专业性强、金额大、技术或管理复杂的项目，在发出招标文件前，邀请应用性和理论性兼具的该领域专家审核把关，排除倾向性指标。

第四，对于招标文件中的歧视性条款，投标人可提出异议和投诉。实践中，招标人通过在招标文件中设置歧视性条款（主要是投标资格条件），排斥潜在投标人，这些规定违反法律规定，自始无效。投标人的投标不因达不到歧视性条款的要求而无效，评标委员会在评标时也不应当将这样的条款作为评判的依据和标准。投标人一旦发现歧视性条款，有权直接向招标人提出异议，要求招标人澄清和修改。若招标人拒绝修改或拒不采纳投标人的意见，投标人有权向有关行政监督部门投诉要求处理。

3. 切合项目实际需求，有针对性地编制招标文件

第一，招标文件的编制必须以项目为依托，符合招标项目的特点和需要，全面反映项目实际需求，不符合项目特点和需要的内容不应纳入招标文件。

第二，确保招标文件内容完整规范，可操作性强。招标文件的内容大致可分为四类：一是编写和提交投标文件的规定。载入这些内容的目的是尽量减少投标人由于不清楚如何编写投标文件而处于不利地位或其投标遭到拒绝的可能性。二是投标文件的评审标准和方法。这是为了提高招标过程的透明度和公平性。三是合同条件。主要是商务性条款，有利于投标人了解中标后签订的合同的主要内容，明确双方各自的权利和义务。四是技术要求。招标文件应写明招标人对投标人的所有实质性条件和要求，包括招标项目的内容和技术要求，对投标人的资格条件要求、资格审查标准和投标报价格式，招标文件和投标文件的澄清程序，对投标文件的内容和格式要求，投标保证金，投标的程序、投标截止日期、投标有效期，开标时间、地点，投标文件的修改与撤销的规定，评标标准、方法以及合同条款等，必须一一详细说明，以构成竞争性招标的基础。

第三，招标文件商务部分应公布评标办法、评标标准以及否决投标认定标准和方法。

实践中，评标方法大多采用综合评标法，需要事先至少确定综合评分的主要评价因素及其比重或权值。评标标准是专家评审的主要依据，也是确定中标人的重要标准，因此评

标标准必须公开、科学、合理。

首先，制定评分标准时，应通过市场调研、专家论证，一般能反映招标项目实际需求，体现投标人优势和特点的都应确定为评分因素。采用综合评标法时，主要因素包括价格、技术、财务状况、信誉、业绩、服务以及对招标文件的响应程度等。根据招标项目类型不同而各有侧重，如服务类项目就将企业的物质装备、人员状况、业绩作为重要评分因素。尽可能细化评分因素，便于专家评审，也可以将评标专家的自由裁量权限定在合理范围内。

其次，将评标总权重分配到各个评分因素上。权重分配最能反映出招标人的采购意向和偏好，将所有评分因素按重要性进行排序，一般将主要技术性能、质量、安全措施等对招标项目有重大影响的因素作为主要评分因素，其权重应该高些，反之作为非重要评分因素，减少得分权重。

再次，制定评分细则，明确规定各评标因素的得分值。如业绩因素应以一定期间内的实际销售额或合同件数的多少规定相应的得分，而不宜采用"好、一般、较差"等难以客观衡量的主观概念。对技术方案、现场答辩等无法描述或不易客观量化、细化的评分因素，应设定其最低得分值或评分区间，不宜采用"酌情评分"等含糊概念，将评委的自由裁量权控制在最小范围内。对不同评分因素的得分值应进行横向比较，对不合理的进行适当调整或者对评分因素的权重进行重新分配，保证各评分因素的分值相对合理。

第四，招标文件中必须具备详尽的合同条件。一旦招标人对投标人的投标作出承诺，招标人和中标人就应当按照招标文件和投标文件承诺订立书面合同，不允许招标人再与投标人进行实质性谈判。合同文本内容要详尽，必须达到一旦定标无须再谈判就可立即依据此合同条件签订合同的标准（当然允许双方就个别细小的操作性条款进行补充，如合同联系人、账号等），以防范合同条件不完备，定标以后在签约阶段再进行谈判甚至不得不改变实质性内容重新商谈、起草合同或者谈判失败、签约不能的风险。

4. 依法设置否决投标条款，内容公开透明

否决投标条件和标准，应在招标文件中详细列明，作为招标文件必备内容，便于投标人对照参考，也作为评标委员会评审的依据。招标投标法律法规规定的关于否决投标的法定情形条款，招标人和投标人都应遵守，一般应载入招标文件，可以起到提醒投标人的作用。

法律也允许在不违反法律法规强制性规定的前提下，在招标文件中自行规定可以否决投标的约定情形（称"约定否决投标条款"），弥补法律空白。但由于约定否决投标条款是招标人制订的，并不一定都合理。因此，招标人在设定投标人资格条件时应注意与招标项目相匹配，不能随意拔高资格条件，不能搞差别待遇和地域、行业歧视。除《招标投标法实施条例》、《评标委员会和评标方法暂行规定》和其他部门规章规定的重大偏差外，应慎重增加约定否决投标条款，在兼顾法律效力的基础上尽量降低投标难度，避免与一些真正有竞争力的投标人失之交臂，再者对投标文件过于苛求，也有排斥和歧视潜在投标人的嫌疑，是与《招标投标法》立法目的相悖的。

招标文件中可以规定的约定否决投标条款常见情形包括：（1）投标报价高于最高投标限价的；（2）曾有过行贿、串标等不良行为记录的；（3）主要技术参数不符合招标文件要求的。如果设置约定否决投标条款的，必须在招标文件中明确规定，没有规定的不得作

为评标依据。

《招标投标法实施条例》第五十一条规定了否决投标的主要情形，即："（一）投标文件未经投标单位盖章和单位负责人签字；（二）投标联合体没有提交共同投标协议；（三）投标人不符合国家或者招标文件规定的资格条件；（四）同一投标人提交两个以上不同的投标文件或者投标报价，但招标文件要求提交备选投标的除外；（五）投标报价低于成本或者高于招标文件设定的最高投标限价；（六）投标文件没有对招标文件的实质性要求和条件作出响应；（七）投标人有串通投标、弄虚作假、行贿等违法行为。"其中上述（五）、（六）情形均需要在招标文件中具体约定，并明确标注，以免任意扩大或发生争议。部委规章对否决投标的情形另有具体规定。在招标文件中应明确标明什么是"实质性要求"、什么是"重大偏差"，以警示投标人提高投标文件质量，也可以为评标委员会认定投标有效与否提供依据。

5. 按照完整、规范、严谨、准确的要求编制招标文件

第一，确保招标文件的语言表述准确、用词精确，使用的术语要有明确的解释，条款理解不应该有弹性、不得有歧义，这样有利于投标人正确理解并做出更符合招标人要求的响应，同时也可有效防范投标人利用招标文件的错漏采取有针对性的策略给招标人带来的风险，避免因对招标文件理解不一致而发生争议和纠纷。

第二，确保招标文件既要条款完备，也要整体结构完整、内容协调一致。招标文件所包括的投标须知、合同条件、技术条款、投标文件格式等部分内容虽相对独立、各有侧重，但相互之间又存在着必然联系，必须保持在整个招标文件中对同一对象的称谓、同一问题的描述说法一致，才能保证招标文件形成一个协调一致的有机整体。一些项目技术部分委托设计单位分专业编制，商务部分由招标人或招标代理机构编制，文字表述难免出现差异，必须做好统稿工作，防止出现矛盾或遗漏。

第三，确保招标文件内容与招标公告的一致性。招标文件是对招标公告内容的细化和延伸，二者内容应当前后一致，招标人不得在招标文件中随意更改招标公告中已有明确规定的内容。实践中，由于修改或笔误等原因导致了招标公告和招标文件的规定不一致。可考虑在招标文件的投标人资格条件表述中，以"详见招标公告"等方式，指引至招标公告中，以确保一致性。

6. 建立招标文件专家审查制度

招标文件起草完成后应邀请技术、商务、法律等方面专家审查、论证，提高招标文件质量。论证的重点主要有以下三方面：

一是合法性论证，主要论证招标文件是否与相关法律法规相抵触，设定的投标人资格条件是否合适妥当、是否存在歧视性或差别待遇条款，是否存在指定厂家或品牌问题，投标、开标、评标和定标办法是否合法。

二是合规性论证，主要论证招标文件的内容和格式是否符合规范性的要求，招标文件是否标明实质性要求和条件，招标文件规定的各项技术标准是否符合国家强制性标准，招标文件是否规定了澄清或修改的截止时间，招标程序安排是否符合规定等。

三是合理性论证，主要论证招标文件的具体条款是否合理，评标方法和标准是否恰当，投标保证金是否合适，售后服务、合同条款是否合理，招标人和中标人之间的权利义务是否对等。

招标文件是决定招标成败的关键文件。《招标投标法实施条例》第八十二条规定，如果依法必须招标项目的招标文件违反法律规定，对中标结果造成实质性影响，且不能采取补救措施予以纠正的，招标、投标、中标无效，应当依法重新招标或者评标。也就是说，招标文件如果存在错漏之处，将直接影响招标活动的顺利进行，甚至导致招标失败。因此，为防范不必要的招标投标法律风险，减少人力与物力成本损失，招标人应严格依据法律法规和招标项目实际编制招标文件，确保内容合法合理，公平公正。

问题96 政府采购中，招标文件出问题责任谁担？

【背景】 受某采购人委托，某市政府采购中心日前在有关媒体发布招标公告，就其所需移动公厕进行公开招标。当天，A公司购买了招标文件。在详细研读了招标文件后，A公司针对以下问题提出质疑：采购中心在招标文件制定过程中推卸责任，没有把好审核关，致使招标文件的需求描述等具有倾向性，希望有关部门强化规则设定，加强招标文件的审核把关，建立更加公开、公平、公正的平台。

采购中心对质疑予以了回复，采购中心认为：一方面，需求是由采购人提出，采购人作为采购项目的实际使用人和最终接受者，对需要货物、服务或工程所应具备的性能和效用最有发言权。因此，在具体采购项目上，制度赋予了采购人自行提出需求的权利，集采机构原则上不应过多干预。另一方面，这份招标文件已通过监管部门审核并备案，即便存在问题，过错也应在监管部门，而不应由集中采机构承担。上述案例具有一定的普遍性，也引出一个值得探讨的问题，对于招标文件的内容，集采机构、采购人、监管部门应该如何分担责任。

答： 采购中心作为法定集采机构，最重要的特征之一就是具有一定的政府采购管理职能。由于政采活动是一项系统工程，涉及面广，程序比较复杂，这就要求集采机构不仅要具有一定的专业能力，而且要具备一定的管理职能。从集采机构职能来看，发布采购信息、编制采购文件、制定评标原则和评分标准等，都在集采机构职责范围内。可见，在采购过程中，集采机构不但要履行组织、策划等职责，而且要履行管理、审核等职责，更要对所组织的项目的合法性和合理性负责。

一般情况下，采购人在制定需求时往往从自身经验出发，且由于采购人专业技术水平不一，对法律法规了解不透，在提需求时经常会出现一些如指定品牌、技术参数有倾向性、资质要求不合理等问题，采购中心在制作招标文件时，就需要在尽可能体现采购人意愿的基础上，把存在的问题剔除，保证招标文件尽可能做到公平、公正。同时为一些缺乏专业知识的采购人提供技术支持。

虽然集采机构对招标文件中的项目需求等内容应该承担审核等职责，但这并不意味着采购人对招标文件的内容就无需负责。相反，采购人是项目的实际使用人和最终接受者，有必要规范操作，保证需求标准、技术参数等内容的合理性和合法性。同时，在本案中，集采机构不熟悉技术规格等标准是否符合采购人的实际需求，不能对这一质疑给予准确答复，应将其转交给采购人。对于采购人而言，由其对这一质疑进行答复，不但可以及时解决供应商的疑问，而且可以规范采购人提出项目需求、确定技术标准的行为，使其在需求方面严格按照项目的实际需要。对于供应商而言，他们想得到权威、准确的答复，在这一问题上，采购人的答复显然比集采机构的答复更权威。

问题 97　政府采购中，评标中发现招标文件存在问题应当如何处理？

【背景】2015 年 4 月 25 日，由某公司代理的某系统集成项目的政府采购如期开标。评标时专家发现，所有供应商都没有防火墙产品销售许可证，也没有公安部门的防火墙销售备案通知书。采购人、采购代理机构向省采购办请示，是否可以让供应商将资料补齐？

答：按法律规定所有的投标文件只能以投标截止时间为准，不允许在此时刻点过后再接受和补充投标文件。

经查，问题的出现主要不在供应商，而是招标文件中对此没有作出明确规定。当然，投标供应商也有一定责任，应当清楚作为合格的投标供应商还必须符合法律、行政法规规定的其他条件。在此例中，投标时应当主动提供防火墙产品销售许可证等资质证明材料。如果不允许补充，那么只能废标。为了提高采购效率、节约采购成本。从实际情况出发，在不失公正，不违反法律精神的前提下，也可以采取以下变通办法：按公布的评标方法继续评标，给供应商排序，推荐候选中标供应商。因为这些证件、证书并不构成资格审查的条件。

招标文件必须符合法律规章和有关政策规定。在招标文件中不有歧视性条款和指定产品的倾向的同时，一些特殊的采购项目还必须符合有关政策规定。此例中，采购人和采购代理机构因为防火墙销售的具体政策要求不熟，故在采购文件中对此没有提出明确的要求。所以代理机构在制作招标文件时，即使在 300 万元以下的项目，技术复杂的，把握不准的最好是咨询专家或请专家进行论证。

评标中发现拿不准的问题最好是及时请示政府采购监督部门。此例中，如果继续不经请示批准继续评标，结果肯定不符合有关政策规定；如果擅自允许补充投标文件，那显然是违法行为。

必须按程序办事。此例中所要求补充的材料，是资格性的，属条款有实质性的变化。按《政府采购法》的有关规定，应当以书面形式通知所有的供应商。如果不以书面形式通知，一旦个别供应商进行质疑投诉，采购代理机构必败无疑。

因招标文件的缺陷导致废标，采购代理机构还有承担经济赔偿的风险。

问题 98　建设工程招标，在招标文件中如何判断有关投标人的报价及成本价？

答：《招标投标法》第三十三条规定，投标人不得以低于成本的报价竞标，也不得以他人名义投标或者以其他方式弄虚作假，骗取中标。

投标人计算投标价格是一项关键而严肃的工作。它对投标的成败和实施项目采购的盈亏起决定作用。投标人应当合理确定投标价格，不能以低于成本的投标价格参加投标。每个投标人都有自己的经验和习惯，有自己的一套算标的方法、程序和报价结构体系。例如单价分析法、系数法、类比法等等，或者几种方法混合使用。工程项目标价一般由以下两部分组成：

（1）工程直接费用，包括人工费、材料与永久设备费、施工机械费等；

（2）工程间接费，包括投标期间的开支、保函手续费、保险费、税金、业务费、临时设施费、贷款利息、施工管理费等。

在评标中，为使对成本价的认定有一个比较客观可行的依据，可以在招标文件中进行具体的规定，如取某些有效投标人投标报价的算术平均值基础上上下浮动某个数值为界限；也可以在标底的基础上上下浮动某个数值作为成本价等等。

问题 99　招标文件中多处出现同一内容但不一致，则解释顺序的优先级别是什么？

【背景】 在某招标文件中，未约定招标清单、图纸、技术文件的优先解释顺序，现在某公司中标了，施工中应该以那个为准？

答： 招标文件一般只含合同的主要条款，不会面面俱到，很多内容还是在合同中约定的，比如优先解释顺序，如果专用条款没约定，是否执行通用条款，合同版本不一样是有区别的。建议在合同中进行具体的约定。如果要约定招标清单、图纸、技术文件的解释顺序，则一般认为，清单优先于图纸和技术文件。

习题与思考题

1. 单项选择题

（1）招标文件的发售时间不少于（　　　）。

A. 3 个工作日　B. 5 个工作日　C. 3 个日历日　D. 5 个日历日

（2）招标人对已发出招标文件进行澄清或者修改，应在投标截止时间至少（　　　）前。

A. 3 个工作日　B. 5 个工作日　C. 15 个日历日　D. 5 个日历日

（3）我国施工招标文件部分内容的编写，不包含的内容有（　　　）。

A. 投标有效期　B. 评标方法　C. 提前工期奖的计算办法　D. 投标保证金数量

（4）编制标底应遵循的原则，不正确的是（　　　）。

A. 工程项目划分、计量单位、计算规则统一　　B. 按工程项目类别计价

C. 应包括不可预见费、赶工措施费等　　　　　D. 应考虑各地的市场变化

（5）下列关于招标人自行招标的说法中，不符合《工程建设项目自行招标试行办法》规定的是（　　　）。

A. 招标人应当具备编制招标文件和组织评标的能力

B. 自行招标应当向有关行政监督部门备案

C. 一次核准自行招标手续只适用于一个工程建设项目

D. 招标人应当在发出中标通知书后的 15 日内向有关行政监督部门提交招标投标情况的书面报告

2. 多项选择题

（1）招标文件收取的费用应当限于（　　　），不得以营利为目的。

A. 补偿印刷成本支出　B. 补偿邮寄的成本

C. 补偿电话费的支出　D. 补偿办公费的支出

（2）招标文件中必须载明的内容有（　　　）。

A. 评标方法　B. 开标时间和地点　C. 投标保证金　D. 中标后的合同条款

（3）根据《招标投标法》，应当由招标人或者招标代理机构在招标环节完成的工作包括（　　　）。

A. 发布招标公告　B. 编写招标文件　C. 进行资格预审　D. 组织现场踏勘

（4）根据《工程建设项目施工招标投标办法》，招标代理机构可在其资格等级范围内承担的招标工作包括（　　）。

　　A. 拟定招标方案　B. 编制和出售招标文件　C. 组织开标评标　D. 编制评标报告

（5）根据《工程建设项目货物招标投标办法》，编制招标文件应当（　　）。

　　A. 按国家有关技术法规的规定编写技术要求

　　B. 明确规定是否允许中标人对非主体货物进行分包

　　C. 要求标明特定的专利技术和设计

　　D. 用醒目方式标明实质性要求和条件

3. 问答题

（1）建设工程的招标，由于招标文件编制不科学不严谨所带来的招标风险有哪些？

（2）编制招标文件时，如何防止串标和围标等行为？

（3）招标文件的组成内容包含哪些？

（4）招标代理机构或招标人对招标文件进行澄清或修改，法律法规有哪些规定？

（5）建设工程的经济标文件，编制工程量清单时，应注意哪些方面？

4. 案例分析题（2011 全国招标师考试真题）

某市属投资公司投资的大型会展中心项目，基础底面标高－15.8m，首层建筑面积9800m^2，项目总投资 2.5 亿元人民币，其中企业自筹资金 2 亿元人民币，财政拨款 5000万元人民币。施工总承包招标时，招标文件中给定土方、降水和护坡工程暂估价为 1800万元人民币，消防系统工程暂估价为 1200 万元人民币。招标文件规定，该两项以暂估价形式，包括在施工总承包范围的专业工程中，由总承包人以招标方式选择分包人。后甲公司依法成为中标人，并按招标文件和其投标文件与招标人签订了施工总承包合同。甲公司是一家有数十年历史的大型国有施工企业，设有专门的招标采购部门。总承包合同签订后，甲公司自行组织土方、降水和护坡工程以及消防工程的施工招标。招标文件均规定接受联合体投标，投标保证金金额为 20 万元人民币，其他规定如下：

土方、降水和护坡工程（标包 1）：投标人应具备土石方工程专业承包一级资质或地基与基础工程专业承包一级资质。

消防系统工程（标包 2）：某控制元件金额不大，但技术参数非常复杂且难以描述，设计单位直接以某产品型号作为技术要求，允许投标人提交备选方案。

在招标过程中，出现以下情况：

标包 1 中，某投标人是由 A 公司和 B 公司组成的联合体。A 公司具有土石方工程专业承包一级资质和地基与基础工程专业承包二级资质，B 公司具有土石方工程专业承包一级资质和地基与基础工程专业承包一级资质。

标包 2 中，某投标人是由 C 公司与 D 公司组成的联合体。双方按照联合体协议约定分别提交了 60%、40% 的投标保证金。在开标时，主持开标的人员发现，E 公司的投标函及附录中，提供了两套方案及报价，一套为德国产品，一套为美国产品，其中美国产品的方案写明"备选方案。"

问题

（1）标包 1 和标包 2 是否属于依法必须进行招标的项目？甲公司是否可以自行组织招

标？分别简要说明理由。

（2）如项目的招标组织形式被项目审批部门核准为委托招标，甲公司是否可以自行组织招标？简要说明理由。

（3）标包2招标文件对控制元件的技术要求是否妥当？简要说明理由。

【参考答案】

1. 单项选择题

（1）B　（2）C　（3）C　（4）D　（5）D

2. 多项选择题

（1）AB　（2）ABCD　（3）ABC　（4）ABCD　（5）ABD

3. 略

4. 案例分析题

（1）国有资金控股或占有主导地位的项目，必须进行招标。如果该招标人是国有企业，标包1和标包2则必须进行招标。

（2）如果招标人要自行招标，则在监管部门同意的前提下，要具有自行招标的能力。

（3）标包2以某公司的技术参数作为技术要求，这是违反相关法律法规的。

第5章 投标文件问答

问题 100 投标文件的编制要求是什么?

答:《招标投标法》第二十七条规定:"投标人应当按照招标文件的要求编制投标文件。投标文件应当对招标文件提出的实质性要求和条件作出响应。招标项目属于建设施工的,投标文件的内容应当包括拟派出的项目负责人与主要技术人员的简历、业绩和拟用于完成招标项目的机械设备等。"

所谓实质性要求和条件,是指招标项目的价格、项目进度计划、技术规范、合同的主要条款等,投标文件必须对之作出响应,不得遗漏、回避,更不能对招标文件进行修改或提出任何附带条件。对于建设工程施工招标,投标文件还应包括拟派出的项目负责人与主要技术人员的简历、业绩和拟用于完成工程项目的机械设备等内容。投标人拟在中标后将中标项目的部分非主体、非关键性工作进行分包的还应在投标文件中载明。

投标文件的重要部分之一是价格文件或报价文件。《招标投标法》规定:"投标人不得以低于成本的价格报价、竞争。"投标人以低于成本的价格报价,是一种不正当的竞争行为,可能会造成偷工减料、以次充好等不正当手段来降低成本从而避免亏损。这样,就会给市场经济秩序造成损害,给建设工程的质量带来隐患,因此,必须禁止。不过,一些投标人以长远利益出发,放弃短期利益,不要利润,仅以成本价投标,这也是合法的竞争手段,这是法律保护的。这里所说的成本,应该包含社会平均成本,并综合考虑各种价格差别因素。

此外,投标文件还有数量、密封等要求。如有的招标文件规定,不能使用活页夹的形式;投标文件必须一正多副;经济标或价格标不能与技术标混合装订等要求,违反者或严重者会被否决投标或废标。

问题 101 投标文件为什么在开标时必须密封提交?对投标文件的密封进行检查的人,法律为什么没有规定为招标人?

答:由于投标是一次性的竞争行为,为保证其公正性,就必须对当事人各方提出严格的保密要求。例如:投标文件及其修改、补充的内容都必须以密封的形式送达,招标人签收后必须原样保存,不得开启。对于标底和潜在投标人的名称、数量以及可能影响公平竞争的其他招投标的情况,招标人必须保密,不得向他人透露。在实践中,投标人为保密,很少采用邮寄方式递交投标文件,也是出于保密的考虑。另外,一些地方规定投标文件采用电子文档形式递交的,一定要设密码,否则不予接收,也是为了投标文件的保密要求。投标文件的保密,既对招标人有利,因为可以防止各投标人相互串通报价;也对投标人有利,因为可以防止招标人和某些投标人相互串通。

对投标文件的密封进行检查的人,法律为什么没有规定为招标人?因为在开标截止时间以前提前送达招标人的任何投标文件,都是由招标人进行保存的,如果再由招标人检查这些投标文件的密封情况，就难以杜绝招标人在保存期间作弊的可能。《招标投标法实施条例》第三十六条规定，不按照招标文件要求密封的投标文件，招标人应当拒收。招标人应当如实记载投标文件的密封情况，并存档备查。

《招标投标法》规定：依法必须进行招标的项目的招标人向他人透露已获取招标文件的潜在投标人的名称、数量或者可能影响公平竞争的有关招标投标的其他情况的，或者泄露标底的，给予警告，可以并处一万元以上十万元以下的罚款；对单位直接负责的主管人员和其他直接责任人员依法给予处分；构成犯罪的，依法追究刑事责任。

问题 102　投标人提交投标文件的时间要求是什么？

答：《招标投标法》第二十八条规定："投标人应当在招标文件要求提交投标文件的截止时间前，将投标文件送达投标地点。招标人收到投标文件后，应当签收保存，不得开启。"该条还规定："在招标文件要求提交投标文件的截止时间后送达的投标文件，招标人应当拒收。"因此，以邮寄方式递交投标文件的，投标人应留出足够的邮寄时间，以保证投标文件在截止时间前送达。另外，如发生地点方面的错送、误送，其后果应由投标人自行承担。《招标投标法实施条例》第三十六条规定，逾期送达的投标文件，招标人应当拒收。招标人应当如实记载投标文件的送达时间，并存档备查。

投标人应当在招标文件要求提交投标文件的截止时间前，将投标文件送达投标地点。在截止时间后送达的投标文件，招标人应当拒收。如发生地点方面的误送，由投标人自行承担后果。投标人若对招标文件有任何疑问，应于投标截止日期 2 日（具体见招标文件）前以书面形式向招标人（或招标代理机构）提出澄清要求，并送至招标代理机构。招标人应当自收到异议之日起 3 日内作出答复；作出答复前，应当暂停招标投标活动。

问题 103　投标文件提交以后，还可以补充、修改和撤回吗？

【背景】某项土建工程项目招标，某投标人在提交了投标书后，在开标前又递交了一份折扣信，在投标报价的基础上，工程量单价和总价报价各下降 3%。但是招标单位有关工作人员认为，根据"一标一投"的惯例，一个投标人不得递交两份投标文件因而拒绝该投标人的补充材料。那么这种行为是否合法呢？

答：只要是在投标截止时间以前，是可以将投标文件补充、修改或撤回的，如果是补充或修改，以最后一次提交的为准。根据契约的自由原则，我国法律也规定，投标文件递交后，投标人可以进行补充、修改或撤回，但必须以书面形式通知招标人。补充、修改的内容亦为投标文件的组成部分。如我国的《招标投标法》第二十九条规定："投标人在招标文件要求提交投标文件的截止时间前，可以补充、修改或者撤回已提交的投标文件，并书面通知招标人。补充、修改的内容为投标文件的组成部分。"

在提交投标文件截止时间后，投标人不得补充、修改、替代或者撤回其投标文件。投标人补充、修改、替代投标文件的，招标人不予接受；投标人撤回投标文件的，其投标保证金将被没收。投标人撤回已提交的投标文件，应当在投标截止时间前书面通知招标人。招标人已收取投标保证金的，应当自收到投标人书面撤回通知之日起 5 日内退还。

换句话说，在投标文件提交时间截止之前，投标人可多次更换投标文件，招标单位或代理机构不能拒绝。不过，有的招标文件制作不严谨，只是说明投标的截止时间是开标前，而投标截止时间过后，招标人收取投标文件后封存起来，并不立即开标，这两个时间是不一致的。那么，很容易就投标的截止时间发生纠纷。

本案例中，该投标人将报价下降3%是对已提交投标文件的修改，如果招标文件明确规定投标的截止时间就是开标时间，则这种做法完全合法，所以招标单位有关工作人员拒绝该投标人的补充材料的做法是错误的。但是，如果招标文件规定的投标文件递交截止时间是开标前的某年某月某日某时，则过了投标文件递交的截止时间，哪怕还没有开标，也是不能再递交补充文件了。不过，由于很多工程招标，投标文件递交的截止时间，往往就规定为开标时间，因此这样的投标策略，在国际、国内招标中经常出现。因此，这也提醒招标人和投标人，在开标前做好保密工作是非常重要的，以便防止某些投标人窥探到招标人或其他投标人的报价，作出临时决定损害自己的利益。当然，有的招标文件，非常严谨又温馨，比如，用斜体和粗体字规定，投标的截止时间是什么，哪怕过了一秒钟，也会视为超过投标的截止时间，投标文件不予接收，这样的规定就比较好。

问题104　投标文件没有签名盖章应废标吗？

答：《招标投标法》和《招标投标法实施条例》都没有规定投标文件是否需要签名盖章才算有效。但是，一般地方政府对《招标投标法》的实施细则和招标文件都会明确规定：未按照招标文件规定要求密封、签署、盖章的，应当在资格性、符合性检查时按照无效投标处理。

例如，2015年8月27日，××市快速交通轨道3号线延长线××区间建筑电气及机电设备招标在某工程交易中心举行。在评标会上，专家发现某公司的投标文件投标承诺书没有签名。于是评审专家查找投标文件的正本，发现也没有签名盖章。后来，评审专家还发现，这家公司的投标文件法人代表授权书、投标函等都没有签名盖章。因此，评审委员会在初审中依规否决了这家投标人，这家公司遗憾地失去了进行下一步评审的权利。

因此，在实际操作中，招标文件规定，要按规定进行签名盖章。从法律上说，法人代表授权书、投标函、承诺函等，如果没有盖章和签名，则无法确认是否代表投标人公司的行为，所以进行签名盖章是必要的。

但是，一些招标过程中，规定投标文件的封面要签名盖章，甚至要盖骑缝章或每页都要盖章、签名的做法，确实是不应该的和没有必要的。不过，投标人最好按照招标文件的要求签名盖章，以避免不必要的麻烦。

问题105　投标文件装订混乱而废标合理吗？

【背景】 2015年12月13日，××市××区××变电站安装工程项目在某招标代理公司举行。在评标委员会的专家仔细而认真地进行评审，有专家发现A公司的投标文件中，投标货物价格明细表的表头竟然用的是B公司的名字。于是，评标委员会以A、B两家公司的投标文件存在串标嫌疑为由，依法给予A、B两家公司的投标文件废标。

答： A、B两家公司的投标文件公司名称混乱，评标委员会给予A、B两公司废标的处理是非常正确的。之所以出现这样的问题，一种情况是，A、B两公司的投标文件是同一家打字社制作的，打字社给A公司做了投标文件后，为了偷懒采用原来的表格，忘记修改表格了。另外一种情况是，A、B两公司的投标文件是同一个人或同一批人做的，这些人也犯了和打字社同样的错误。不过，从本案来说，后一种情况的可能性更大，属于典型的串通投标行为。《招标投标法实施条例》第四十条规定，不同投标人的投标文件由同一单位或者个人编制；或者不同投标人的投标文件相互混装的；视为投标人相互串通投标。

《招标投标法》中规定的串通招投标行为的法律责任是：罚款的数额为招标项目金额的千分之五以上千分之十以下；对投标人、招标人或直接责任人的违法行为规定了一系列的行政处罚，如停止一定时期内参加强制招标项目的投标资格。

问题106 几份投标文件中的报价呈规律性差异，能被认定为串通投标吗？

【背景】2012年9月23日，G市公安局足迹侦查设备及配套设施评标会在该市公共资源交易中心举行。本次招标，限价为720000元整。购买了招标文件并在投标截止时间之前递交了投标文件的共有4家公司。这四家公司分别是A公司，报价718000元；B公司，报价719000元；C公司，报价719900元；D公司，报价599000元。评标会上，有专家怀疑这是一起所谓的"陪标式"串通投标，但是专家又拿不出具体的法律依据予以废标或否决某投标人。实际上，该案例中，A、B、C公司确实串通投标。这是招标业主——该市公安局某领导授意相关工作人员内定招标的行为。招标人的具体承办工作人员，根据领导意图，找到了A公司。A公司又找来B、C两家公司串通投标。其中，A、B、C三家公司都是本地的G市公司，而D公司是一家外省的公司，不知道内情，是真正想来投标的公司，所以报了一个比较实际又而相对"离谱"的报价。A、B、C三家公司互相约定以接近招标文件的限价进行投标报价，中标后再给招标人的工作人员和领导好处，然后再各得超额利润，所谓羊毛出在羊身上，所以投标报价紧靠限价也就毫不奇怪了。该案例在十八大以后，相关责任人因出现重大违纪而落马顺带牵出了招标腐败过程。

答：如果是工程建设的招标投标，按2012年实施的《中华人民共和国招标投标法实施条例》（以下简称实施条例）第四十条第四款的规定：不同投标人的投标文件异常一致或者投标报价呈规律性差异，可以视为投标人相互串通投标。但政府采购中，《政府采购法》和《政府采购法实施条例》都没有对这种情况是否为串通投标进行规定。本案例中，限价为720000元，A、B、C三家公司的报价都是紧紧扣着限价进行报价，仅为象征性地下浮了100元（C公司）到2000元不等，下浮最多的A公司也不过比限价仅少了2000元而已，作为72万的招标，这违反常识。这三家公司不仅异常高度一致，报价也呈某种规律性的差异。因此，该专家怀疑这是一起疑似串通投标，说明了该专家火眼金睛，评标经验丰富，法律熟稔。

A、B、C三家公司的主要设备足迹勘察设备是相同的，都是北京某公司的产品，并且是同一型号。D公司，使用的是杭州某公司的产品。其实，按法律的相关规定，这次招标，主要设备只有2家公司的2个品牌，是不应该继续进行评标，应该否决本次招标，专家完全可以主要设备品牌少于3家为由，进行否决。这样，既不伤和气，也不昧良心做事。

在本案例中，A、B公司的投标文件多处雷同，如售后服务的电话竟然一样，且都出现在37页，不过评标专家都没有发现，这也是可以直接认定串通投标的"铁证"，专家完全可以名正言顺地实施否决本次招标。

最终，A公司顺利中标，监管机构并没有发现本次招标中的猫腻。倒是该市某公安局领导，在十八大以后，因出现重大违纪而落马，连带将本次招标的腐败顺便牵扯出来了。但是，作为监管机构的工作人员，还是可以从这样的投标文件中发现某些蛛丝马迹。例如，对于上百万的招标，如果某些投标人的报价异常接近且又紧靠限价，十有八九有串通投标的嫌疑，可以顺藤摸瓜进行调查。当然，对于招标人主动勾结投标人的串通投标，是非常隐秘的，如果不是招标人或投标人内部出现内讧或分赃不匀出现矛盾，要从外部线索着手进行查处是比较难的。

问题107 政府采购中，采用公开招标，在投标产品价格明细表中的型号与在产品授权书中填写的型号不一致，可以解释成系列产品么？有法律依据么？在投标产品价格明细表中型号与授权书型号不一致，到底以哪个为准？

答：投标文件中，在投标产品价格明细表中的型号与在产品授权书中填写的型号不一致，这种情况，在评标阶段是可以澄清以哪个为准的。如果以授权书为准，则修改产品明细表的型号，如中标则提供授权书和产品明细表中型号的货物。如果澄清以产品明细表为准，则所提供的授权书无效，且不能补交产品明细表中所列型号的那种产品的授权书。至于能否解释为系列产品，国家法律法规和相关的评标细则没有明确规定，评委会一般可以接受解释为系列产品。

如果评标时，因为评标专家马虎，使该采购人顺利中标了，可以和采购人进行协商。如果采购人不依不饶，而该采购人自己又拿不出所投货物的授权或者拿不出授权书中的货物，采购人不想该投标人中标，又不想被没收保证金，则该采购人可以依法对自己提出质疑，要求废标。这是允许的。

问题108 某建设工程招标，第一次招标流标了，第二次发了招标公告后，依然没有人报名，这种情况下招标代理公司要怎样处理？

答：如果采用公开招标购买资格预审文件时，无人购买或购买者不足三家时，首先要分析为何无人购买？可能是有以下原因：

（1）资金来源不可靠；

（2）招标人或招标代理机构信誉不佳；

（3）有地域或行业限制；

（4）工程状况表述不够；

（5）质量标准和目标要求过高；

（6）资格（资质和业绩）要求过高；

（7）招标信息发布不广泛。

针对这些问题，修改好招标公告和资格预审文件后，再重新发布公告。

如果采用公开招标或邀请招标进行资格后审时，无人或不足三家购买招标文件时，同样要查清原因（如上述原因），修改招标公告后再重新发布。

在上述情况下，重新招标在发布招标公告后仍无人或不足三家购买资格预审文件或招标文件时，如果是属于必须审批的工程建设项目，需报经原审批部门批准后可以不再进行招标。其他项目，招标人可自行决定不再进行招标。这是依据七部委30号令《工程建设项目招标投标办法》第三十八条之规定。

问题109　什么叫双信封方式提交投标文件？公路工程投标，什么情况下必须使用双信封的形式提交？

答：所谓双信封模式提交投标文件，是指投标文件应分两阶段提交，并装订于不同的信封。投标人应当按照招标文件要求装订、密封投标文件，并按照招标文件规定的时间、地点和方式将投标文件送达招标人。按照2016年2月1日起施行的《公路工程建设项目招标投标管理办法》第三十二条的规定，公路工程勘察设计和施工监理招标的投标文件应当以双信封形式密封，第一信封内为商务文件和技术文件，第二信封内为报价文件。

而对公路工程施工招标，招标人采用资格预审方式进行招标且评标方法为技术评分最低标价法的，或者采用资格后审方式进行招标的，投标文件应当以双信封形式密封，第一信封内为商务文件和技术文件，第二信封内为报价文件。

综上所述，对于公路工程的招标，如果是勘察设计类和监理类的招标，必须采用双信封的形式提交投标文件；而对于公路施工类的招标，则只有采用资格预审方式且是采用技术评分最低价法时，或采用资格后审方式招标的，才应采用双信封的形式提交投标文件。

问题110　如何编制好投标文件？编制投标文件时应注意什么？

答：投标工作是一项综合性的工作，涉及面广，内容多而杂。编制投标文件时，时间比较短，而招标文件、图纸资料又不是很完整，都给编标工作带来较大的困难。以比较复杂的工程投标文件为例，为了能够在时间短、条件有限的情况下按时、按质地编制好投标文件，在投入足够的人力、物力的同时，根据招投标工作的特点，须注意以下几点：

1. 详细阅读招标文件

招标文件主要包括投标邀请书、投标须知〔含资料表和修改表及附件（工程说明与主要工程数量）〕、合同通用条款和专用条款（本项目适用）、技术规范、图纸、投标书要求和格式、参考资料等。

招标文件是编标的依据，每个参加编标的工作人员均须详细阅读招标文件及有关招标资料，充分了解招标文件的内容和要求，了解该工程的位置、规模、结构形式与特点，施工环境条件以及施工的重点和难点，仔细领会业主的精神和设计者的设计意图，以便编标过程中完全地、不折不扣地响应招标文件与业主、设计者的要求。招标文件应全面、详细地阅读，并记录好存在的疑问、重点与难点以及需要进一步落实和明确的问题。

2. 考察现场与参加标前会议

招标人在发售招标文件后的一定时间，一般都会组织投标人对现场及其周围环境进行一次考察，以便使投标人自行查明或核实有关编制投标文件所必需的一切资料。

考察现场，充分掌握工程所在位置及周围环境条件情况是编好标书的重要环节。通过考察现场须了解、掌握的情况包括：施工位置的地形、地貌特征，河流及水文、气候条件，用水、用电，进场道路、交通运输条件，卫生医疗服务、通信，地材及其他施工材料，当地的民风、民情、社会经济条件与环境等。

把在阅读招标文件与考察现场过程中存在的疑问问题、需要业主或设计单位澄清与明确的问题等归纳、汇总，按照规定的时间以书面的形式提交给业主，寻求业主的澄清与答复，以便更好地编制标书。

参加业主主持召开的标前会议。标前会议（即投标预备会议）的目的，是澄清并解答投标人在阅读招标文件后和现场考察中可能提出的任何方面的问题。业主在标前会议上会对招标文件作出一些补充说明、错误的修正或者对投标文件有进一步的、具体的要求，并且会与设计单位或有关单位一起对各投标单位提出的疑问问题作出初步答复。会后业主会对标前会上的内容以补遗书和答疑书的形式发给各投标单位。补遗书、答疑书和其他正式有效函件，均是招标文件的组成部分，与招标文件的其他内容具有等同的地位，其内容、要求必须完全、切实地贯彻到编标过程中。

3. 召开施工组织设计方案会

切实、合理可行的施工组织设计方案是标书优质和合理报价的基础，它往往体现着公司的整体实力和施工水平，直接影响着投标书的质量，对是否中标起着关键性的作用，应予以足够重视。

4. 编制标书

（1）投标书目录的确定

开始编制标书之前，目录的确定也是重要的一环。一般来说，业主在招标文件中对投标文件的内容与格式都有一定的要求，确定目录之前，应详细、反复阅读招标文件中有关的内容，以便编出全面的、完全响应标书要求的目录来。

如果招标文件没有明确的要求，则根据以往同类型工程或同地区、同业主以往的要求与习惯来确定投标文件的目录。

（2）工作分工

投标书目录出来后，则对要求编制的内容进分工，每个人负责相应的内容，并且规定完成的时间，一般要提前2至3天完成以便汇总、复核及审查。投标书施工组织设计部分的内容较多且繁杂，既有文字说明、施工方案图、场地布置图，又有各种表格和网络计划等。

投标工作是一个系统工程，既要分工，又要合作、协调与配合，才能做出一份好的标书。

从标书的内容和工作量来说，做一份标书宜安排3~4个人比较合适，最好有一个人负责总体的协调工作与标书的审查。

（3）编标过程

每个工程项目的招标都有其指定的工程范围和内容，有其特定的技术规范、工艺要求、材料供应方式和质量及验收标准等，所有这些都要求落实到投标文件的每个内容中去。

编标过程中，参加编标的人员都应本着认真负责的态度，不能马虎应付了事。每个人都应熟悉招标文件，清楚了解所确定的施工组织设计方案，无论负责哪一部分内容，都要紧紧围绕着既定的方案、招标文件的要求来做。每个工程项目的招标都有其指定的工程范围和内容，有其特定的技术规范、工艺要求、材料供应方式和质量及验收标准等，所有这些都要求落实到投标文件的每个内容中去，不得有背离和违反现象，否则就是不响应业主和招标文件的要求，这样将会直接影响到标书的质量，甚至造成废标的严重后果。

编标过程中，每个做标人员应在一起经常沟通、交流，以使每个人所编制部分的内容在总体上具有一致性，避免产生相互不一致甚至自相矛盾的现象。若碰到疑问或困难，及时与协调人（负责人）沟通，协调人与各编标人一起商量、讨论，或向上反映，经研究确定后通知各编标人，以求得标书的统一性与一致性。

（4）投标文件的审查

投标文件完成汇总后，审查也是必不可少的。审查的内容主要有以下几个方面：工期是否合理，能否满足招标文件的要求；机械设备是否齐全，配置是否合理；组织机构和专业技术力量能否满足施工需要；施工组织设计是否合理可行；工程质量保证措施是否可靠。

一般来说，编标的时间都比较短，而内容又比较多，在编标过程中会有这样或那样的错误是在所难免的，尤其是不可能每个参加编标的人员都对招标文件进行全面、详细地阅读和理解，因而投标文件的统一性与一致性、对招标文件的响应性和符合性应为标书审查的主要任务和内容。比如投标书与招标文件中的条款与规定是否有重大偏离或保留，特别是在对本工程招标范围、工程质量标准或工程实施方面是否有重大改变，或工期安排是否有实质性偏离，或者对合同中规定业主的权利或投标人的责任和义务是否有实质性限制等。

（5）投标文件的修改

标书的审查一般来说不可能很仔细，审查人只指出相应的不足、缺陷或错误，不会具体说明该如何补充、完善或修改。标书审查后，编标协调人（负责人）应根据审查的结果和意见，结合该标的实际情况确定标书修改的原则、方法与具体要求，并详细通知每个编标人员。编标人员根据要求及时对标书进行修改，形成标书初稿，并由总体协调人审核修改的情况，最后定稿。

（6）标书的打印输出

投标文件的打印输出是标书后期工作中的重要一环，因为标书的输出工作量大，输出的质量直接影响到标书的观感效果和标书的总体质量。

投标文件必须按照招标文件规定的格式、内容填写，要做到版面整洁、排版统一合理、整齐美观，除业主另有要求外，标书的排版应有统一的要求，包括标题、字体、间距、页边、页脚页眉与图纸的线条、字体、边框等，都应有具体统一的标准，保证整体标书工整、美丽、悦目。

5. 投标资料的汇总、整理

投标后，应及时对投标资料进行汇总，把每个人所做的内容都收集放在一起，并标明该工程的主要结构形式、特点及主要施工方案等，供以后查找资料方便。

这项工作应指定专人负责，并分类存放，必要时刻成光盘，以便外出投标时方便携带。做好投标资料的保密工作。投标是一项竞争十分激烈的工作，在投标过程中，其他每个投标人都是我们的竞争对手，也就是我们的敌人，可以说投标是一场你死我活的战争，投标资料就像战争中的情报，因此保密工作显得尤为重要。

做好保密工作的同时，想办法搜集其他投标单位的投标资料，分析研究对手的实力、特点与以往的投标情况，作出合理、科学的决策，才能最终在投标中出奇制胜的战胜众多对手，取得最后的胜利。

总之，投标工作是一项综合性很强的工作，须配备足够的、精良的人员和设备，并充分调动投标人员的工作积极性、责任心，提高人员各方面的技能和综合素质，培养吃苦耐劳的精神，并切实抓好管理，才能完成好投标工作。

问题111　投标文件应如何密封？法律是如何规定的？

答： 相关法律法规都规定了投标文件应进行密封提交，但对如何密封则没有进行具体的规定。

《招标投标法》、《政府采购法》、《招标投标法实施条例》、《工程建设项目货物招标投标办法》、《工程建设项目勘察设计招标投标办法》、《工程建设项目施工招标投标办法》、《政府采购货物和服务招标投标管理办法》，并没有关于投标文件如何密封的规定，只是在《政府采购货物和服务招标投标管理办法》第十八条第二款中要求采购单位编制的招标文件中的投标人须知章节应包括投标文件密封的内容。

招标文件示范文本对投标文件密封作出相对具体的规定。2007年九部委局发布的《中华人民共和国标准施工招标文件》投标人须知第4.11款规定：投标文件的正本与副本应分开包装，加贴封条，并在封套的封口处加盖投标单位章。2012年九部委局发布的《中华人民共和国标准设计施工总承包招标文件》、《简明标准施工招标文件》在同样的章节分别作出了一致的"投标文件应进行包装、加贴封条，并在封套的封口处加盖投标人单位章"的规定。

从上面的招标范本规定可以看出：投标文件密封主要理解为对投标文件的正本与副本分开包装、对投标文件设置完整的外包装并形成封套、外包装上加贴密封条、封套的封口处加盖投标人单位公章。一般来说，如何密封由招标人在招标文件中进一步明确。标文件不按招标文件密封要求的，招标人应拒收。

问题112　开标阶段，投标文件的密封，应由谁来检查？

答： 对建设工程的招投标，《招标投标法》第三十六条规定，开标时由投标人或者其推选的代表检查投标文件的密封情况，也可以由招标人委托的公证机构检查并公证。经确认无误后，由工作人员当众拆封，宣读投标人名称、投标价格和投标文件的其他主要内容。

招标人在招标文件要求提交投标文件的截止时间前收到的所有投标文件，开标时都应当当众予以拆封、宣读。

开标过程应当记录，并存档备查。

值得注意的是，《招标投标法》第三十六条对投标文件密封检查的立法原义是检查招标人已经接收的投标文件的密封是否存在保管不当、人为破坏等问题，与提交阶段检查投标人的投标文件是否按招标文件要求进行包封与标识有区别。

对政府采购的投标文件，财政部18号令第四十条规定，开标时应当由投标人或者其推选的代表检查投标文件的密封情况，也可以由招标人委托的公证机构检查并公证。经确认无误后，由招标工作人员当众拆封，宣读投标人名称、投标价格、价格折扣、招标文件允许提供的备选投标方案和投标文件的其他主要内容。

未宣读的投标价格、价格折扣和招标文件允许提供的备选投标方案等实质内容，评标时不予承认。

从上面的规定可以看出，《招标投标法》、财政部18号令均规定开标时由投标人或其推选的代表或者招标人委托的公证员对投标文件的密封情况进行检查，但没有规定密封不符合招标文件要求时当场该作何处理，但如果招标文件有规定，则按招标文件的规定执行。

问题113 投标文件的封装袋没有盖章是否应拒收？

【背景】某工程招标文件规定，"投标文件外包装封面及封条均要求投标人签字盖章，否则不予受理。"投标截止后，在开标前投标代表检查所有标书的封装情况时，发现有一份标书的外包装封面有签名、盖章，但封条处虽有盖章，但无签名。于是提出该标书依据招标文件规定不应受理。但此时该投标文件已经受理，作为招标人该如何处理？若其他相关投标人一致同意该标书有效，并要求"在开标记录上对该投标文件的封装情况如实做好记录"，这种方式是否可行？存在什么风险？如果进入评标阶段，评标专家该如何处理？

答：依据《招标投标法实施条例》第三十六条规定，"不按照招标文件要求密封的投标文件，招标人应当拒收"。这里的"拒收"是指投标截止前（即开标前）投标人提交投标文件时，招标人对投标文件密封不符合招标文件规定的，招标人是不予受理的。也就是说招标人在投标截止前受理的投标文件，从密封和标记都是符合要求的。在开标现场开标时（已经是投标截止时间以后了）拆封投标文件正本前，依据《招标投标法》第三十六条规定：开标时，由投标人或者其推选的代表检查投标文件的密封情况，也可由招标人委托的公证机构检查并公证。这里的"检查"，已经不是检查投标文件密封是否符合招标文件要求，而是检查招标人或招标代理机构保存投标文件的责任，如有被拆封过的痕迹，招标人将承担其未保存好投标文件的责任。如果正式拆封前已经被拆封，就意味着投标人的投标报价已被剽窃过了，因此应终止开标。而给所有投标人造成的损失，要由招标人来赔偿。

因此，不能在开标现场由招标人或招标代理机构检查投标文件密封情况，并对不符合密封要求的投标文件当场退回。如果在投标截止前，投标人提交投标文件时，发现投标文件密封不符合招标文件要求时，应当拒收。

另外说明一下，投标文件密封处是盖投标人的单位章，不是投标单位法人章，也无须负责人签字。但如果招标文件已明确规定"投标文件外包装封面及封条均要求投标人签字盖章，否则将不予受理"，则封条处未盖章的投标文件，是可以不受理的。

问题114 招标文件中的"日"是指"工作日"还是"日历日"？

答：《招标投标法实施条例》第十六条和第十七条规定了资格预审文件或者招标文件的发售期以及资格预审文件停止发售之日至提交资格预审文件的时间段，均描述为"不得少于5日"。

《工程建设项目施工招标投标办法》（国家发展计划委员会令2003年第30号，以下简称"发改委30号令"）第十五条，以及《工程建设项目货物招标投标办法》（国家发展和改革委员会令2005年第27号，以下简称"发改委27号令"）第十四条均有规定"自招标文件或者资格预审文件发售之日起至停止出售之日止，最短不得少于五个工作日"。

由于《条例》并没有对文件中所称"日"进行明确的定义，是为"工作日"还是"日历日"。但是"发改委30号令"、"发改委27号令"仍为具有效力的文件，所以在处理招标文件和资格预审文件发售时间问题上，笔者建议遵守不少于 5 个工作日的要求，这样均符合新旧规定。以免在项目后期实施执行过程中，因为此类问题被相关利益方以不同的法规要求作为程序瑕疵点进行攻击。

问题 115　现场拒收投标文件的情形包括哪些？

答：《招标投标法》第二十八条对于投标现场拒收投标文件明确了一种情形，"在招标文件要求提交投标文件的截止时间后送达的投标文件，招标人应当拒收。"

而对于"不按照招标文件要求密封的投标文件"的处理，原来各个文件的规定有所不一致，如"财政部 18 号令"第四十条规定，"开标时，应当由投标人或者其推荐的代表检查投标文件的密封情况，也可以由招标人委托的公证机构检查并公证。"以及第五十六条规定，"未按照招标文件规定要求密封的投标文件应当在资格性、符合性检查时按照无效投标处理"，这项规定将未按照要求密封的投标文件的处置放到了评标阶段，由评标委员会处理。

"发改委 27 号令"第四十一条、"发改委 30 号令"第五十条，又在《招标投标法》规定的拒收投标文件情形外，增加了一条"未按照本文件要求密封的"，此种情形在《标准施工招标文件》（2007 版）投标人须知 4.1.3 也有规定"不按照要求密封和加写标记的投标文件，招标人不予受理。"

而《招标投标法实施条例》第三十六条明确规定，"未通过资格预审的申请人提交的投标文件，以及逾期送达或者不按照招标文件要求密封的投标文件，招标人应当拒收。"这里，"未通过资格预审的申请人提交的投标文件和不按照招标文件要求密封的投标文件"是一种新的以法规形式出现的新的可以拒收文件的情形，而"不按照招标文件要求密封"作为一种拒收的情形也以法规的形式予以标明，在实际的工作中，招标人和招标代理机构应该严格遵守。

问题 116　什么是投标文件的实质性响应呢？

答：投标文件的实质性响应问题，对招标文件是否作出实质性响应是每份投标文件必须关注的重中之重，是关系到投标能否成功的必要条件，因为未对招标文件作出实质性响应的投标文件将被作为废标处理。一旦废标，就前功尽弃，一切免谈。那么，什么是投标文件实质性的响应呢？

投标人是否符合招标文件规定投标供应商基本条件和是否满足针对各个项目的特定资格条件、是否接受招标人提出的合同条款、对质量保证期是否满足招标人要求、投标保证金是否按照要求进行了提交、是否是联合投标、投标报价是否合乎规范、投标有效期是否满足要求、招标文件其他有关废标条款等等，都是属于投标文件的实质性响应。

问题 117　投标文件，未在密封袋上注明密封时间，是否应该拒收？

【背景】某地一学校校舍改扩建项目实施公开招标，代理机构共接收到了 13 家供应商的投标文件。该项目对投标文件的密封要求是：密封口处贴纸加盖单位公章，并注明"×年×月×日×时×分之前不准启封"的字样。但开评标现场，投标人代表在检查投标文件密封性时，发现 A 公司投标文件的密封口处未注明"×年×月×日×时×分之前不准启封"的字样。A公司投标代表拍了下头，恍然大悟地说："哦，当时因为太匆忙忘记写了。"据他讲，当时获悉项目招标信息比较晚，在快马加鞭赶制投标文件并密封好后，离投标截止时间已不足两个小时，匆忙慌乱之间只盖上公章而忘写日期了。

在听取评标委员会意见后，代理机构当场宣布对A公司的投标文件作无效投标处理。这时，A公司的投标代表不满了："既然不符合要求，当时就应该拒收啊。当时就应该发现的问题而没发现，你们也有责任！如果当时立即告知我，起码我还有几十分钟的补救时间！"

在本案例中，A公司到底该不该进入评标环节？代理机构将A公司投标文件作无效投标处理是否有法律依据？

答： 政府采购中的工程招标，适用《招标投标法》及其实施条例。因此，本案例应依从《招标投标法》及《招标投标法实施条例》来解释。

《招标投标法实施条例》第三十六条规定，"逾期送达或不按招标文件要求密封的投标文件，招标人应当拒收"。但该条款中"不按招标文件要求密封的投标文件"，应理解为密封不完整、有可能被拆封导致信息泄露的情形，而不是指密封后没有按照招标文件的要求签署开封时间的情形。且不包含未注明"×年×月×日×时×分之前不准启封"的字样就废标的情形。所以，代理机构将A公司投标文件判为无效标是缺乏法律依据的。

其实，投标文件密封制度的设计是有其特定背景的：以往，开标是在接收投标文件截止一段时间之后才进行，开标和接收投标文件也不在同一地点，因此需预留时间将标书从接收地点运至开标地点，为防止这期间投标信息泄露，投标文件需要密封提交。为确保标书不被错放或提前开封，有时会进一步要求在密封处签署项目名称及某年某月某日之前不得开封的字样。

本案例中，对于接收了未按要求密封的投标文件的问题，代理机构是否该负有责任？代理机构没有替投标人检查密封是否符合要求并为其赢得更正时间的义务，如果应当拒收而未拒收，代理机构不承担责任；但如果不应当拒收而拒收，导致投标人失去了中标机会的，代理机构就可能面临民事赔偿的责任了。

问题118 投标文件的份数不够被拒绝是否符合法律规定？

【背景】 某工程招标中，招标文件明确规定，投标文件为一正五副，份数不够者将作废标处理，这样的规定符合法律要求吗？

答： 无论是政府采购还是工程招标，投标文件的份数必须按招标文件的规定进行处理。相关法律法规对提交的投标文件份数不足是否应该废标并没有进行规定。但是，相关法律法规却规定了"投标人应当按照招标文件要求装订、密封投标文件，并按照招标文件规定的时间、地点和方式将投标文件送达招标人"，因此，如果招标文件明确规定了投标文件的份数要求，而投标文件的份数不够，只可以否决其投标文件的，这并不违法法律规定。其中的装订要求，是包含份数的要求的。

问题119 工程招标中，投标文件中的商务标、技术标、综合标分别是什么意思，它们各自的用途是什么？

答： 所谓商务标，是指投标文件中有关投标人商务方面的内容，如法定代表人资格证明书或法定代表人授权委托书、信誉、商务方面的资质证书等等。投标文件的技术标，是指施工组织设计、施工方法；拟投入的主要物资计划；拟投入的主要施工机械计划；劳动力安排情况计划；确保工程质量的技术组织措施；确保安全生产的技术组织措施；确保工期的技术组织措施；确保文明施工的组织措施；施工总进度表或施工网络图；施工总平面布置图等等。

工程招标中，一套完整的投标文件包括技术标、商务标和价格标。有时，将价格标并入商务标。近年来，出现了所谓综合标是说法，就是投标文件不分技术、商务，统一在一套或一本投标文件中。

问题 120　投标文件中，法定代表人或委托代理人签署投标文件的问题。

【背景】某投标文件，委托人签署投标文件时，投标文件是否一定要求附法定代表人证明？如在授权书后仅要求附法定代表人和委托代理人的身份证复印件，可以吗？

答：一般情况下构成投标文件中有两个重要的文件，即法定代表人身份证明和授权委托书。如果是法人亲自签署或法人亲自到场投标，则只需要签法人的名字即可。委托人签署投标文件时，投标文件是否一定要求附法定代表人证明？这种情况则应按招标文件的规定。如果招标文件规定了必须附法人代表和被授权代表的身份证复印件，并有规定的格式，则必须附上各自的身份证复印件。

问题 121　投标文件未按招标文件的要求装订被废标，符合法律法规的规定吗？

【背景】某政府采购中，招标文件规定，不能采用活页夹的形式提交招标文件，否则将被废标，某投标文件采用了活页夹的形式提交投标文件被废标，符合法律法规的要求吗？投标文件装订成册应注意哪些事项？

答：相关法律法规并没有对投标文件的装订进行具体的规定，这样的规定一般体现在招标文件中。但是，法律法规却规定了不按照招标文件要求的投标文件，却可以拒收或否决其投标。

投标文件采用打印装订还是活页夹的形式，是装订密封要求的一部分，投标书不允许活页装订，类似于合同协议，防止增加、修改，以保证投标文件不至于散开或用简单办法不能将任何一页在没有任何损坏的情况下取出或插入。此外，一般投标书制作份数，一般需要正本一份（正本是投标单位的要约）、副本多份（副本只是为了方便评标用），打印后的标书需要签字，按照招标文件的要求装订。

由于投标文件胶装后，用简单办法不能将任何一页在没有任何损坏的情况下取出或插入，所以一些招标文件要求投标文件不能采用活页夹的规定是有道理的。这样，也可以防止投标人自己在制作投标文件"丢三落四"。

问题 122　电子投标文件上传不成功的风险应如何防范？

答：《电子招标投标办法》第 27 条规定："投标人应当在投标截止时间前完成投标文件的传输递交，并可以补充、修改或者撤回投标文件。投标截止时间前未完成投标文件传输的，视为撤回投标文件。投标截止时间后送达的投标文件，电子招标投标交易平台应当拒收。"这是执行《招标投标法》第 29 条及其实施条例第 35 条关于在电子招标投标环境下递交投标文件的具体规定。

从合同法上讲，投标文件是投标人提出的要约，投标人向招标投标交易平台传输投标文件相当于递交投标文件。《合同法》第16条规定："要约到达受要约人时生效。采用数据电文形式订立合同，收件人指定特定系统接收数据电文的，该数据电文进入该特定系统的时间，视为到达时间；未指定特定系统的，该数据电文进入收件人的任何系统的首次时间，视为到达时间。"《电子签名法》第11条与此规定基本一致。电子投标文件成功上传至招标人指定的招标投标交易平台时，视为递交了投标文件。在投标时间截止时，因投标人未传输、主动停止传输或因技术等原因传输未完成的，一概视为"撤回"，也就是"弃标"。投标截止时间后电子招标投标交易平台拒收投标文件，投标人就无法进行投标文件上传操作。对于电子投标文件传输是否成功的判定，应以加密的投标文件是否在投标截止时间前存在于招标人服务器为准。至于上传不成功的原因，可另行查究，但不影响招标投标程序的继续进行。

投标文件传输不成功可能因投标人自身原因、网络原因或者招标投标交易平台技术因素造成。招标人和电子招标投标交易平台的运营机构应加强事前培训，保障投标人能熟悉和掌握系统操作，开标前做好运维热线服务，随时解答投标人的技术问题，尤其对投标数量大的投标人、第一次参加投标的新投标人，应有针对性地做好培训和业务指导，减少上传不成功的技术风险。投标人应加强技术措施，防范电子投标信息被截获的风险。投标业务的执行过程必须在安全的环境中进行，敏感数据的传输必须经过加密。

问题123 投标文件，电子数据文件与纸质文件的效力优先应如何认定？

答：《电子招标投标办法》第2条规定："数据电文形式与纸质形式的招标投标活动具有同等法律效力。"一般招标文件都会要求规定纸质文件和电子文件应保持一致，但由于疏忽并未就电子招标文件与纸质文件的效力优先问题作出规定，当二者不一致时就难以判定以何为准，存在操作风险。以往鉴于对电子文件安全性的顾虑，一般倾向于认可纸质文件或者以对招标人有利为标准采纳其中之一。对此，《电子招标投标办法》第62条规定："电子招标投标某些环节需要同时使用纸质文件的，应当在招标文件中明确约定；当纸质文件与数据电文不一致时，除招标文件特别约定外，以数据电文为准。"

实行电子招标投标，或者为评标方便，或者为归档要求，并不排除纸质文件的使用。在电子招标投标实施之初，同时要求提交纸质投标文件，以此作为辅助手段有利于不熟悉电子投标业务的投标人进行投标，也有利于在招标投标交易平台出错时对照纸质文件进行纠错。因此，实行电子招标投标后，纸质形式的投标文件还有其存在的必要。电子招标投标单轨制运行有个普遍接受和适应的过程，对于一些金额较小、供应商多为小微企业、对电子招标投标业务不熟悉的项目，建议采用电子文件与纸质文件双轨制运行，并可规定当二者不一致时以纸质文件为准；投标文件解密失败时可以以纸质投标文件进行补录作为补救方案，确保招标投标活动的顺利进行，减少招标投标总成本。待招标投标交易平台运行正常，电子招标投标方法为供应商所普遍熟悉和熟练掌握之后，建议实行电子招标单轨制运行，这样更符合国家推行电子招标投标的初衷。

电子招标投标同时要求提供纸质文件的，应当在招标文件中作出约定。同时采用电子文件和纸质文件招标投标的双轨制下，招标文件应明确二者不一致时以何为准，以电子文件效力优先为宜。招标文件虽然约定投标人应同时提交纸质投标文件但并未载明未提交纸质投标文件将否决其投标的，投标人未提交纸质投标文件时应以电子文件为准进行评审，而不应否决该投标。建议时机成熟的项目实行电子招标单轨制运行，规定仅接受电子文件，拒绝接受纸质文件。

问题 124 投标文件中，投标报价前后不一致，该以哪个为准？投标报价可以超过招标文件规定的最高投标限价？

答：投标文件中，投标报价前后不一致，这种情况是可以澄清的，以哪个为准。如果不进行澄清，则应以开标一览表中列出的投标标价为准。根据财政部第 18 号的第四十一条的规定，开标时，投标文件中开标一览表（报价表）内容与投标文件中明细表内容不一致的，以开标一览表（报价表）为准。

投标的最高投标限价，在《招标投标法实施条例》出台之前，各地关于最高投标限价的称谓并不统一，在北京、云南称为拦标价，在厦门称为预算控制价，在黑龙江称为招标控制价，住建部发布的《建设工程工程量清单计价规范》GB 50500—2008 则称为招标控制价。尽管提法不一，而且要求也不完全一致，但其基本含义大致相同，即指招标人设定的某次招标的投标上限价格，如果投标人的投标报价超过该上限价格，将作废标处理。

《招标投标法实施条例》明确规定，招标人设有最高投标限价的，应当在招标文件中明确最高投标限价或者最高投标限价的计算方法，并规定如果投标报价高于最高投标限价，其投标将做废标处理。因此，投标人在投标时应特别关注招标文件中是否有最高投标限价。如果有最高限价，应注意不能超过该最高限价；如果投标人认为该最高限价过低，可以选择放弃投标。

问题 125 投标文件在哪种情况下，将会被废标？

答：《招标投标法实施条例》第五十一条明确规定了哪些情形属于法定废标的情形，投标人需要重点关注。根据《招标投标法实施条例》的规定，出现如下情形之一的，属于评标委员会应当否决投标的情形：

（1）投标文件未经投标单位盖章和单位负责人签字；

（2）投标联合体没有提交共同投标协议；

（3）投标人不符合国家或者招标文件规定的资格条件；

（4）同一投标人提交两个以上不同的投标文件或者投标报价，但招标文件要求提交备选投标的除外；

（5）投标报价低于成本或者高于招标文件设定的最高投标限价；

（6）投标文件没有对招标文件的实质性要求和条件作出响应；

（7）投标人有串通投标、弄虚作假、行贿等违法行为。

问题 126 关于唱标函的报价和投标文件里的报价不一致的问题。

【背景】唱标函的报价和投标文件里的报价不一致，唱标时报价为 1000 万元，投标文件汇总价是 1200 万元，怎么修正？怎样评标？中标价是多少？修正后的价格如果是 1200 万元，是否是改变了实质性内容，对其他人不公平？

答：招标文件中除资格预审文件和投标人须知外，一般都要纳入合同文件中，所以合同文件由多个文件组成，为防止文件之间有矛盾，而在合同通用条款中规定优先顺序，也即"前边文件解释后边的文件"。以九部委编制的 2007 年版《标准施工招标文件》通用合同条款中 1.4 款规定：组成合同的各项文件应互相解释，互为说明。除专用合同条款另有约定外，解释合同文件的优选顺序如下：①合同协议书；②中标通知书；③投标函及投标函附录；④专用合同条款；⑤通用合同条款；⑥技术标准和要求；⑦图纸；⑧已标价工程量清单；⑨其他合同文件。

虽然合同条款是合同执行期约束合同双方行为准则，也是招标人和评标委员会评标的依据，也是投标人投标报价的依据。所以依据上述顺序，投标函在先，应用其解释已标价的工程量清单。当投标函的投标总价与工程量清单汇总报价不一致时，应以投标函报价为准，修正工程量清单中的汇总价格。如果投标函投标总价（请注意不能称为"唱标函"，也不能以"唱标价"为准）与工程量清单汇总价格不一致时，应以投标函 1000 万元为准，进行评标。如果该投标人中标，中标人的中标价就是 1000 万元，既是中标通知书中招标人接收的中标价，也是签约合同价。

习题与思考题

1. 单项选择题

（1）以下不属于建设工程施工投标文件内容的是（　　）。

A. 投标函　B. 商务标　C. 技术标　D. 评标办法

（2）在工程量清单计价模式下，单位工程费汇总表不包括的项目是（　　）。

A. 措施项目清单计价合计　B. 直接费清单计价

C. 其他项目清单计价合计　D. 规费与税金

（3）措施项目组价的方法一般有两种，采用综合单价形式组价方法主要用于计算（　　）。

A. 临时设施费　B. 二次搬运费　C. 安全施工费　D. 施工排水费

（4）措施项目清单计价表，以（　　）为计量单位。

A. 自然单位　B. 物理单位　C. 项　D. 个

（5）按照原建设部印发的《建设工程安全防护、文明施工措施费用及使用管理规定》的要求，投标报价应不得低于工程所在地省级建设工程造价管理机构测定的措施费用标准的（　　）。

A. 95%　B. 90%　C. 85%　D. 80%

（6）下列属于"主要材料价格表"中的材料费单价组成的内容是（　　）。

A. 一般的检验试验费　　B. 新材料的试验费

C. 构件做破坏性试验费　D. 特殊要求材料检验试验费

（7）在采用预算定额计价时，材料的加工及安装损耗费是在（　　）中反映。

A. 材料的单价　B. 材料定额消耗量　C. 人工单价　D. 机械单价

2. 多项选择题

（1）单位工程工程量清单计价的费用是指按招标文件规定，完成工程量清单所列项目的全部费用，包括（　　　）。

    A. 分部分项工程费　B. 分部工程费　C. 措施项目费

    D. 规费和税金　　　　E. 其他项目费

（2）根据《建设工程工程量清单计价规范》的要求，综合单价包括（　　　）。

    A. 人工费　B. 材料费　C. 机械使用费　D. 间接费　E. 税金

（3）建设工程施工投标文件组成内容包括（　　　）。

    A. 投标文件格式　B. 投标保证金　C. 资格审查表

    D. 合同主要条款　E. 投标书附录

（4）属于工程量清单计价中的其他项目费的有（　　　）。

    A. 预留金　　　　　B. 甲供材料的材料购置费

    C. 总承包服务费　D. 零星工作项目费　　　　　E. 规费

（5）施工招标文件应包括以下内容（　　　）。

    A. 工程综合说明　　　　B. 设计图纸及技术说明书

    C. 工程设计单位概况　　D. 投标须知

（6）在开标时，如果发现投标文件出现（　　　）等情况，应按无效投标文件处理。

    A. 未按招标文件的要求予以密封

    B. 投标函未盖投标人公章和法定代表人（或其委托代理人）签字

    C. 联合体投标未附联合体协议书

    D. 完成期限在招标文件规定的期限外

3. 问答题

（1）论述合格投标人的条件是什么？

（2）《招投标实施条例》对联合体有哪些新的规定？

（3）投标文件的编制要注意哪些方面？

（4）《招投标实施条例》投标保证金有哪些具体的规定？

（5）投标人之间串通投标的行为有哪些？试举例说明。

（6）请论述招标人与投标人串通投标的行为包括哪些方面？

4. 案例分析题

（1）某省山区公路建设工程，属于该省2012年重点工程项目。计划于2012年9月28日开工，由于工程复杂，技术难度高，该工程受到社会的普遍关注。建设方委托招标代理机构进行招标工作。2012年6月8日，招标人通过代理机构发布招标公告，共有A、B、C、D、E五家施工承包企业购买标书并认真准备投标。招标文件中规定，7月18日下午4时是招标文件规定的投标截止时间，8月10日发出中标通知书。在投标截止时间之前，A、B、D、E四家投标人提交了投标文件，但C投标人于7月18日下午5时才送达，原因是中途堵车；7月21日由当地招投标监督管理办公室监督，招标人主持，在该省的工程交易中心进行了公开开标。评标时发现E投标人的投标文件虽无法定代表人签字和委托人授权书，但投标文件均已有项目经理签字并加盖了公章。

问题：

　　①C投标人和E投标人的投标文件是否有效？分别说明理由。

②投标时，应注意哪些细节内容，以防止标书被废？

（2）某建筑公司所投的投标文件只有单位的盖章而没有法定代表人的签字，被评标委员会确定为废标。评标委员会的理由是：招标文件上明确规定必须要既有单位的盖章也要有法人代表的签字，否则就是废标。该建筑公司认为评标委员会的处理是不当的，与《工程建设项目施工招标投标办法》关于废标的规定不符。根据《工程建设项目施工招标投标办法》，只要有单位的盖章就不是废标。你认为评标委员会这样处理是否正确？

【参考答案】

1. 单项选择题

（1）D　（2）D　（3）D　（4）C　（5）B　（6）A　（7）B

2. 多项选择题

（1）ABC　（2）ABCD　（3）ABCE　（4）ACE　（5）ABCD　（6）ABC

3. 略

4. 案例分析题

（1）①C投标人和E投标人的投标文件均应无效。C投标人是过来投标截止时间，招标人或其代理人理应拒收，故无效。E投标人无法人或授权代理人签字，虽有公章，但无效。

②投标时，投标文件应遵守《招标投标法》及相关法律法规和招标文件的规定，否则有可能导致废标。

（2）工程建设项目施工招标投标办法已进行了修正，投标文件必须有单位公章和负责人的签字。但即使工程建设项目施工招标投标办法不要求单位负责人签字，而招标文件已明确规定了必须有法人或授权代表的亲笔签名才有效，该投标文件也应无效，故评委会的决定是对的。

第6章 投标保证金与履约保证金问答

问题 127 请问自行招标的招标人是否可以在招标文件中约定收取中标人的招标服务费？如收取是否违反财务制度？

答：招标人自行招标的费用应从建设单位管理费中支出，不能从中标人处收取。收取招标服务费的全称是"招标代理服务收费"，也就是说招标人在委托招标代理时，招标代理机构收取的服务费。所以才有了原国家计委发布计价格〔2002〕1980 号令《招标代理服务收费管理暂行办法》（以下简称《办法》）第十条规定："谁委托谁付费"。后国家发改委发布发改办价格〔2003〕857 号令第二条：将《办法》第十条中"谁委托谁付费"，修改为"招标代理服务费用应由招标人支付，招标人、招标代理机构与投标人另有约定的，从其约定"。有了这样的修改，才使得招标代理服务费用，大都由中标人支付。因此很易错误理解为"招标人自行招标也应由中标人缴纳招标服务费"。即使由中标人支付，在投标报价中要包括这笔费用，即承包人（中标人）在合同执行期通过项目价款结算获得招标代理服务费用，再转支付给招标代理机构。从此可以看出无论谁支付招标代理服务费用，都是来源于招标人。既然是招标人的钱，只有在委托招标代理机构招标时，才会发生这笔费用。

问题 128 工程交易的投标保证额度是多少？投标保证金该交给谁？提交投标保证金的方式有哪些？

答：对建设工程的招标，《招标投标法》没有对投标保证金做出具体的规定，《招标投标法实施条例》第二十六条规定：招标人在招标文件中要求投标人提交投标保证金的，投标保证金不得超过招标项目估算价的2%。七部委30 号令《工程建设项目施工招标投标办法》第三十七条规定：投标保证金的形式有"投标保证金除现金外，可以是银行出具的银行保函、保兑支票、银行汇票或现金支票。"其中提到的银行保函，就是指投标保函。我国涉外工程只规定提供投标银行保函，其额度与国内相同。对政府采购，《政府采购法》同样没有对投标保证金做出具体的规定，在《政府采购法实施条例》第三十三条对投标保证金进行了规定：招标文件要求投标人提交投标保证金的，投标保证金不得超过采购项目预算金额的2%。投标保证金应当以支票、汇票、本票或者金融机构、担保机构出具的保函等非现金形式提交。投标人未按照招标文件要求提交投标保证金的，投标无效。因此，无论是建设工程招标还是政府采购招标，投标保证金的上限都是2%。在实践中，如果招标文件没有公布招标限价的上限，有经验的投标人也可以根据所提交的投标保证金来进行分析估算。

投标保证金，顾名思义，就是投标人为对招标人承诺某项事项而提交的保证金。招标活动，是一项邀约邀请，就是要遵守招标人在招标文件里所提的要求，如果达不到，就可能被没收投标保证金。所以，投标保证金是由招标人或其代理人向投标人所收取，投标结束后必须退还。至于某些地方，由公共资源交易中心收取，甚至是按年度收取或结算，虽然方便了投标人了，但并不具有法律依据。

问题 129 《工程建设项目施工招标投标办法（2013 年 4 月修订）》第三十七条的规定：投标保证金一般不得超过项目估算价的百分之二，但最高不得超过八十万元人民币。但 2012 年 2 月 1 日起施行的《中华人民共和国招标投标法实施条例》第二十六条中规定：投标保证金不得超过招标项目估算价的 2%。应以哪个为准呢？

答： 如果依时间顺序，是后面的出台的法律法规解释、补充或涵盖前面的法律法规。但是，《招标投标法实施条例》是国务院通过的行政法规，《工程建设项目施工招标投标办法》是住建部门通过的部门规章，虽然《工程建设项目施工招标投标办法》是 2013 年颁布施行，比 2012 年施行的《招标投标法实施条例》要晚，但《招标投标法实施条例》的法律效力大于《工程建设项目施工招标投标办法》。

另外，《工程建设项目施工招标投标办法（2013 年 4 月修订）》和《中华人民共和国招标投标法实施条例》事实上这两个文件并不冲突。《招标投标法实施条例》规定：投标保证金不得超过招标项目估算价的 2%；《工程建设项目施工招标投标办法》规定投标保证金一般不得超过项目估算价的百分之二，但最高不得超过八十万元人民币。这是后出台文件对先出台文件的补充和细化，虽然增加了"最高不得超过八十万元人民币"的规定，但是总体上并未违背得超过项目估算价的百分之二的原则，因为最高不得超过八十万元人民币也是在百分之二的范围之内。也就是说一个 2 亿的工程招标，按《招标投标法实施条例》2% 的限价是 200 万元，但按《工程建设项目施工招标投标办法》的规定，最高不超过 80 万元，也没有超过 2%，照样没有违反《招标投标法实施条例》的规定，因为《招标投标法实施条例》只规定了投标保证金的上限，并没有规定投标保证金的下限。

问题 130 履约保证金是什么意思？额度是多少？

答： 顾名思义，履约保证金是投标人中标后，为保证中标合同的顺利履行，向招标人所提交的诚信保证金。无论是建设工程招标还是政府采购招标，都对履约保证金进行了规定。如《招标投标法》第四十六条规定，招标文件要求中标人提交履约保证金的，中标人应当按照招标文件的要求提交。《招标投标法实施条例》第五十八条：招标文件要求中标人提交履约保证金的，中标人应当按照招标文件的要求提交。履约保证金不得超过中标合同金额的 10%。对政府采购项目，《政府采购法实施条例》第四十八条规定，采购文件要求中标或者成交供应商提交履约保证金的，供应商应当以支票、汇票、本票或者金融机构、担保机构出具的保函等非现金形式提交。履约保证金的数额不得超过政府采购合同金额的 10%。

无论是《招标投标法实施条例》还是《政府采购法实施条例》的规定，履约保证金是中标以后才能提交的，这是与投标保证金不一致的。在实践中，有的招标人要求投标人在提交投标文件时就要求同时提交履约保证金的做法，这是对法律的误解或滥用招标人的优势地位，还有的招标人希望用高额的履约保证金来设置投标门槛或吓退某些潜在的投标人，这一般是有其他某些不可告人的目的。

《招标投标法实施条例》第六十六条规定，招标人超过本条例规定的比例收取投标保证金、履约保证金或者不按照规定退还投标保证金及银行同期存款利息的，由有关行政监督部门责令改正，可以处 5 万元以下的罚款；给他人造成损失的，依法承担赔偿责任。

问题 131 投标保证金何时退还？是否可以退利息？

答： 对于建设工程项目的招标，《招标投标法实施条例》第五十七条规定，招标人最迟应当在书面合同签订后 5 日内向中标人和未中标的投标人退还投标保证金及银行同期存款利息。对于政府采购项目，《政府采购法实施条例》第三十二条规定，采购人或者采购代理机构应当自中标通知书发出之日起 5 个工作日内退还未中标供应商的投标保证金，自政府采购合同签订之日起 5 个工作日内退还中标供应商的投标保证金。也就是说，对于中标人的投标保证金，无论是建设工程招标还是政府采购招标，均是在签订中标合同后 5 日内退还。对于没有中标的投标人，建设工程招标是和中标人同时退还；而政府采购类的是发出中标通知书后 5 日内退还未中标的投标人保证金。对于建设工程类的招标，还应退保证金所产生的利息；而政府采购类的投标，只需要退还保证金的本金即可，可不退所产生的利息。

由于多种原因，无论是工程招标还是政府采购，招标人在实际与中标人签订合同以后，并没有根据规定及时将投标保证金退还给投标人和中标人，有的拖欠长达一个多月，有的甚至时间更长。造成上述问题的主观原因是人为故意拖欠，以获得较多利息收入；客观原因是在操作中出现暂时不能及时退还的客观条件所造成，如由于银行的原因，未能及时退还等。

问题 132 投标保证金为什么规定要从基本账户转出？

答： 对建设工程的招标，《招标投标法实施条例》第二十六条规定，依法必须进行招标的项目的境内投标单位，以现金或者支票形式提交的投标保证金应当从其基本账户转出。当然，对政府采购项目，投标保证金并没有规定该走基本账户转出。这是因为，投标保证金以其资金量大、流动性强为其显著特点。银行开设基本账户较多，违反了《中华人民共和国商业银行法》第四十八条："企事业单位可以自主选择一家商业银行的营业场所开立一个办理日常转账结算和现金收付的基本账户，不得开立两个以上基本账户"及《人民币银行结算账户管理办法》第四条："单位银行结算账户的存款人只能在银行开立一个基本存款账户"的规定。

在实际操作中，招标单位本应按规定开设一个基本账户来核算投标保证金的缴纳、退还，但在实际操作中，笔者发现投标保证金核算的账户多达 8 个。另外，在保证金的退还中，也应遵循"原路退还"的原则。在很多情况下，保证金退还渠道发生了改变。部分投标保证金的退还没有按照"原路返回"退给投标人及中标人基本账户，而是未经授权或同意直接作为中标项目履约保证金支付给相关项目实施单位。上述行为给围标、串标行为提供了可乘之机，容易造成围标、串标。因此，投标保证金必须通过投标企业基本户划转，退回投标保证金也只打入参与投标企业的基本户，从而可以增加围标串标的成本，某种程度上能有效阻止围标串标问题的发生。

问题 133 某项工程招标，投标人只有三家，在开标截止时间（即投标截止时间）发

现有两家投标人的投标保证金未到招标人指定账户，但投标人均称已打了投标保证金（有银行的进账单为证），作为招标代理机构应该如何操作？是开标时直接说明流标还是正常开标，由评委会决定流标或继续评标？

答：投标保证金是投标文件的组成部分，投标保证金必须在投标截止时间前到达招标文件规定的账户。从本案例来看，投标人可能已办理了转账手续，但因银行手续周期的问题暂时没有到达指定账户。判断一个招标项目是否招标失败，并不仅依赖投标保证金的递交情况。法律规定，递交投标文件的投标人少于三个的，招标人应重新招标，也就是说，只要提交投标文件的投标人不少于三个，招标人就应该组织开标和评标。至于投标保证金在投标截止时间前是否到账，其保证金是否有效，依据实际情况由评标委员会评判。而不是在开标阶段就由招标人或招标代理人直接宣布流标。

问题 134　因涉嫌串标被判定为废标后保证金的处理问题，该如何办理？

【背景】 在某建设工程项目的招标中，招标人发现投标人 A 和投标人 B 的投标保证金均通过同一个账户打入，则依法根据《招标投标法实施条例》中的相关规定，以投标人 A 和 B 涉嫌串标的理由将这两个投标人的投标作废标处理，并拒绝退还投标人 A 和 B 的投标保证金。后投标人 A 和 B 向法院提出诉讼，法院经审理后认定招标人的做法违法，要求招标人返还投标人 A 和 B 的投标保证金。问招标人和法院的裁决是否合理？

答：根据《招标投标法实施条例》第四十条的规定：不同投标人的投标保证金从同一单位或者个人的账户转出，视为投标人相互串通投标。因此，本案中招标人据此认定投标人 A 和投标人 B 串通投标是有根据的，也是合法的。那么，串通投标是否必然导致招标人有权不退还投标保证金呢？招标人不退还投标人的投标保证金的法律依据有两个方面：一是当事人的文件安排，即投标人投标文件和投标保证金相关的承诺和声明。在提交投标文件的同时，投标人或投标保函出具方明确声明，如果投标人违反其担保事项时，招标人有权不退还其投标保证金。二是当事人仅提交投标保证金，但未明确遵循文件安排时《招标投标法实施条例》的相关规定。而招标文件中规定的投标保证金不予退还的情形仅有以下两种：

1. 投标人在规定的投标有效期内撤销或修改其投标文件；

2. 中标人在收到中标通知后，无正当理由拒签合同协议书或未按招标文件的规定提交履约担保。

根据上述规定，投标人 A 和 B 并没有出现其中的任何一种情形，因此招标人应退还投标人 A 和 B 的投标保证金，招标人没有退还，属对其承诺的违反。虽然投标人串通投标属于性质恶劣的违法行为，依法应承担相应的法律责任，但是，招标人能够不退还投标保证金的法律依据中，未包括投标人串通投标。也就是说，当地政府的部门规章和招标文件中都没有规定串通投标将没收保证金。因此，法院支持投标人 A 和 B 要求招标人退还投标保证金的判决也是正确的。不过，如果招标文件中规定了"串通投标将被没收保证金"，则这种情况下，招标人没收保证金，法院应该支持。因为招标是一种邀约邀请，即一旦投标，则默认为遵守招标文件的约定。

但是，法院支持招标人退还串通投标的投标人 A 和 B 的投标保证金，投标人就不要承担其他处罚的后果了吗？我们再来分析一下《招标投标法实施条例》中对投标人串通投标的处罚。

《招标投标法实施条例》第六十七条规定：投标人相互串通投标或者与招标人串通投标的，投标人向招标人或者评标委员会成员行贿谋取中标的，中标无效；构成犯罪的，依法追究刑事责任；尚不构成犯罪的，依照《招标投标法》第五十三条的规定处罚。投标人未中标的，对单位的罚款金额按照招标项目合同金额依照招标投标法规定的比例计算。法院在本案中虽然支持了原告 A 和 B 的诉讼请求，但是，原告作为串通投标的投标人，依法应承担相关法律责任，包括赔偿招标人因其违法行为给招标人造成的损失。法院的判决仅针对投标人的投标保证金的退还，并未否定投标人依法应向招标人可能承担的损失赔偿责任。因此，招标人可以根据规定将谋求中标的 A、B 投标人纳入黑名单；如果中标，则宣布中标无效；并报相关监管部门处一定的罚款。如果 A、B 投标人多次（即 3 年内有 2 次以上）串通投标，则属于《招标投标法》第五十三条规定的情节严重行为，由有关行政监督部门取消其 1 年至 2 年内参加依法必须进行招标的项目的投标资格，由工商行政管理机关吊销营业执照。法律、行政法规对串通投标报价行为的处罚另有规定的，从其规定。也就是说，串通投标，如果当地监管部门和招标文件没有规定不退保证金，则也应退还保证金，再根据相关法律法规去处罚这种串通投标的行为。

问题 135　潜在投标人在开标前退出投标，并导致招标失败，是否要没收保证金？

【背景】 某招标代理机构在组织某工程项目公开招标中，仅有 3 家企业购买了招标文件。这 3 家企业均按招标文件的规定提交了投标保证金。但在临开标前，其中 A 企业书面通知招标代理机构，不参加此项目的投标了。由于参与投标的单位不足三家，该项目的开标无法进行，招标失败。

招标代理机构对此非常不满，认为 A 企业临开标前才提出不参与投标，此时代理机构对开标场地、开标人员、开标资金的安排已经到位，有的费用甚至已经预付；随机抽取的评标专家有的也已从外地赶来；一家参与投标的外地企业，也派专人携带投标文件到达当地。因为 A 企业不参加投标，有些损失已经实质性地存在，这对招标代理机构及其他各方当事人都是不公平的。因此，招标代理机构决定让 A 企业为自己放弃投标的行为付出代价，对其已经交纳的投标保证金不予退还。A 企业自然是不能接受招标代理机构不退还自己投标保证金的做法，认为是否参加投标是潜在投标人的自由和权利，代理机构不能强制和干涉。A 企业遂向当地管理部门提出投诉。

答： 本案例中，A 企业临近开标退出投标活动，导致参与投标的供应商不足三家，招标代理机构由此为本次项目所做的开标准备工作以及付出的人力、物力都付诸东流，确实已给代理机构和其他相关方造成了损失。但是，有损失，未必要赔偿，要求 A 企业承担相关责任却没有法律依据。对于这个问题，可以从两个角度来分析：

第一个角度是招投标失败的风险应该由谁承担。在市场经济中，任何市场行为都是有风险的，这些风险需要市场中的行为人自己承担。在招投标活动中，招标人和投标人都有各自要承担的风险。

在招标投标过程中，可能会出现各种因素，如有效投标人不足 3 家、评标委员会否决所有投标文件等，以致招标失败。这些招标失败的风险应由招标人自身承担，不能转嫁给潜在投标人。而在投标活动中，投标人也需自己承担投标失败的风险。

如果按照案例中招标代理机构的逻辑，那在每一次公开招标活动中，最终没有中标的企业，其购买招标文件、委托相关机构制作投标文件、异地参与投标等支出是否都可以向招标人要求风险补偿呢？显然不能。因为这是理应由投标人自身承担的风险。同样，招标过程中招标人应当承担的风险也不能转嫁给投标人。

第二个角度是招标活动对投标人的法律约束力。《招标投标法》第二十九条规定，"投标人在招标文件要求提交投标文件的截止时间前，可以补充、修改或者撤回已提交的投标文件，并书面通知招标人。"，即投标文件对投标人产生约束力的起始时间是提交投标文件的截止时间，在此之前，投标文件对投标人没有约束力。另外，根据《招标投标法实施条例》第三十五条的规定，投标人撤回已提交的投标文件，应当在投标截止时间前书面通知招标人。招标人已收取投标保证金的，应当自收到投标人书面撤回通知之日起5日内退还。投标截止后投标人撤销投标文件的，招标人可以不退还投标保证金。因此，在提交投标文件的截止时间前，潜在投标人有权决定是否参加投标，甚至是已经投标的也可以撤回。

综上所述，招标代理机构不予退还A企业投标保证金的做法是没有法律依据的，A企业不必为在投标截止时间前退出投标活动而承担招标代理机构的损失。因此，临时决定不参加投标了，是否退还保证金，是以投标截止时间为节点的，而不是以是否造成了损失或是否流标作为判断依据的，即使是在招标文件中规定了也没有用。

问题136　招标人不与第一中标候选人签中标合同，第一中标候选人要求招标人双倍退还投标保证金是否合法合理？

【背景】在某建设工程项目招标中，招标人没有与评标委员会推荐的第一中标候选人A签订合同，而是与第二中标候选人签订合同。为此，A将招标人起诉至法院，要求招标人承担违约责任，双倍返还投标保证金。A提出这一诉求的依据是认为投标保证金具有定金的性质，因此招标人作为收受方发生违约后应该双倍返还。那么，A的这一诉求合理吗？

答：对于这一问题，我们可以从投标保证金与定金的作用和差异进行比较来分析：

1. 投标保证金不同于定金，保证金不具有惩罚性，只有补偿性；而接受定金的一方违约时，应当双倍返还定金，即定金是具有惩罚性的。

2. 投标保证金是一种单向担保，而定金是一种双向担保。投标保证金仅是对投标人正常参加投标活动的一种担保，是单向的；而在定金担保中，一方面，给付定金方不履行义务，无权要求返还定金，另一方面，收受定金的一方不履行义务，应当双倍返还定金，定金对于当事人双方均有约束作用。

3. 投标保证金与定金的效力不同。投标人按照招标人的要求提交投标保证金，招标人予以接受，这只是招标程序的一个环节，当投标人不按照招标要求进行投标活动时，招标人有权不退还投标保证金作为补偿，但这并不意味着不退还投标保证金就具有解约的效力；而定金则具有解约效力，当给付定金的一方不履行约定的义务的，无权要求返还定金，定金由接受定金的一方没收，当事人不再继续履行合同，定金实际上是解除合同的损失补偿。

4. 两者可约定的标的额上限不同。《招标投标法实施条例》中规定投标保证金不超过招标项目估算价的2%，而《担保法》第91条规定，"定金的数额由当事人约定，但不得超过主合同标的额的百分之二十"。

5. 投标保证金是将金钱以保证金的形式加以特定化，具有定型化的特点；而定金的标的是非特定化的，为一般的种类物。

6. 二者适用的罚则不同，对照投标担保的罚则与《担保法》中的罚则来看，在《招标投标法实施条例》中关于招标人原因终止招标对投标保证金的处理规定为："退还所收取的投标保证金及银行同期存款利息"；而《担保法》第89条规定："给付定金的一方不履行约定的债务的，无权要求返还定金；接受定金的一方不履行约定的债务的，应当双倍返还定金。"

所以，根据以上情况的对比分析，可以看出投标保证金是一种质押担保。在招投标活动中，投标人以现金、电汇、网上支付等形式，将其金钱交至招标人指定账户保存，保存期间投标人无法动用，招标人也不得挪用，即该金钱以特户、封金、保证金等形式被特定化了，其不再是一般种类物，根据《物权法》的有关规定，其法律性质应为权利质押，不适用定金双倍返还罚则。

概括说来，在招投标的实践中，中标人出现招标文件中规定的投标保证金不予退还的情形时，招标人可以没收投标方先前交纳的投标保证金；反之，招标人不承担双倍偿还的违约处罚。

本案例中，根据《招标投标法实施条例》第五十五条的规定，国有资金占控股或者主导地位的依法必须进行招标的项目，招标人应当确定排名第一的中标候选人为中标人。排名第一的中标候选人放弃中标、因不可抗力不能履行合同、不按照招标文件要求提交履约保证金，或者被查实存在影响中标结果的违法行为等情形，不符合中标条件的，招标人可以按照评标委员会提出的中标候选人名单排序依次确定其他中标候选人为中标人，也可以重新招标。本案中，招标人无故不与第一中标候选人签订中标合同，属于《招标投标法实施条例》第七十三条规定的"不按照规定确定中标人"，应由有关行政监督部门责令改正，可以处中标项目金额10‰以下的罚款；给他人造成损失的，依法承担赔偿责任；对单位直接负责的主管人员和其他直接责任人员依法给予处分。因此，第一中标人可以向监管部门提出投诉，要求处分招标人，但没有理由要求双倍返还投标保证金。

问题137　投标人违反招标文件的规定，涉嫌使用虚假材料投标欲谋取中标，但未中标并被招标人事后发现，招标人是否有权不退保证金？

【背景】a公司为A公司在x市设立的分公司。2012年3月，a公司以招标代理机构的身份，对x市某学校设备采购（政府采购）项目进行国内公开招标。B公司按照a公司的要求向其提交投标保证金。中标公告发布，B公司没有中标。a公司以B公司虚假应标为由，拒绝返还投标保证金。B公司将a公司与A公司一齐告上法庭，要求返还投标保证金。一审判决支持了B公司的诉讼请求，a公司与A公司均提出上诉，二审判决予以维持。法院的判决是否合理？

答：在本案例中，招标代理人a不退还投标保证金给投标人B，依据的是招标文件中投标人须知条款第20条的规定："投标人必须对其投标文件中提供各种资料、说明的真实性负责。在评标过程中，如有发现投标人有为谋取中标而提供虚假资料欺骗采购人和评委的行为，将取消其中标资格，其投标保证金将不予退还。定标后，采购人有可能对中标人投标文件中的承诺内容和证明材料进行核查，中标人应无条件配合采购人的核查工作，不得托词拒绝核查或隐瞒真实情况。若在中标后签订合同时，发现中标人是提供虚假材料谋取中标等违法违规行为，采购人将取消其中标人资格，其投标保证金将不予退还，给采购人造成损失的，还必须进行赔偿并负相关责任。采购人将按综合得分从高到低的顺序递补中标人"。

从原文的表述可见，适用该条款的前提是投标人中标，且存在"为谋取中标而提供虚假材料"的行为。法院审理后认为：根据招标文件的明文约定，产品彩页与投标文件货物说明有出入的，不属于虚假应标，仅仅是存在与"技术规格及要求"有负偏离的可能。因此，判定 B 并非提供虚假材料，a 公司片面引用招标文件的内容，借此来认定被上诉人"虚假应标"，依法不能成立。另外，法院根据《×省招标投标条例》的规定，"招标人应当在发出中标通知书后的五日内，将投标保证金退还中标候选人以外的投标人。"所以在 B 没有中标的情况下，a 公司应及时返还投标保证金是法定的义务。因此，法院的判决是合理的、合法的，a 公司应将保证金及时退还给 B 公司。

在政府采购中，根据财政部颁发的财库（2011）15 号文件的明确规定，"供应商出现政府采购相关规定和采购文件约定不予退还保证金（投标保证金和履约保证金）的情形，由集中采购机构、采购人按照就地缴库程序，将不予退还的保证金上缴中央国库"。可见，对于不予退还保证金的情况，保证金最终应归国家所有，a 公司作为招标代理机构是无权占有的。作为招标人的教育局，也是无权占有保证金的。

问题 138 借用资质投标后被发现，是否应没收保证金？

【背景】 某公司 A 借用他人资质，用他人公司名义投标某建设工程，后在评标过程中被发现，汇入招标人的 60 万元投标保证金，招标人以虚假材料投标为由，不给退还保证金给 A 公司，中间一直托朋友跟招标人的老板沟通，很着急，不知道要怎么办。

答： 根据《招标投标法实施条例》第六十八条的规定，投标人以他人名义投标或者以其他方式弄虚作假骗取中标的，中标无效。依法必须进行招标的项目的投标人未中标的，对单位的罚款金额按照招标项目合同金额依照《招标投标法》规定的比例计算。那么，该罚多少呢？

按照《招标投标法》第五十四条的规定，依法必须进行招标的项目的投标人有前款所列行为尚未构成犯罪的，处中标项目金额千分之五以上千分之十以下的罚款，对单位直接负责的主管人员和其他直接责任人员处单位罚款数额百分之五以上百分之十以下的罚款。本案没有违法所得的，也不属于情节严重的情形。

《招标投标法实施条例》第六十九条规定，出让或者出租资格、资质证书供他人投标的，依照法律、行政法规的规定给予行政处罚；构成犯罪的，依法追究刑事责任。

本案例中，A 公司借别的公司投标，但没有中标，则依法可由招投标监管部门或建设行政主管处以罚款，并对出借资质给 A 公司的某公司依照《建筑业企业资质管理规定》（中华人民共和国住房和城乡建设部令第 22 号）的规定进行处罚。

因此，本案中，某公司 A 无需找关系和朋友去求情拿回保证金，招标人如拒不退还保证金，可向相关监管部门提出投诉，或者直接上诉至法院请求返还。

问题 139　伪造资料谋取中标后被发现，能否退回保证金？

【背景】在某项工程招标中，C 公司涉嫌伪造某单位授权书，去参加该工程项目投标。C 公司的行为后来被发现，未中标，招标人拒退保证金给 C 公司，问 C 公司能否通过法律途径要回保证金？另外，伪造某单位授权书应负什么责任？若与该单位良好协商是否可免责？

答：这种利用虚假资料谋取中标的行为，属于《招标投标法实施条例》第六十八条的规定：投标人以其他方式弄虚作假骗取中标的，如未中标，则按照《招标投标法》第五十四条的规定，依法必须进行招标的项目的投标人有前款所列行为尚未构成犯罪的，处中标项目金额千分之五以上千分之十以下的罚款，对单位直接负责的主管人员和其他直接责任人员处单位罚款数额百分之五以上百分之十以下的罚款。

但这种情况下，应退还保证金，招标人如拒不退还保证金，可向相关监管部门提出投诉，或者直接上诉至法院请求返还。

伪造别的单位的授权书，只要该单位不追究，则不承担对该单位的责任，对于这种行为，属于"民不举，官不究"的情况。但依据《招标投标法实施条例》，如属于初次，则不属于《招标投标法》第五十四条规定的情节严重行为。如果当地监管部门有黑名单制度或通报批评制度，可以处以通报批评或纳入诚信黑名单。

至于"若与该单位良好协商是否可免责？"，则无法律依据。这是因为，这不属于私权领域的范围，招投标行为是一种公权范围内的活动，不能通过私下与该单位良好协商来免于处罚，如果招标人私下与 C 公司协商而不上报给相关监管部门进行处理，属于渎职行为。

问题 140　投标保证金未按时退还应如何维权？

【背景】某次招标中，中标××有限公司，收取的 D 投标公司的投标保证金。在投标结束未向未中标单位退还投标保证金，并以各种理由拖延时间长达 3 个月之久，请问如何维权？

答：按照《招标投标法实施条例》第五十七条的规定，招标人最迟应当在书面合同签订后 5 日内向中标人和未中标的投标人退还投标保证金及银行同期存款利息。该条例的第六十六条规定，招标人超过本条例规定的比例收取投标保证金、履约保证金或者不按照规定退还投标保证金及银行同期存款利息的，由有关行政监督部门责令改正，可以处 5 万元以下的罚款；给他人造成损失的，依法承担赔偿责任。因此，可以向相关监管部门提出投诉，或者直接上诉至法院请求返还。返还的金额为投标保证金的本金及从该退还保证金之日到提出上诉之日的银行同期存款的活期利息之和。

问题 141　保证金是否应扣除相关资料费、手续费才退还？

【背景】某建设工程评标后，招标人已发出中标通知书，同时要求中标人将投标保证金收据、招标文件及施工图纸等相关的全部资料归还招标单位，再办理投标保证金的退还手续，如遗失或损坏施工图纸、招标文件的，按每张 20 元扣除相应保证金。招标人再退还相应投标保证金及银行同期活期存款利息给投标人，形式为网上转账。中标单位在签订合同 5 日内且交纳合同总额 5%的履约保证金后可办理退还投标保证金手续，如延期支付履约保证金的，投标保证金不予退还。同时中标单位应承担 500 元/日的逾期违约金。中标单位不交纳履约保证金或逾期交纳超过 7 日的，招标人有权解除合同，并且有权追究其他损失。请问这样操作可行吗？

答：该招标人的做法，有妥的地方，也有不妥的地方。正确的操作办法是：在投标有效期内发出中标通知书，并在 30 天内与中标人签订合同协议书。签订合同协议书之前，先交纳履约保证金。签订合同后 5 日内退还投标保证金（在投标保证金有效期内）。如果中标人不交纳或延误（可能在投标有效期内无法交纳时）交纳履约保证金时，可认为中标人放弃中标，则应扣留投标保证金，招标人选择第二中标候选人为中标人。由此给招标人造成的所有损失，由放弃中标的中标人承担。但是中标单位应承担 500 元/日的逾期违约金的做法不妥。

至于投标保证金，退还利息和本金，通过网上转账是合法的。但如遗失或损坏施工图纸、招标文件的，则按每张 20 元扣除相应保证金，则合理不合法，没有法律依据。

以上的做法依据是《招标投标法实施条例》第五十七条：招标人最迟应当在书面合同签订后 5 日内向中标人和未中标的投标人退还投标保证金及银行同期存款利息。同时，该条例第六十六条规定，招标人超过本条例规定的比例收取投标保证金、履约保证金或者不按照规定退还投标保证金及银行同期存款利息的，由有关行政监督部门责令改正，可以处 5 万元以下的罚款；给他人造成损失的，依法承担赔偿责任，以及第七十四条规定，中标人无正当理由不与招标人订立合同，在签订合同时向招标人提出附加条件，或者不按照招标文件要求提交履约保证金的，取消其中标资格，投标保证金不予退还。对依法必须进行招标的项目的中标人，由有关行政监督部门责令改正，可以处中标项目金额 10‰以下的罚款。

问题 142　招投标中的履约保证金是否应双倍返还？

【背景】在某工程招标中，招标人力×公司就一建设项目组织了公开招标，经过法定的程序，投标人海×公司顺利中标。在收到海×公司 10 万元的履约保证金后，力×公司向海×公司发出了通知书。但三天之后，力×公司通知海×公司，原建设项目已被取消，双方不再签订施工合同。海×公司向法院起诉，要求力×公司双倍返还履约保证金。力×公司表示愿意退还已收取的 10 万元履约保证金，但不同意海×公司双倍返还的请求。请问海×公司要求双倍返还履约保证金的请求是否合理？

答：《招标投标法》和《招标投标法实施条例》均没有对招标人故意或不可抗力单方面取消中标合同，如何赔偿中标人或对履约保证金的返还做出明确规定。因此，第一种意见认为，力×公司不应双倍返还履约保证金。海×公司的诉请不符合《中华人民共和国招标投标法》（以下简称《招标投标法》）的规定，理应驳回。

第一种意见认为，力×公司不应双倍返还履约保证金。在招投标法律关系中，通常存在着两个合同：招标人向投标人发出中标通知书时，双方所成立的是预备合同，中标通知书不是正式合同。在中标通知书发出后，招标人还会与中标人签订一份正式的施工合同。履约保证金的适用必须以施工合同的生效为前提。履约保证金中的"履约"二字专指施工合同的履行，而并不包括中标通知书的履行。尽管预备合同具有合同的一般属性，也对双方当事人具有约束力，应当获得履行，但由于该合同的主要内容是施工合同的订立，因此，对预备合同的保证金应称为"订约"保证金，而非履约保证金。本案中，力×公司在向海×公司发出中标通知书后，并未与海×公司签订正式的施工合同。招标人违反的是预备合同，而并未违反施工合同。因此，即使《工程建设项目施工招标投标办法》（以下简称《办法》）第八十五条被视为建设工程领域的交易习惯，本案也不属于其规定的适用情形。

但是，对于履约保证金应否双倍返还，还存在另外一种意见，即力×公司应双倍返还履约保证金。因为《办法》第八十五条规定："招标人不履行与中标人订立的合同的，应当双倍返还中标人的履约保证金。"《办法》第八十五条因与《招标投标法》、《合同法》抵触而无效。海×公司起诉的主要依据是由国家发展计划委员会、建设部、铁道部、交通部、信息产业部、水利部、中国民用航空总局等制定的《办法》。该《办法》属于部门规章，其效力低于《招标投标法》、《合同法》等法律。根据上位法优先于下位法的原则，当《办法》中的条款与《招标投标法》、《合同法》抵触时，相关条款即归于无效。但笔者并不认为《办法》与《招标投标法》、《合同法》抵触，相反，《办法》中的条款是对《招标投标法》的细化和补充。《招标投标法》第四十五条第二款规定："中标通知书对招标人和中标人具有法律效力。中标通知书发出后，招标人改变中标结果的，或者中标人放弃中标项目的，应当依法承担法律责任。"第六十条规定："中标人不履行与招标人订立的合同的，履约保证金不予退还。"可见，《招标投标法》中只规定了中标人不履约时的处理办法，没有规定招标人不履约时的处罚措施。在招标人违约时，《招标投标法》和《招标投标法》实施条例是空白，但《办法》却对此做出了明确规定，因此，《办法》不是与《招标投标法》和《招标投标法实施条例》相抵触，而是对这些法律法规的细化和补充，并且，《办法》出台的时间还晚一些，也没有国家法律机关认定《办法》中的这些条款违法和无效。另外，即使《办法》第八十五条因与《招标投标法》、《合同法》抵触而无效，但该条规定可以视为建设工程领域的交易习惯，从而对当事人发生法律效力。

笔者倾向于第二种意见。理由是履约保证金已经提交，中标通知书就是正式合同的一部分，中标人提交了履约保证金，招标人已发出了中标通知书，就是与中标人了形成了契约关系，如果不是因为不可抗力，招标人不能单方面与中标人解除中标合同，履约保证金就是《合同法》中的定金（而不是订金）概念。不过，《办法》中"招标人不履行与中标人订立的合同的，应当双倍返还中标人的履约保证金。"应理解为招标人故意不履行合同的情况。在实践中，由于存在一些不确定性、不可抗力的情况，招标人也无法掌握的情况，如拆迁问题，地震、洪水问题使建设项目取消了，这些情况应该不属于招标人故意（如与第二中标候选人签订合同）不予中标人签订合同。

当然，最合法合理合情的解决办法是：中标人海×公司只要求招标人力×公司退还履约保证金，然后再与力×公司协商一定的损失补偿。海×公司应当按照《合同法》的一般原则，向法院提交证据以证明其所遭受的实际损失。笔者认为，力×公司应当承担缔约过失责任。海×公司只能要求力×公司赔偿既得利益的损失，而不能要求力×公司赔偿可得利益的损失。由于正式的施工合同没有签订，海×公司无权要求力×公司赔偿履行该合同所可能带来的利润。海×公司只能就其实际支出和所丧失的缔约机会提出索赔，且其数额不应超出如施工合同履行时所获得的利益。

问题 143 招标前可以收履约保证金吗？目前，在某些地方，一些招标项目在发招标文件时就提出要缴纳比例很高的履约保证金（投标保证金是另外交的），这合理合法吗？

答：《招标投标法》第四十六条规定，招标文件要求中标人提交履约保证金的，中标人应当提交。《招标投标法实施条例》第五十八条规定，招标文件要求中标人提交履约保证金的，中标人应当按照招标文件的要求提交。履约保证金不得超过中标合同金额的10%。可见，履约保证金是中标以后，招标人为确保中标人履约而要求中标人提交的保证金，在投标阶段或没有中标之前，没有中标人，只有投标人，是不需要提交履约保证金的。如果招标文件或招标人在投标阶段就要求提交履约保证金才能提交投标文件的，是非法的。这种在投标阶段或报名阶段就要求众投标人人提交所谓履约保证金的，是一种变相的设置门槛，为招标人和某些投标人联合串通围标串标提供便利。在实践中，有招标人为明招暗定，暗地里设置高达招标金额30%的所谓履约保证金，在投标截止前就要求众投标人提交履约保证金。而所谓提交履约保证金与否，只是招标人的一个证明。即招标人内定的投标人，根本就没有提交履约保证金，由招标人出具一个假收据，证明提交了履约保证金，对那些真正想来投标的投标人，则需要在投标阶段就提交数百万的高额履约保证金，以吓退某些投标人。

问题 144 随意增加履约保证金可取吗？

【背景】 某市为了解决本地中小学教师住宿难问题，采用公开招标方式建设一片住宅区。经过评标委员会评审确定甲单位为排名第一的中标候选人。乙单位排名第二，丙单位排名第三。其中，因甲单位的中标价格低于有效投标报价平均值的20%，招标人怀疑其价格低于成本。为保证合同履行，招标人提出甲单位需要在招标文件规定的中标价5%的履约保证金的基础上，增加中标价10%的履约保证金，即按中标价的15%提供履约担保，否则不与其签订合同协议书。但是甲单位按照招标文件规定，只愿意提供中标价5%的履约保证金。为此，招标人以甲单位未按照招标人要求提交履约担保为由，取消了其中标资格，直接与排名第二的乙单位签订了合同。请问，招标人这样做是否符合规定？招标人该如何承担责任？

答： 在本案例中，如果招标人有充分的证据表明甲单位中标价低于其成本价，则该中标人的投标行为违反了《招标投标法》第三十二条关于"投标人不得以低于成本的报价竞标"的规定。但认定投标人的报价低于成本价，并确定按无效标处理的时间，应在招标人确定中标人之前；或者是评标委员会直接判定该投标人的投标低于其个别成本，则应按照相关规定否决其投标。

中标通知书发出之后，从形式上表明招标人已经接受了其投标，合同关系已经存在，同时中标通知书对招标人和中标人具有约束力。此时再宣布其中标无效，无异于宣布其定标过程不严肃。从处理程序上，不能直接取消其中标资格。因为此时双方的合同关系已经成立，招标人需要根据《合同法》第五十四条规定，请求人民法院或者仲裁机构变更或者撤销，即解除双方的合同关系，进而取消其中标资格并收回中标通知书，在投标有效期内方可向排名第二的中标候选人发放中标通知书后才能与其签订合同协议。

如果招标人在定标时有充分证据表明投标人的报价低于其个别成本，应向有关行政监督部门投诉该投标人的投标行为违法，推翻评标委员会评标结果，并由行政监管部门作出评标结果无效以及重新投标的处理决定，而不是以提高履约保证金额度的方法逼迫该投标人就范。因此，招标人在此案中犯了两个错误：一是不能在中标后提高履约保证金；二是不能超出相关法律法规对履约保证金额度的规定。

签订合同协议时，招标人不能在招标文件规定数额的基础上，提高履约担保的金额。《招标投标法实施条例》第五十八条规定：招标文件要求中标人提交履约保证金的，中标人应当按照招标文件的要求提交。履约保证金不得超过中标合同金额的10%。《工程建设项目施工招标投标办法》（30号令）第六十二条明确规定，招标人不得擅自提高履约保证金。这里的擅自提高履约保证金，就是指招标人在招标文件规定数额基础上提高履约担保数额。同时，招标人也不得以中标人不同意提高招标文件规定的履约保证金而取消其中标资格，与其他投标人签订合同，否则，招标人违法。对于招标人擅自提高履约保证金的，《招标投标法实施条例》第六十六条规定，由有关行政监督部门责令改正，可以处5万元以下的罚款；给他人造成损失的，依法承担赔偿责任。

问题 145　招标文件对履约保证金的要求是否合理？

【背景】 某政府采购项目，项目预算500万元/年，要求中标方要提供10年的服务，也就是10年收取5000万元。招标文件中要求投标人中标后要一次性交纳履约保证金，即按10%（按投标中标5000万元的10%计算就是500万元）缴纳，并在10年协议期满后没有问题无息退还。请问招标人的这个规定是否合理？

答： 对于政府采购项目，《政府采购法实施条例》第四十八条规定，采购文件要求中标或者成交供应商提交履约保证金的，供应商应当以支票、汇票、本票或者金融机构、担保机构出具的保函等非现金形式提交。履约保证金的数额不得超过政府采购合同金额的10%。因此，从数额来说，招标文件的规定是合理的。但从具体的缴纳次数和缴纳方式来说，确实值得商榷。也就是说，缴纳履约保证金，应以担保机构出具的保函等方式来提交，而不应是现金，这是其一；其二，这种特殊的服务类的项目，如果按年度来提交履约保证金，也并不违反法律规定，招标人从有利于招标、投标双方的和谐关系来说，采取年度提交履约保证金的方式也未尝不可。

而保证金的退付应按照事先约定的时间及时办理，不得无故延期。如确因特殊情况需要延期退付，必须经双方协商一致，取得彼此谅解并签订书面协议后方可。否则，负有延期退付责任的一方将有可能承担法律责任。总之，招标文件对于履约保证金这么规定，不违法，但并不合理。

问题 146　履约保证金何时退？

答： 在政府采购中，投标人所提交的保证金可分为投标保证金、履约保证金两种形式。前者是防止投标人扰乱投标活动保证招投标顺利进行的保证；而后者是为了提高中标人的履约意识，中标人向招标人所提供的信誉保证。对于投标保证金何时退还、以什么方式退还，《政府采购法实施条例》进行了明确规定，唯独对履约保证金的退还时间、方式、数额等没有做出详细规定。笔者认为，履约保证金，顾名思义，就是中标人履约过程中的保证，如果中标人违约，就用此笔资金做出惩罚的一种信誉保证，那么，中标合同履行完毕，招标人验收过后或过了质量保质期以后，招标人应将此履约保证金及时退给中标人。但是，在实践中，"店大欺客"的现象相当突出，招标人违规扣押中标人保证金的现象比较严重。2015 年 6 月 2 日，陕西招标平台发布了《关于退还 2010 年药品集中采购履约保证金的通告》，对 2010 年陕西省"三统一"招标的药品生产、配送企业进行履约保证金的退还。无独有偶，海南省也是在 2014 年底才开始清退 2009 年药品集中招标采购项目的履约保证金。招标人长期不退还中标人的履约保证金，并且不计期间的利息，既给中标企业带来沉重的负担，也使招标人沉淀了一笔不小的资金，增加了腐败的空间。

问题 147　履约保证金可以"化零为整"吗？

【背景】某政府采购项目，项目预算 998752 元，按照 10% 的比例，履约保证金本应收 99875.2 元，但是招标人为了图方便，"化零为整"要求中标供应商提交 10 万元的保证金，这种做法合理吗？

答：在政府采购供应商资格审查过程中，几乎所有的招标人都要求参加投标的供应商提交相应的履约保证金，保证金条款也是采购文件的重要内容之一。关于履约保证金的收取比例，《政府采购法实施条例》第四十八条明确规定，其数额不得超过政府采购合同金额的 10%。而采购人不得以任何理由、任何手段强迫收取超过此规定上限的履约保证金。所以"化零为整"的做法，显然是违规行为。

众所周知，履约保证金是对合同履行的一种现金保证，其能担保供应商完全履行合同，保证招标方的利益，并有效规范采购市场行为，强化政府采购市场的诚信体系建设。一般情况下，履约保证金应该按照中标价的一定比例缴纳，但总体不得超过政府采购合同金额的 10%。至于具体应该缴纳多少，应结合项目的实际情况，并根据项目建设周期的长短而定，但其上限不应超出中标金额的 10%，下限则没有规定，也就是说，也可以不交履约保证金。履约保证金可以不能向上"化零为整"而超出 10% 的规定，但如果向下"化零为整"少于 10% 是可以的。如某地招投标办公室规定：履约保证金按合同金额的 10% 收取，以千元为单位，尾数只舍不入则是符合法律规定的。

如果发生有多缴纳的行为，供应商可以拒绝多支付的部分或者要求退回多缴纳的部分，并可以向当地财政部门进行申诉，以维护自己的合法权益。一旦采购人有多收取或者超标收取履约保证金的现象，其将面临相应的处罚。《政府采购法实施条例》六十七条第四项明确，采购人未按照采购文件确定事项签订政府采购合同的，由财政部门责令限期改正，给予警告，对直接负责的主管人员和其他直接责任人员依法给予处分，并予以通报。而如果多收取的履约保证金给供应商造成了损失，根据《政府采购法实施条例》第七十六条的规定，采购人还将依法承担一定的民事责任。

问题 148　招标人想卖标书的时候就要求投标人交"投标保证金"是否合适？

答：投标保证金是指在招标投标活动中，投标人随投标文件一同递交给招标人的一定形式、一定金额的投标责任担保。其主要保证投标人在递交投标文件后不得撤销投标文件，中标后不得无正当理由不与招标人订立合同，在签订合同时不得向招标人提出附加条件或者不按照招标文件要求提交履约保证金，否则，招标人有权不予返还其递交的投标保证金。

投标保证金对投标人的约束作用是有一定时间限制的，这一时间即是投标有效期。如果超出了投标有效期，则投标人不对其投标的法律后果承担任何义务。所以投标保证金只是在一个明确的期限内保持有效，从而可以防止招标人无限期地延长定标时间，影响投标人的经营决策和合理调配自己的资源。投标有效期是以递交投标文件的截止时间为起点，以招标文件中规定的时间为终点的一段时间，在实践中，一般规定投标保证金的到账时间一般是提交投标文件的截止时间。在这段时间内，投标人必须对其递交的投标文件负责，受其约束。而在投标有效期开始生效之前（即递交投标文件截止时间之前），投标人（潜在投标人）可以自主决定是否投标、对投标文件进行补充修改，甚至撤回已递交的投标文件；在投标有效期届满之后，投标人可以拒绝招标人的中标通知而不受任何约束或惩罚。对于建设工程的招投标，《招标投标法实施条例》第二十六条规定：投标保证金有效期应当与投标有效期一致。对于政府采购，投标保证金的有效期在《政府采购法》和《政府采购法实施条例》都没有进行规定，一般可参考《招标投标法实施条例》。因此，无论是招标投标还是政府采购，购买招标文件就要求提交投标保证金的，不合适。

问题149　投标保证金可以以个人名义提交吗？

【背景】 笔者在招标采购社区发现有网友发帖询问"投标保证金是否必须从单位账户上转账才为有效"，为此，笔者查询了一些招标采购公告，发现了几种截然不同的现象，非常有趣。现象一：拒绝投标人以个人名义提交投标保证金，这是大部分的情况；现象二：指定投标人以个人名义缴纳投标保证金。2009年2月，中国采招网一则关于重庆市《万州区地堡乡人民政府办公楼项目的招标公告》则明确提出，投标单位在购买招标文件时预缴投标保证金一万元，必须以个人名义预缴投标保证金。投标保证金缴纳原始凭据上不得出现投标单位名称，否则不得报名。报名时出示投标保证金原始凭据原件，提交复印件。现象三：对是否允许以个人名义提交保证金没有做出明确规定。

答： 投标保证金的提交人与投标人一致是最基本的要求。《招标投标法实施条例》第二十六条规定，提交的投标保证金应当从其基本账户转出。因此，对于建设工程的招标来说，个人是不允许提交保证金的。对于政府采购，《政府采购法》和《政府采购法实施条例》都没有规定投标保证金是否可以从投标人的基本账户转出，实践中也是依从《招标投标法实施条例》的规定，不允许个人提交保证金的。那么，是否所有的投标都不允许个人提交保证金呢？参考《招标投标法》第二十五条的规定，投标人是响应招标、参加投标竞争的法人或者其他组织。依法招标的科研项目允许个人参加投标的，投标的个人适用本法有关投标人的规定。也就是说，除个人参加的科研项目投标外，投标人是法人或其他组织，是需要注册的企业或事业单位，这种情况下，是不允许个人提交投标保证金的。科研项目的招标，个人可以完成，这种项目比较特殊，法律是允许个人作为投标人的，那么，这种情况下如需要投标人提交投标保证金，是允许的。

问题150　采购中心收取投标诚信保证金有无依据？

【背景】 最近，笔者在某市政府采购中心的市民心声看到一则咨询投诉，某市民反映，某市的采购中心要求投标单位在交纳投标保证金的同时，还要交一笔"诚信保证金"，问有什么法律依据。该市的招标采购进行了认真回复，认为在招标采购中，采购中心依据

《中华人民共和国合同法》，投标人（供应商）与政府采购代理机构签订书面《投标诚信保证合同》，《投标诚信保证合同》为投标文件组成部分，按照约定缴纳诚信保证金，法律并不禁止此行为，认为"诚信保证金"合理合法。

答：无论是政府采购还是工程招标，《招标投标法》及其实施条例、《政府采购法》及其实施条例都没有允许或禁止收取所谓的"诚信保证金"，只对投标保证金和履约保证金的收取做出了规定。近年来，各地以所谓"诚信保证金"或"廉政保证金"的形式，在投标保证金和履约保证金之外，违规收取了各种形式的保证金，最初是投标人忍气吞声，后来默认久了竟然渐渐合法化了成了行规。实际上，对政府，应该是"法无允许不应为"；对公民，则应"法无禁止可以为"。依法治国的核心，是政府应该带头守法。该市的招标采购中心这样回复市民，似有强词夺理之嫌。该市的招标采购中心认为法律没有禁止收取"诚信保证金"，是完全弄错了，违规收取的"诚信保证金"并非无法律依据。诚信应当是招、投标双方的事情，既然要求投标方交纳诚信保证金，那么，建设方（采购方）要不要交？众所周知，现在的招投标市场是买方市场，缺乏诚信的大多是买方。投标方实际上是被动的。只要一方诚信，而对另一方毫无约束力，不符合政府采购的公平原则。

问题151　招标人多收保证金的，应如何处罚？

答：根据《招标投标法实施条例》的规定，招标人超过规定的比例收取投标保证金、履约保证金或者不按照规定退还投标保证金及银行同期存款利息的，由有关行政监督部门责令改正，可以处5万元以下的罚款；给他人造成损失的，依法承担赔偿责任。

对政府采购项目，相关法律法规并未对多收取的保证金如何处理，但是对招标采购单位逾期退还投标保证金的，除应当退还投标保证金本金外，还应当按商业银行同期贷款利率上浮20%后的利率支付资金占用费。

问题152　政府采购中，保证金的缴纳时间在投标截止时间之后，但在开标之前，保证金的提交是否有效？判断投标人是否按时交纳投标保证金，是应该以汇款时间为准，还是应该以到账时间为准？

【背景】 2012年11月，A公司参加某采购代理机构组织的一次采购活动，因为没有按时交纳投标保证金的问题，其投标被判定无效。A公司投标保证金的到账时间为2012年11月24日。该项目的开标时间为2012年11月26日（星期一），招标文件要求投标人交纳投标保证金并确保到账的截止时间为2012年11月23日（星期五）。A公司称2012年11月23日上午10点27分通过银行汇出投标保证金，但2012年11月24日凌晨2点左右才到达指定账户。A公司认为，自己的投标文件在评标阶段被判无效有失公正，便向采购代理机构提出质疑。当地采购监管机关以未提交保证金为由判定A投标供应商没有投诉资格并且不予受理是否合法？

答：投标人投标时，应当按招标文件要求交纳投标保证金。招标文件明确要求，投标人应在投标截止时间前一工作日下班前，按不少于投标人须知前附表规定的金额交纳投标保证金，并确保到账。评标委员会依照招标文件的要求对供应商交纳投标保证金等情况进行审查，以确定供应商是否具备投标资格。以上证据证明，A公司交纳投标保证金的到账时间超过了招标文件规定的最后截止时间。评标委员会认定 A 公司未按时交纳项目投标保证金，因此判定其投标无效。按照《政府采购货物和服务招标投标管理办法》第三十六条的规定，投标人未按照招标文件要求交纳投标保证金的，招标采购单位应当拒绝接收投标人的投标文件。在本案例中，A 公司的投标保证金没有在规定时间之前到账，但采购代理机构仍然接收了 A 公司的投标文件，并且其投标文件在资格审查阶段被判无效。因此，本案中，A 公司被否决投标是有法律依据的。

判断投标人是否按时交纳投标保证金，是应该以汇款时间为准，还是应该以到账时间为准？政府采购相关法律法规对此没有明确的规定，但每次采购活动都会提出具体的要求，但无论如何，应遵守招标文件的规定，而招标文件的通常选择是以到账时间为准。

还有另外一个问题值得商榷：该市财政局是否能以"A 公司不是参与所投诉政府采购活动的供应商"为由，不予受理其投诉？

在本案例中，A 公司的投标保证金没有在规定时间之前到账，但采购代理机构仍然接收了 A 公司的投标文件，并且其投标文件在资格审查阶段被判无效。也就是说，A 公司购买了招标文件，交纳了投标保证金（没有按时到账），递交了投标文件，与本次采购已经产生实质性关联。在这种情况下，A 公司仅就与自身密切相关的投标保证金问题进行投诉，该市财政局引用《政府采购供应商投诉处理办法》第十条作为不予受理的依据，相当于自己对这一条文作出法律解释，将无效投标的投标人排除在"参与所投诉政府采购活动的供应商"之外，这一做法欠妥当。

问题 153　我们是一家分公司，很多时候投标都必须以总公司名义才可以，前期以总公司名义交纳保证金，现在招标单位将退回的保证金打到我们账户，我们这边应该如何处理？

答： 分公司不是独立法人，没有投标的资格。只有子公司才有独立法人地位，才可以单独投标。至于投标保证金，必须从投标人即总公司的基本账户转出。招标人在招标结束后，将投标保证金也是退给总公司的基本账户，即遵从"哪里来，哪里去"的原则。至于总公司和分公司如何处理，因为一些总公司和分工是财务独立核算的问题，但这是总公司和分公司的内部财务制度处理问题。

问题 154　投标保证金交纳截止日期能提前吗？

【背景】 某县级采购项目的招标文件规定，投标保证金递交截止日期设在投标截止日期前两天。不料，就在投标保证金交纳截止日之后、投标截止日期之前，又有未交纳投标保证金的供应商前来投标，而此时，投标保证金已经停止接收，代理机构还能收这位供应商的投标文件吗？

答： 如果采购项目属于工程类项目，那么，依据《招标投标法实施条例》第二十六条"投标保证金有效期应当与投标有效期一致"的规定，问题的答案非常明确：投标保证金交纳截止时间不能早于投标文件提交的截止时间，否则二者的有效期不一致。

工程类采购有了明确答案，而货物、服务类政府采购是否可以在投标截止时间之前停止收取投标保证金？答案似乎并不明确。笔者查遍政府采购相关法律法规，也没有找到任何一条禁止这一做法的法律条文。该规定不符合法理，也不符合行业惯例。一方面，业内普遍认为，投标保证金是投标文件的一部分，其交纳的截止时间应当与投标文件接收的截止时间相同。另一方面，要求供应商提前交纳投标保证金的做法，有非法侵害投标人合法权益之嫌疑，与《政府采购法》保护各方当事人合法权益的目的不符。

《政府采购货物和服务招标投标管理办法》（财政部令第18号，以下简称"18号令"）第十六条规定，采用招标方式采购的，自招标文件开始发出之日起至投标人提交投标文件截止之日止，不得少于二十日。那么，如果提前截止投标保证金的交纳时间，导致投标保证金交纳截止时间之后、投标文件递交截止日期之前的这段时间不能正常投标，则可能变相地压缩了法定的二十日的等标期，从而构成违规操作。同时，18号令第三十八条规定，开标应当在招标文件确定的提交投标文件截止时间的同一时间公开进行。依据业内惯例，投标保证金是投标文件的一部分，提前截止投标保证金交纳时间，意味着无法完全满足第三十八条的规定。

因此，不论是工程还是货物、服务类政府采购，不论是依据法理还是法条，错开投标保证金交纳截止时间与投标文件递交截止时间的做法是不可取的。

问题155 按投标报价百分比确定投标保证金可以吗？

【背景】 某市政府采购代理机构在一个办公设备项目公开招标中提出了这样的要求：供应商须交纳的投标保证金为投标报价1%。通过开标唱标后，某市政府采购代理机构的工作人员发现，参与投标的11家供应商都按照规定交纳了投标保证金。但进入评标阶段后不久，评标委员会的一位专家却发现，F公司的投标报价的总价金额与按单价汇总金额不一致。因此，每家投标人的投标报价不同，导致了各投标人投标保证金不同。请问这样的做法合适吗？

答： 招标采购单位应当在招标文件中明确投标保证金的数额及交纳办法。招标采购单位规定的投标保证金数额，不得超过采购项目概算的百分之一。因此，投标人投标时，应当按招标文件要求交纳投标保证金。但问题的关键是，招标文件不能胡乱设置保证金的数额和方式。而此次采购中，之所以会出现投标人的报价没法确定的问题，原因之一是采购代理机构对投标保证金的设置不科学。

在具体的政府采购活动中，采购代理机构在招标文件中规定投标保证金交纳数额时，最好以确定的金额出现，而不是要求投标人按其投标报价的某一比例交纳。这样，不仅可以避免投标人在交纳完投标保证金的同时就泄露了其投标报价，而且还可以避免本案例中出现的投标保证金不足的问题。

另外，投标保证金的收取基准，最好是以招标采购概算或财政部门的招标最高限价为基准，而不是以投标价格为基准。

问题156 投标保证金退还时，需要扣除手续费吗？比如2万元的投标保证金，招标人在退还2万元的保证金时，能扣除50元的银行转账手续费而只退1.995万元吗？

答： 按法律规定，投标保证金退还时，金额为"所收取的投标保证金及银行同期存款利息"。至于是退活期利息还是定期利息，法律法规并没有做出具体的规定，不过因为保证金的收取时间一般不长，如果是活期利息，也很少，一些部门或单位则并没有退还所产生的利息。一般是退还原来缴纳的投标保证金。在实践中，所产生的手续费，一般是投标缴纳时由投标人缴纳银行转账的手续费；退还时，则由招标人、招标代理机构或公共资源交易中心承担退还时的手续费。具体怎么规定，可以看招标文件的约定或当地监管部门的规定。

习题与思考题

1. 单项选择题

（1）建设工程招标的投标保证金不得超过招标项目估算价的（　　）。

　　A. 1%　　B. 2%　　C. 5%　　D. 10%

（2）投标保证金的有效期与投标有效期（　　）。

　　A. 一致　　B. 投标有效期长　　C. 投标保证金的有效期长　　D. 长短无所谓

（3）投标保证金的退还，招标人最迟应当在书面合同签订后（　　）日内向中标人和未中标的投标人退还投标保证金及银行同期存款利息。

　　A. 3　　B. 5　　C. 7　　D. 10

（4）一次招标（完成一次招标投标全流程）货物类代理服务费最高限额为（　　）。

　　A. 100 万　　B. 200 万　　C. 350 万　　D. 400 万

（5）一次招标（完成一次招标投标全流程）工程类代理服务费最高限额为（　　）。

　　A. 100 万　　B. 200 万　　C. 350 万　　D. 450 万

2. 多项选择题

（1）投标保证金的收取形式包括（　　）。

　　A. 现金　　B. 支票　　C. 汇票　　D. 银行保函

（2）下列属于串标行为的是（　　）。

　　A. 不同投标人的投标文件载明的项目管理成员为同一人

　　B. 不同投标人的投标文件异常一致或者投标报价呈规律性差异

　　C. 不同投标人的投标文件相互混装

　　D. 不同投标人的投标保证金从同一单位或者个人的账户转出

3. 问答题

（1）招标人超过本《实施条例》规定的比例收取投标保证金，该如何处罚？

（2）投标保证金的作用是什么？

（3）不退还保证金的情况包括哪些？

（4）根据《实施条例》，分析招投标是否一定要收取保证金？保证金的形式能否为担保的形式？

4. 案例分析题

　　a 公司为 A 公司在甲市设立的分公司。2012 年 3 月，a 公司以招标代理机构的身份，对××市某学校设备采购项目进行国内公开招标。B 公司按照 a 公司的要求向其提交投标保证金。中标公告发布，B 公司没有中标。a 公司以 B 公司虚假应标为由，拒绝返还投标保证金。B 公司将 a 公司与 A 公司一齐告上法庭，要求返还投标保证金。请分析这一案例。

【参考答案】

1. 单项选择题

   （1）B　　（2）A　　（3）B　　（4）C　　（5）D

2. 多项选择题

   （1）AD　　（2）ABCD

3. 略

4. 案例分析题

   a 公司应返还投标保证金，除非招标文件明确规定，虚假应标将被没收保证金。但即使是没收保证金，也应将保证金上交国库。故法院被判决 a 公司败诉。

第 7 章　开标、评标与中标问答

问题 157　电子化评标与纸质形式的招标投标活动具有同等法律效力吗？

答：为了规范电子招标投标活动，促进电子招标投标健康发展，国家发展改革委、工业和信息化部、监察部、住房城乡建设部、交通运输部、铁道部、水利部、商务部联合制定了《电子招标投标办法》及相关附件，自 2013 年 5 月 1 日起施行。

电子招标投标活动是指以数据电文形式，依托电子招标投标系统完成的全部或者部分招标投标交易、公共服务和行政监督活动。《电子招标投标办法》第二条规定，数据电文形式与纸质形式的招标投标活动具有同等法律效力。电子化评标与纸质文件的评标方法法律效力相同这是毫无疑问的，但实践中，经常碰到的是问题是所谓半电子化的评标，又有纸质文件那一套评审流程和资料，又利用电脑的评标系统进行评审，由于电脑、网络或评审平台有一些不完善之处，会碰到较多的问题。

从现有的招投标流程可以看出招投标系统必然是一个多方参与的系统。在招标公司和投标人之间需要大量信息沟通在目前的法律法规和业务流程中这种信息沟通都要求书面形式实现招投标信息化后就会降低纸张化甚至实现无纸化而电子化文件在现有招标投标法律法规中并没有被承认。所以招投标文件的电子化首先面临的就是法律地位的问题。同时在传统的招投标活动中参与各方在纸质文件上签字或盖章为了证明身份和对所签名盖章的书面文件的认可。有关法律也明确规定书面合同等重要的文件须经当事人签名盖章生效。而实现电子化后通过网络以数据电文传递的信息无法采用手工签名或盖章方式为此出现了电子签名技术。

《中华人民共和国电子签名法》明确规定"可靠的电子签名与手写签名或者盖章具有同等的法律效力"。但《电子签名法》没有规定采用哪一种技术进行电子签名。在招投标领域，《电子招标投标办法》及相关附件虽然解决了电子化评标的规范和法律法规问题，但实际上的技术保证在各地还是层次不齐。例如，文件电子化及电子签名只是从一个方面解决了电子文件的法律效力问题，但无法保证电子文件不被窃取和篡改。加密技术使电子文件也有可能被有权限的人阅读和被有权限的人修改。在网络招投标流程的应用中，存在最多的还是对网络安全的担心，以及对出现问题后法律责任难以认定的顾虑。

问题 158　电子化评标与纸质形式的评标同时具备，到底以哪个为准？

【背景】随着招投标信息化和电子评标系统的推广应用，某地已实现了电子评标系统。在 2014 年 3 月 12 日，该地公共资源交易中心使用电子评标系统评审区公安局应急装备采购项目。评审中，评委会发现 A 投标人的投标文件投标函电子文件与纸质文件不一致。电子文件没有签名和盖章，而纸质文件没有盖章。由于采用了电子化评标，投标人只按公共资源交易中心的要求提供了一份投标文件，且没有标明正本、副本。而招标文件规定：电子文件必须与纸质文件一致，但没有说不一致要否决其投标。评标委员会成员中，有的认为需要否决 A 投标人的投标，有的说不需要否决投标。公共资源交易中心的工作人员则不发表意见，认为由评标委员会来决定，只要符合少数服从多数的原则，由专家自己承担责任。

答：首先，公共资源交易中心的工作人员的态度和决定肯定是对的。评标由评标委员会来决定，按照少数服从多数的原则，任何人（含公共资源交易中心的工作人员）都无权干涉。当然，如果评标委员会违规了，如收受贿赂了，公共资源交易中心和监管机构的人都有权制止，这不是干涉。

其次，对于本次评标，电子文件和纸质文件不一致的问题，在现阶段（在电子化评标办法出台之前）招标人和中标单位都是以纸质标书签订合同的，工程变更、工程款支付、工程竣工结算也是如此，即纸质标书是具有法律效力的文件。电子文件有签名，纸质文件无签名，《招标投标法实施条例》的规定是要有签名，但没有说纸质文件要签名，而招标文件也没有说投标文件的电子文件相关页没有签名就要否决其投标。因此，笔者认为，有法律规定就依法律规定，无法律规定就依招标文件，笔者倾向于看评标委员会成员的意思，即简单多数的原则，如果一半以上的评委认为可以不否决其投标，则可以不否决其投标。

一些地区在处理投标人提供的纸质标书与电子标书投标报价不一致情况时，通常会以纸质标书为准，这就使电子评标工作的严肃性大大降低，所以要使电子评标系统真正推广并达到应用的效果，还必须确定电子标书的合法性，并用技术手段来保证纸质标书与电子标书一致性。

选择纸质标书作为签订合同的依据，是因为纸质标书中有法人签名和法人盖章。国家在 2004 年 8 月 28 日颁布了《电子签名法》，这为确立电子数据的合法性提供了一个很好的思路。但在目前阶段电子签名技术还没有成熟的情况下，可以利用招标文件条款进行约定，并利用严格的保密技术来维护投标人的利益，以此来维护电子投标文件的合法性。

而要解决纸质标书与电子标书一致性的问题，完全可以依靠现有的技术力量由软件开发商在电子评标系统中实现，如投标人选择用电子标书编制工具来打印投标报价报表，报表中带有可以唯一标识的文字信息。这种方式已经在一些地方得到应用和推广，使电子评标系统的先进性和严密性得到了很好的体现。

问题 159　政府采购评标中，投标人没有缴税记录能够废标吗？

【背景】 2013 年 8 月 3 日，某市某区政协办公大楼采购 2 台电梯评标活动在该区的公共资源交易中心紧张举行。本次招标活动，到投标文件接收的截止时间为止，一共有 A、B、C、D、E 五家企业递交了投标文件。评标会上，参加评审的 5 位专家根据招标文件，按步骤对各投标人的投标文件进行资格、资质审查和技术、商务、经济评审。本来，按评标流程，评标过程已接近尾声，五家投标人全部通过初审，已按招标文件的要求评审出了招标结果，排名顺序为 D、A、C、E、B，正在进行评标结果的文件打印。这时，公共资源交易中心的某工作人员提醒专家注意招标文件关于符合性条件的规定，有 D 和 B 两家的纳税和社会保障证明文件没有提供，请专家进行复核。那么，投标人没有缴税记录能够废标吗？

答：《政府采购法》第二十二条规定，供应商参加政府采购活动应当具备下列条件：

（1）具有独立承担民事责任的能力；

（2）具有良好的商业信誉和健全的财务会计制度；

（3）具有履行合同所必需的设备和专业技术能力；

（4）有依法缴纳税收和社会保障资金的良好记录；

（5）参加政府采购活动前三年内，在经营活动中没有重大违法记录；

（6）法律、行政法规规定的其他条件。

在一些政府采购招标项目中，招标文件往往会对投标人的资格符合性审查提出这条规定，但往往评标专家并不记得这条的具体内容，也没有认真执行过这条规定的内容，至于依据这条规定，对不符合要求的投标人废标的情况更少见，这条规定在很多招标中纯属于摆设。

本案例中，由于公共资源交易中心工作人员强烈的法律意识和认真负责的态度，使专家们重新审视了这条规定的内容，无疑使本次招标更规范、更专业！

那么，在评标过程的实践中，如何执行《政府采购法》第二十二条的规定呢？这条包括六款的内容，第一款，具有独立承担民事责任的能力，一般认为，只要有有效的营业执照就可以了。第二款，具有良好的商业信誉和健全的财务会计制度，这款的本意，是鼓励投标人合法经营，讲究信誉，但如何叫"具有良好的商业信誉和健全的财务会计制度"，这没有一定的认定标准，笔者认为，只要没有因为商业信誉和财务会计问题被有关部门处罚过就可以了，如果投标人有守合同、重信用证书或经审计的会计报表作为证明材料则足可以说明问题，但对于新设立不到一年的公司，则不应该苛求会计报表。第三款，具有履行合同所必需的设备和专业技术能力，投标人可以对公司的设备和技术力量进行说明，但并不一定要提供人员学历、资格证书和专利证书，除非招标文件另有规定，所以这款也是比较虚的。第四款，有依法缴纳税收和社会保障资金的良好记录，要提供国税、地税登记证书、纳税证明和社保人员记录或名单。第五款，参加政府采购活动前三年内，在经营活动中没有重大违法记录，一般是自我申明没有违法犯罪记录就可以了，对新设立的公司参加投标则更应该如此。当前，一些地方要求投标人出具当地检察院的无犯罪记录证明书，这是可以理解的，也是符合法律规定的，不过，就是给投标人带来很多不方便。第六款，法律、行政法规规定的其他条件，实际上是没有执行且无法执行的条款。

因此，从良好的招标文件制作和为投标人提供便利、正确的指引来说，招标文件最好细化这六条规定，即要投标人提供什么资料才能通过资格或符合性的审查。

回到本案例中，参与评审的五位专家进行了激烈的辩论，有的认为这条是虚的，只要是企业而不是个人来投标，是合法守纪、依法经营，没有不良记录和有廉洁承诺证明材料就可以了。有的认为，没有必要死敲字眼，只要有有效的营业执照且在经营范围内就能满足《政府采购法》第二十二条的规定，并且以前也是这么评审的。于是交易中心工作人员提醒专家逐条逐款来重新审核5家投标人的资格。专家对《政府采购法》第二十二条几款的认定都一致，就是其中第四款，有依法缴纳税收和社会保障资金的良好记录，认定的标准不一致。有的说只需要国税、地税的税务登记证书就行了，有的说只要有社保局的社保记录就行了。

其中，B投标人的价格最低，并且综合排名为第一，但B公司既没有提供国税、地税的登记证书，也没有纳税证明，还没有社保证明；D公司既没有国税、地税的登记证书，也没有纳税证明，但有社保证明材料。最后，五位专家一致认定，为保险起见，应该从严、依法进行资格审查，不能打擦边球，认为B、D两家投标人的资格文件不满足招标文件的要求，应予废标，后重新评审后由A投标人排名第一中标，业主和监督方接受了专家的意见。

通过本案例的分析，各投标人一定要认真阅读招标文件，逐条核对资格、资质审查条件，以免在比较苛刻和严格的评标中无法通过资格、资质审查。

问题160　开标结束后，一般开始评标，但是开标后可以不评标吗？开标到评标的时间法律法规有规定吗？

答：按照《招标投标法》第三十四条的规定，开标应当在招标文件确定的提交投标文件截止时间的同一时间公开进行，《政府采购货物和服务招标投标管理办法》（中华人民共和国财政部令第18号）第三十八条也规定，开标应当在招标文件确定的提交投标文件截止时间的同一时间公开进行，即不管是工程招投标还是政府采购，提交投标文件的截止时间与开标时间是一致的。

但是，开标以后是否就立即开始评标呢？不一定。相关法律法规对开标和评标之间的时间间隔没有做出明确规定。一般的做法是开标之后马上开始评标，但也有的地方，开标之后做好记录并封存投标文件，评标在另外一个时间进行。

问题161　政府采购中，代理机构的工作人员是否可以在评标过程中进入专家评标室？

答：代理机构的工作人员能否进入评标室，相关法律法规没有进行规定。各地方的要求不一样，有的地方可以，有的地方不允许。如有的地方规定，在评标过程中、评标开始至评标完全结束这一段时间内，任何人（含交易中心工作人员、代理机构工作人员）不允许入内，如有招标文件疑问需要解释时，只能通过监控视频与外界联系。

问题162　政府采购评标过程中符合性审查环节，如何认定重大偏离问题？

【背景】某货物采购项目在评标过程中，评标委员会发现一投标人的交货期严重偏离招标文件要求，而招标文件未明确此为×号指标（即废标条款），那么，在这种情况下是否应否决该公司的投标？

答：在符合性检查环节中，评标委员会依据招标文件的明确规定，从投标文件的有效性、完整性和对招标文件的响应程度进行符合性审查，存在重大偏离的投标文件为无效标。在该项目中，招标文件规定：重大偏离是指投标人投标文件中所述货物质量、技术、规格、数量、交货期等和服务明显不能满足招标文件要求。因此，本案例中，招标文件已明确要求，如果交货期严重偏离招标文件要求，则视为严重偏离。而严重偏离招标文件，则应否决投标，因此，即使招标文件未明确此为×号指标（即废标条款），这种情况下也应否决其投标。

问题163　政府采购中，评标过程中能否寻求外部的证据问题作为评标依据？

【背景】在某地某办公家具采购项目评审阶段，评标委员会成员为了解投标产品是否检测合格，要求一投标单位提供产品检测报告，这样做是否合适？

答：评标的依据只能是《政府采购法》、《政府采购法实施条例》等相关的法律法规以及招标文件。招标文件没有规定的内容，不能作为评标的依据。评标委员会评标，只能根据招标文件的规定，如果招标文件要求提供检测报告，则投标人应提供，评标专家应根据招标文件的规定去评标。反过来说，评标委员会也不能因为不能判断投标产品是否合格而要求投标人提供检测报告，即评标过程只能根据投标文件本身的内容，而不能寻求外部的证据。

根据《政府采购货物和服务招标投标管理办法》（中华人民共和国财政部第 18 号令）第七十五条的规定，政府采购评审专家未按照采购文件规定的评审程序、评审方法和评审标准进行独立评审或者泄露评审文件、评审情况的，由财政部门给予警告，并处 2000 元以上 2 万元以下的罚款；影响中标、成交结果的，处 2 万元以上 5 万元以下的罚款，禁止其参加政府采购评审活动。

因此，评标委员会的做法是不合法的，本案例中，该评标委员会的要求被拒绝，并由监管部门予以警告。

问题 164　政府采购中，采购人对评标结果不满意，可以推翻评标委员会的评标结果吗？

【背景】 某采购人在审查采购代理机构递交的某信息系统采购项目评标报告时发现一处问题：评标评委会评标过程中遗漏了一项技术指标，使得项目预中标候选人提供的产品与采购人需求不一致。问采购人是否有权推翻评标委员会的意见？

答：正常情况下，采购人必须从评标委员会推荐的中标候选人中确定中标供应商，通常是按排名第一的来确定。但是，根据《政府采购法实施条例》第七十一条的规定，政府采购当事人（含评标专家）有其他违反《政府采购法》或者《政府采购法实施条例》规定的行为，经改正后仍然影响或者可能影响中标、成交结果或者依法被认定为中标、成交无效的。也就是说，专家没有按法律法规和招标文件来评审，采购人可以组织评标专家进行纠正、重新评审。如果重新评审的结果与原来的结果不一致，影响到了中标人的改变，则原来的结果无效。如果评标过程即使有小瑕疵，但不影响中标结果的，则保持原来的中标结果。那么，采购人是否有权力推翻评标委员会的结果呢？答案是肯定的，但也是有前提条件的。如果评标委员会合法、依法、正确地进行了评审，采购人是没有权力推翻评标委员会的推荐结果的。但是，如果评标委员会马虎、大意甚至有受贿等情况，影响了评标结果，采购人当然有权力不采用评标委员会的推荐结果。

这种情况下，如果专家确实有错误，会影响中标供应商的排序，则应按如下规定进行：已确定中标或者成交供应商但尚未签订政府采购合同的，中标或者成交结果无效，从合格的中标或者成交候选人中另行确定中标或者成交供应商；没有合格的中标或者成交候选人的，重新开展政府采购活动。

如果评标结果无过错，采购人无正当理由不按照依法推荐的中标候选供应商顺序确定中标供应商，或者在评标委员会依法推荐的中标候选供应商以外确定中标供应商的；按照《政府采购货物和服务招标投标管理办法》（中华人民共和国财政部第 18 号令）第六十八条的规定，可以给予采购人责令限期改正，给予警告，可以按照有关法律规定并处罚款，对直接负责的主管人员和其他直接责任人员，由其行政主管部门或者有关机关依法给予处分，并予通报的处分。

问题 165　在某建设工程招标评标过程中，评委会发现某投标人的某个业绩合同复印件中没有写明日期，无法做出判断打分，遂要求该投标人做出澄清，请问这种情况下投标人是否有资格进行澄清？

答：《中华人民共和国招标投标法》第三十九条规定：评标委员会可以要求投标人对投标文件中含义不明确的内容作必要的澄清或者说明，但是澄清或者说明不得超出投标文件的范围或者改变投标文件的实质性内容。

评标过程的澄清是投标人的澄清，和招标过程中招标人对招标文件的澄清是两码事。在评标过程中，投标人的澄清要注意以下几点：

1. 澄清内容和范围的把握。相关法律、法规明确规定：只有投标文件中含义不明确的内容作必要的澄清或者说明，或同类问题表述不一致或者有明显文字和计算错误的内容可以进行澄清。如投标标书前后矛盾，评标委员会无法认定以哪个为准，再如投标文件正本和副本不一致，或副本看不清楚，投标人可以澄清。但是，如果评标过程中，投标人再补递交文件，如业绩复印件，这是不允许的。

2. 澄清要采用书面形式。澄清过程中的资料一定要采用书面形式。但是，书面形式未必一定要亲自在现场签署。实践中，开标、评标时，投标人可能不在现场，可以采取发传真的形式补交澄清文件，这是允许的。

在本案例中，如果该投标人就日期进行了澄清，则该业绩就能算有效，"超出投标文件的范围或者改变投标文件的实质性内容"，在这样的情况下，是不能澄清的。

凡授权评委会定标时，招标人不得以任何理由否定中标结果。定标环节，要注意以下三个基本原则：即恪守非授权不确定中标人原则、不得恶意否决原则、结果公开原则。

问题 166　建设工程招标，招标人可以直接确定中标人吗？

答：确定中标人是招标人的权利，如果没有得到采购人的事先授权，评标委员会是无权确定中标人的，不过，招标人一般会根据评标委员会的推荐结果，选取排名第一的中标候选人作为中标人。《招标投标法实施条例》第五十五条规定："国有资金占控股或者主导地位的依法必须进行招标的项目，招标人应当确定排名第一的中标候选人为中标人。"如果排名第一的中标候选人放弃中标、因不可抗力不能履行合同、不按照招标文件要求提交履约保证金，或者被查实存在影响中标结果的违法行为等情形，不符合中标条件的，招标人可以按照评标委员会提出的中标候选人名单排序依次确定其他中标候选人为中标人，也可以重新招标。

招标人定标时，要严格按评标报告确定的顺序选择中标人，不得恶意否决排序靠前投标人的中标资格。招标人确定中标人必须充分尊重评标报告的结论，并发布中标公告，同时报监管部门备案审查。对于特殊招标项目，如确实需要进行资格后审，招标人在后期资格审查和考察论证中必须以招标文件为依据，不得背离，更不得以所谓新的标准来否决刁难中标人。

问题167　第一中标候选人造假是废标还是顺延？

【背景】　××招标代理有限公司代理某建筑工程招标项目，招标代理公司在招标项目中标候选人名单公示期间接到落选投标人之一 A 公司质疑文件，质疑该招标项目中第一中标候选人 F 公司在投标期间有弄虚作假行为。后经招标代理公司核实，确认第一中标候选人 F 公司确实存在弄虚作假行为，于是评标委员会依法取消了该公司的中标资格，顺延由第二中标候选人为中标供应商。但此时招标人有异议，因为第二中标候选人的报价比第一中标候选人高了许多，招标人原本对此次招标的价格挺满意的，却由于中标人的违规行为使中标价贵了很多，很不情愿，要求第一中标候选人弥补其损失，至少要将第一、第二中标候选人的两个中标价中的差价弥补上。

这就给招标代理公司出了难题，一是招标人的要求是否合理，有没有法律依据呢？如果应该赔偿损失，直接扣除第一中标候选人的投标保证金来弥补招标人的损失，到底行不行？二是遇到第一候选中标人因自身违规的原因而取消其中标资格的情况，是废标还是顺延第二中标候选人中标，这种情况应该如何适用法律？

答：（1）招标人的要求没有法律依据。在本案例中，评标委员会取消了第一中标候选人的中标资格，顺延由第二中标候选人为中标人，只要后者的投标报价没有超出招标人的预算，招标人就应该接受评标委员会的决定，与第二中标候选人签订中标合同。招标人没有任何资格和权力要求评标委员会更改中标结果，更没有权力要求不中标的投标人赔偿损失。不过可以没收其投标保证金。

笔者认为，此案如果造成了损失也应该是国家的损失，招标人如果认为他的权益受到损失，可以通过法律途径来解决。关于投标人提供虚假材料谋取中标、成交的，《招标投标法实施条例》第六十八条已有相关处罚规定，如投标人以他人名义投标或者以其他方式弄虚作假骗取中标的，中标无效，情节严重的，由有关行政监督部门取消其 1 年至 3 年内参加依法必须进行招标的项目的投标资格，弄虚作假骗取中标情节特别严重的，由工商行政管理机关吊销营业执照。

（2）顺延中标人的做法法律法规是允许的。在本案例中，由第二中标候选人取代第一中标候选人的中标资格，即直接"顺延"中标资格的做法并非不妥当。新的《招标投标法实施条例》规定，排名第一的中标候选人放弃中标、因不可抗力不能履行合同、不按照招标文件要求提交履约保证金，或者被查实存在影响中标结果的违法行为等情形，不符合中标条件的，招标人可以按照评标委员会提出的中标候选人名单排序依次确定其他中标候选人为中标人，也可以重新招标。

本案例中，第一中标候选人并不是因不可抗力，也不是不能履行合同，只是因为自己存在弄虚作假的违法行为而被取消了中标资格。因此，既然投标人弄虚作假都能中标，就意味着评标过程或多或少地存在一些问题，相关投标人的造假行为也很可能会影响整个排序。因此，重新评标是最好的选择。而且如果此案进入投诉阶段，结果又会不一样，因为招标监督管理部门如果认定存在违法行为，就可以直接废标。当然，在现实中，大多数招标代理机构会为招标人从时间、财力、项目本身考虑，采取直接递补的做法另当别论。

问题168　政府采购项目，在评标时才发现招标文件列出的设备参数互相矛盾，需要修改，是否可以在评标时更改招标文件？

【背景】 ××市××区政府委托××招标代理公司，就区政府体育场建筑设备及户外电子显示屏进行公开招标。评标会上，有专家提出，业主在招标文件列出的设备参数互相矛盾，需要修改，另外，一些设备的参数太保守，是属于好几年前的产品，现在的同类产品无论性能还是技术指标，要远高于招标文件列出的条件，而且，这些设备跟此次招标的价格严重不符合。这名专家的观点激发了其他专家的共鸣，另外的几名专家也热烈讨论起来，大家一致同意这名专家的观点。在评标现场的采购人代表看到评标专家这么说，就提出"花财政的钱，要尽量节约，希望花最少的钱买最好的设备"，要求专家提出一个解决办法。专家说，招标文件已经写明了，恐怕没有办法改正了，除非废除此次招标，修改招标文件重新进行招标。招标人代表马上说：这是民心工程，项目在 10 月份就要竣工投入使用，重新招标已经来不及了。这时，招标代理机构提出一条"妙计"，说只要把所有的投标人代表叫来，现场跟他们说一下招标文件中的新参数，只要他们同意按新参数提供设备进行投标，应该没有问题，既不会耽误工期，也能使招标人采购到最好的产品。现场的招标人和纪委的工作人员经过简短商量，采纳了招标代理机构的"妙计"。对这条"妙计"，专家也没有表示异议，于是招标代理机构负责人把所有的投标人代表叫在一起，向他们提出修改设备参数的要求，投标人代表全部同意这样做。请问这种临时更改评标参数的做法是否正确？招标人、投标人和评审专家同时同意是否就可以改变评审方法和程序？

答： 评标要按招标文件确定的方法进行。评标方法和程序是招标文件的重要内容。本案例中，招标人没有仔细计算设备参数，也没有认真调研设备价格，仅依据过去几年的设备参数进行招标，现在的设备更新换代很快，招标文件所列的设备参数落后于现状也就不足为怪了。专家提出目前的新情况，以及招标文件的矛盾之处，招标人提出修改参数是可以理解的。但是，修改招标设备的参数实际上是实质性地改变了招标文件，是对招标文件的澄清。招标单位对已发出的招标文件进行必要澄清或者修改的，应当在招标文件要求提交投标文件截止时间十五日前，并以书面形式通知所有招标文件收受人。该澄清或者修改的内容为招标文件的组成部分。因此，尽管招标人提出的只是一些设备的某些参数更正，实质上是改变了招标文件，这需要在媒体上发布公告公示，并且需要满足一定的时间。

按规定，招标文件存在不合理条款的，招标公告时间及程序不符合规定的，应予废标，并责成招标单位依法重新招标。本案例中，招标文件所列的设备参数矛盾，将使投标人无所适从，最好的做法是废标。

问题 169　政府采购中，评标错误但不影响排名，中标结果是否有效？

【背景】 某地信息系统建设服务外包采购项目评审中，D 公司是某省信息系统建设服务外包采购项目的第二中标候选供应商，第一中标候选供应商是 W 公司。得知这一采购结果后，D 公司随即向采购代理机构提出质疑。采购代理机构查看 W 公司的投标文件，发现 D 公司所质疑的事实存在，评标委员会在这一打分项给 W 公司 0.6 分属于评分错误。但 W 公司的总得分高出排名第二的中标候选供应商 D 公司 5 分，纠正后并不影响中标结果？但 D 却认为，评标结果有误，要求废标并重新招标。请问这种情况该如何操作？

答： 评标要按招标文件规定的方法进行，评委会成员应独立、客观、准确地对招标项目进行评审。但如果评委会成员有瑕疵或错误，按《政府采购货物和服务招标投标管理办法》（中华人民共和国财政部令第 18 号）第七十七条的规定，未按招标文件规定的评标方法和标准进行评标的，可以对评标委员会成员责令改正，给予警告，可以并处一千元以下的罚款。但上述行为没有影响中标结果的，中标结果为有效，并不需要重新招标。

问题 170 政府采购中，由于招标文件不严谨且采购人不答复投标人的疑问，加上评标过程不认真导致采购人拒绝与中标人签合同，该负什么责任？

【背景】 某地方的物业管理政府采购项目，由于招标代理机构未善尽职责，招标文件表述模糊并且未答复投标人相关咨询，导致某物业公司投标遗漏了一大部分物业项目，根本不能响应招标文件的实质性要求和条件；评标委员会成员又不负责任，评标过程中竟未发现投标内容与招标项目严重不符，因该公司报价低，在采用综合评分法时，综合评分高而评定该公司中标。招标人向某物业公司发出中标通知书后，才发现该公司不该中标，拒绝与该物业公司签署物业承包合同。请问，这种情况下的中标通知书是否具有法律效力？招标人、招标代理机构该承担什么责任？

答： 投标人应当按照招标文件的要求编制投标文件。投标文件应当对招标文件提出的实质性要求和条件作出响应。根据《政府采购法》第三十六条的规定，"出现影响采购公正的违法、违规行为的"应予废标。因此，招标文件马虎，投标文件马虎，评标过程马虎，已严重影响了招标采购的公正性，这种情况下的中标是无效的，是可以废标的。废标后，采购人应当将废标理由通知所有投标人，并重新组织招标。

按招投标程序订立合同，书面合同未签署时，合同并未成立，中标通知书发出后，招标人或投标人拒绝与对方签订书面合同所承担的责任，只能是缔约过失责任。任何一方都不应按合同已成立并生效，要求对方承担违约责任。

如果双方合同不能缔结，是基于投标人投标无效，本来不该中标，其过错在于投标人。招标人只是在评标过程甚至发送中标通知书后签署书面合同前未发现投标行为无效。基于此，令投标人承担自身投标支付的费用损失，招标人承担应当发现而未发现投标无效而产生的自身招标费用损失，以及中标通知书发出后对方信赖利益的损失应是公平的。如发现投标无效而不及时通知对方，导致对方损失扩大，则应由招标人承担。

但此案更加复杂的是，A 公司对于招标文件模糊的地方曾要求招标代理公司澄清但未得到答复，如果及时澄清，则 A 公司就不会出现投标无效的情形。如果招标人以其他投标人投标符合招标文件实质性要求，证明招标文件规定明确，过错完全在于 A 公司理解错误为由进行抗辩，不应得到采纳。因为对于投标人有关招标内容的询问进行澄清和解答，是招标人或其委托的招标代理人应履行的义务，而不应以上述抗辩为由转移过错及相关责任给投标人。相对于投标人，招标代理人代理行为的责任当然也应由招标人承担。在此情况下，过错应完全归咎于招标人，令招标人承担全部损失才不失公允。

招标代理机构未善尽代理职责或其他法定义务的诸多情形，相关法律法规并没有明确规定。根据《民法通则》《合同法》有关民事代理的规定，招标代理机构代理招标人办理招标事宜，其法律后果应由被代理人即招标人承担，代理机构导致投标人损失，当然投标人可向招标人主张，招标人再向代理机构追偿。招标代理机构不善尽职责，直接或因上述原因间接导致招标人损失的，招标人可以向招标代理机构主张违约责任和损失赔偿责任。

本案中，招标代理机构负有按招标人要求正确编制标书的义务，投标截止日前，对投标人提出有关招标项目的询问，有负责解答和澄清有关疑问的义务。但招标代理机构编制标书时擅自修改了招标单位有关物业项目招标内容，导致招标项目内容不明确，A公司投标前曾向招标代理机构询问但又未得到答复，属于未善尽代理职责的违约行为。招标人向投标人赔偿后，可以要求招标代理人承担违约和赔偿责任。

问题171　对评标过程有质疑，投标人可以要求查看其他投标人的投标文件吗？

【背景】某次政府采购，某投标人怀疑有猫腻，对招标代理机构和招标人提出质疑，在质疑过程中要求查看其他投标人的投标文件，招标人和代理机构拒绝其要求，理由是保护其商业秘密，其他投标人无权查看，该投标人问，不让看如何知道其投标文件有问题？质疑或投诉又何来依据？

答：政府采购中，投标供应商质疑、投诉应当有明确的请求和必要的证明材料。供应商投诉的事项不得超出已质疑事项的范围。招标人及其代理机构有义务保守投标供应商的秘密。因此，供应商对政府采购活动事项有疑问的，可以向采购人提出询问，采购人应当及时作出答复，但答复的内容不得涉及商业秘密。

有的参与投标的供应商看到中标结果不是自己，而是另一家与之竞争的公司，便怀疑中标公司的投标资质、技术参数、售后服务等方面存在问题，有的还上升到"弄虚作假"层面等。招标代理机构收到质疑函后首先要给予足够重视，及时、主动、坦诚地与质疑者进行沟通，全面了解质疑者的想法、要求，切忌用训斥、粗暴的言语简单化处理，从而引起矛盾激化；其次针对质疑函中反映的问题，提请评委会进行复议，对照招标文件、投标文件和相关法律法规仔细逐条核实后，及时回复质疑人。

问题172　工程招标中，投标人之间相互串通的形式有哪几种？

答：投标人之间相互串通的形式主要有以下几种：

1. 建立价格同盟，设置陪标补偿。在招标投标市场中，某些投标人或者包工头在获得项目招标信息后，四处活动联系在本地区登记备案的同类企业（潜在投标人）建立利益同盟，特别是本地区企业"围标集团"，为了排挤其他投标人，干扰正常的竞价活动，相互勾结私下串通，设立利益共享，就投标价格达成协议，约定内定中标人以高价中标后，给予未中标的其他投标人以"失标补偿费"。这种"陪标"行为使投标者之间已经不存在竞争，使少数外围竞争对手的正常报价失去竞争力，导致其在评标时不能中标。招标人没能达到预期节约、择优的效果，"失标补偿费"也是从其支付的高价中获取的。

2. 轮流坐庄。投标人之间互相约定，在本地区不同的项目或同一项目不同标段中轮流以高价位中标，使投标人无论实力如何都能中标，并以高价位捞取高额利润，而招标人无法从投标人中选出最优，造成巨大损失。

3. 挂靠垄断。一家企业或个体包工头通过挂靠本地多家企业或者联系外地多家企业来本地设立分支机构，某一项目招标时同时以好多家企业的名义去参加同一标的的投标，形成实质上的投标垄断，无论哪家企业中标，都能获得高额回报。同时通过挂靠，使得一些不具备相关资质的企业或个人得以进入原本无法进入的经营领域。

问题173　《招标投标法实施条例》中规定的属于串通投标和视为串通投标的区别是什么？

答：《招标投标法》和《政府采购法》都明确禁止投标人之间互相串通投标，《招标投标法实施条例》对投标人之间相互串通投标的行为进行了明确规定。《招标投标法实施条例》第三十九条规定，禁止投标人相互串通投标。有下列情形之一的，属于投标人相互串通投标：

（1）投标人之间协商投标报价等投标文件的实质性内容；

（2）投标人之间约定中标人；

（3）投标人之间约定部分投标人放弃投标或者中标；

（4）属于同一集团、协会、商会等组织成员的投标人按照该组织要求协同投标；

（5）投标人之间为谋取中标或者排斥特定投标人而采取的其他联合行动。

《招标投标法实施条例》第四十条规定，有下列情形之一的，视为投标人相互串通投标：

（1）不同投标人的投标文件由同一单位或者个人编制；

（2）不同投标人委托同一单位或者个人办理投标事宜；

（3）不同投标人的投标文件载明的项目管理成员为同一人；

（4）不同投标人的投标文件异常一致或者投标报价呈规律性差异；

（5）不同投标人的投标文件相互混装；

（6）不同投标人的投标保证金从同一单位或者个人的账户转出。

可见，"属于串通投标"和"视为串通投标"是有区别的。"属于串通投标"则可以直接认定为串通投标；而"视为串通投标"则"相当于或等同于"串通投标。因此，前者事实清楚、证据确凿，性质严重，可以直接认定为串通投标；而后者则包括非故意或不知道招标的规定和法律、有疑似串通投标的那些行为。如视为串通投标的行为"不同投标人的投标文件异常一致或者投标报价呈规律性差异"，也许是一种巧合，也许是真的有串通投标行为；还有一种情况，如不同的投标人在同一打字社制作打印标书，不同投标人甚至不认识，但由于打字社的装订错误，混装不同投标人的投标文件等，就属于"视为串通投标"的行为。

问题 174　招标人（或招标代理机构）与投标人之间相互串通的行为包括哪些方面？

答：招标人（或代理机构）与投标人之间串通投标也是法律所禁止的，招标人与投标人之间相互串通的形式主要有以下几种：

1. 透露信息。招标人（招标代理机构）与投标人相互勾结，将能够影响公平竞争的有关信息（如工程实施过程中可能发生的设计变更、工程量清单错误与偏差等）透露给特定的投标人，造成投标人之间的不公平竞争。尤其是在设有标底的工程招标中，招标人（招标代理机构）私下向特定的投标人透露标底，使其以最接近标底的标价中标。

2. 事后补偿。招标人与投标人串通，由投标人超出自己的承受能力压低价格，中标后再由招标人通过设计变更等方式给予投标人额外的补偿。或者是招标人（招标代理机构）为使特定投标人中标，与其他投标人约定，由投标人在公开投标时抬高标价，待其他投标人中标后给予该投标人一定补偿。

3. 差别待遇。招标人（招标代理机构）通过操纵专家评审委员会在审查评选标书时，对不同投标人相同或类似的标书实行差别待遇。甚至在一些实行最低投标价中标的招投标中，为使特定投标人中标，个别招标人（招标代理机构）不惜以种种理由确定其他最低价标书为废标，确保特定投标人中标。

4. 设置障碍。招标人（招标代理机构）故意在资格预审或招标文件中设置某种不合理的要求，对意向中的特定投标人予以"度身招标"，以排斥某些潜在投标人或投标人，操纵中标结果。

《招标投标法实施条例》第四十一条规定，有下列情形之一的，属于招标人与投标人串通投标：

（1）招标人在开标前开启投标文件并将有关信息泄露给其他投标人；

（2）招标人直接或者间接向投标人泄露标底、评标委员会成员等信息；

（3）招标人明示或者暗示投标人压低或者抬高投标报价；

（4）招标人授意投标人撤换、修改投标文件；

（5）招标人明示或者暗示投标人为特定投标人中标提供方便；

（6）招标人与投标人为谋求特定投标人中标而采取的其他串通行为。

问题 175　请总结一下建设工程的招标投标（不含资格预审阶段）中，各流程时间期限的规定是什么？

答： 根据《招标投标法》第 20、34、46、47 条，《招标投标法实施条例》第 16、21、22、26、35、44、54、57、60、61 条，《工程建设项目施工招标投标法》第 62 条，《评标委员会和评标办法暂行规定》第 40 条，《招标投标违法行为记录公告暂行办法》第 6、9条的规定，招标投标（不含资格预审阶段）中，各流程时间期限的规定如下：

（1）招标文件发售期：不得少于 5 日；

（2）提交投标文件的期限：自招标文件发出之日起不得少于 20 日；

（3）澄清或修改招标文件的时间：澄清或修改招标文件影响投标文件编制的，应在投标截止时间 15 日前作出；

（4）招标文件异议提出和答复时间期限：投标截止时间 10 日前提出；

（5）招标文件异议答复时间期限：在收到异议之日起 3 日内答复，作出答复前，暂停招标投标活动；

（6）投标截止时间前撤回投标文件时投标保证金返还期限：自收到投标人书面撤回通知之日起 5 日内；

（7）开标时间：与投标截止时间为同一时间；

（8）开标异议提出期限：当场；

（9）开标异议答复期限：当场；

（10）中标候选人公示开始时间：自收到评标报告之日起 3 日内；

（11）中标候选人公示期：不少于 3 日；

（12）评标结果异议提出期限：公示期内；

（13）评标结果异议答复期限：收到异议之日起 3 日内；

（14）合同签订期限：在投标有效期内及发出中标通知书之日起 30 日内；

（15）投标保证金有效期：与投标有效期一致；

（16）投标保证金返还期限：最迟在合同签订后 5 日内；

（17）投标人或其他利害关系人提出投诉期限：自知道或应当知道之日起 10 日内；

（18）行政监督部门处理投诉期限：自收到投诉之日起 3 个工作日决定是否受理，并自受理之日起 30 个工作日作出处理，需要检验、检测、鉴定、专家评审的，所需时间不计算在内；

（19）提出延长投标有效期的时间：在投标有效期内不能完成评标和定标工作时；

（20）招标投标情况书面报告期限：自确定中标人之日起 15 日内；

（21）招标投标违法行为对外公告期限：自招标投标违法行为处理决定做出之日起 20 个工作日内对外进行记录公告，违法行为记录公告期限为 6 个月，公告期满后，转入后台保存。依法限制招标投标当事人资质（资格）等方面的行政处理决定，所认定的限制期限长于 6 个月的，公告期限从其决定。

问题 176　政府采购中，各流程时间期限的规定是什么？

答：根据《政府采购法》第 35、42、46、47、52、53、55、56、57 条，《政府采购货物和服务招标投标管理办法》第 15、16、28、37、38、59、62、63、64、65、67 条，《政府采购供应商投诉处理办法》第 7、11、12、13、20、22 条，《政府采购评审专家管理办法》第 22 条的规定，总结政府采购中，各流程时间期限的规定如下：

（1）邀请招标时资格预审公告期限：不少于 7 个工作日；

（2）邀请招标时投标人提交资格证明文件的期限：资格预审公告期结束之日起 3 个工作日前；

（3）澄清或修改招标文件的时间期限：在投标截止时间 15 日前作出；

（4）延长投标截止时间和开标时间的期限：在投标截止时间 3 日前作出；

（5）提交投标文件的期限：自招标文件发出之日起不少于 20 日；

（6）开标时间：与投标截止时间为同一时间；

（7）评审专家的抽取时间：原则上应当在开标前半天或前 1 天进行，特殊情况不得超过 2 天；

（8）采购代理机构将评标报告报送采购人期限：评标结束后 5 个工作日内；

（9）采购人确定中标供应商的期限：委托组织招标的，收到评标报告后 5 个工作日内；自行组织招标的，评标结束后 5 个工作日内；

（10）中标通知书发出期限：中标结果公告发布的同时；

（11）合同签订期限：自发出中标通知书、成交通知书之日起 30 日内；

（12）投标保证金返还期限：未中标供应商，中标通知书发出后 5 个工作日内；中标供应商，采购合同签订后 5 日内；

（13）合同副本报同级政府采购监督管理部门和有关部门备案期限：采购合同签订之日起 7 个工作日内；

（14）提出质疑期限：知道或者应知其权益受到损害之日起 7 个工作日内，对中标公告有异议的，应当自中标公告发布之日起 7 个工作日内；

（15）质疑答复期限：收到书面质疑后 7 个工作日内；

（16）投诉期限：对质疑答复不满意或采购人、采购代理机构未在规定的时间内作出答复的，在答复期满后 15 个工作日内；

（17）财政部门审查投诉书期限：收到投诉书后5个工作日内；

（18）财政部门受理投诉书期限：符合投诉条件的投诉，收到之日起即为受理；

（19）财政部门向被投诉人发送投诉书副本期限：受理投诉后3个工作日内；

（20）被投诉人就投诉事项向财政部门回复期限：收到投诉书副本之日起5个工作日内；

（21）财政部门投诉处理期限：收到（受理）投诉之日起30个工作日内；

（22）投诉处理期间暂停采购活动期限：最长不超过30日；

（23）采购文件的保存期限：从采购结束之日起不少于15年。

问题177 政府采购中，第一候选人因违法行为确认中标无效后，第二候选人中标还需要公示吗？

答：按法律法规需要公示。按照《政府采购货物与服务招标投标管理办法》（财政部18号令）第八十二条的规定，中标无效，应由同级或其上级财政部门认定中标无效。中标无效的，应当依照相关法律法规的规定，从其他中标人或者中标候选人中重新确定，或者依法重新进行招标。

中标人从第二中标候选人中递补，是"重新确定"中标人的一种，也应和确定第一中标候选人一样进行公示。

问题178 政府采购中，采购项目开标评标后，采购人或代理机构迟迟不按采购流程公示中标人，10多天过去了还没有给出流标或是中标的消息，迟迟不予以公布中标结果，这样的情况该如何办理？一般来说，评标后需要多少天公布结果才可以？

答：按《政府采购法实施条例》第四十三条的规定，采购代理机构应当自评审结束之日起2个工作日内将评审报告送交采购人。采购人应当自收到评审报告之日起5个工作日内在评审报告推荐的中标或者成交候选人中按顺序确定中标或者成交供应商。采购人或者采购代理机构应当自中标、成交供应商确定之日起2个工作日内，发出中标、成交通知书，并在省级以上人民政府财政部门指定的媒体上公告中标、成交结果，招标文件、竞争性谈判文件、询价通知书随中标、成交结果同时公告。

因此，从评标之日起算，采购项目的中标公示最长不能超过9个工作日，约13天。过了9个工作日后，投标人可以依法对采购代理机构或采购人进行询问。如果采购人或代理机构对该询问不做处理，则按照《政府采购法》第七十一条的规定，应给予警告，可以并处罚款，对直接负责的主管人员和其他直接责任人员，由其行政主管部门或者有关机关给予处分，并予通报。

招标人对招标结果迟迟不进行公示，也有可能存在采购违法操作的猫腻或对法律法规程序的不熟悉，可以先询问再视情况进行举报。

对于采购人迟迟不公示中标结果的，按《政府采购法实施条例》第六十八条的规定处罚，即"无正当理由不按照依法推荐的中标候选供应商顺序确定中标供应商"，责令限期改正，给予警告，可以按照有关法律规定并处罚款，对直接负责的主管人员和其他直接责任人员，由其行政主管部门或者有关机关依法给予处分，并予通报。

问题 179 《招标投标法》和《招标投标法实施条例》中关于中标通知书应该在什么时候发出是如何规定的？是否在投标有效期内发出都是允许的？

答：《招标投标法》及其《招标投标法实施条例》没有规定评标结束后该多久进行公示。但规定了招标人应该在收到招标代理机构的评标报告之日起 3 天内公示。虽然《招标投标法》及其《招标投标法实施条例》对发出中标通知书时间均未作具体规定，但是七部委 30 号令《工程建设项目施工招标投标办法》第五十六条规定："评标委员会提出书面评标报告后，招标人一般应当在十五日内确定中标人，但最迟应当在投标有效期结束日三十个工作日前确定。"第六十二条规定："招标人和中标人应当自中标通知书发出之日起三十日内，按照招标文件和中标人的投标文件订立书面合同。"

通过这两条规定可以看出：当招标文件规定了投标有效期和投标保证金有效期一致时，应在投标保证金有效期内完成开标、评标、定标、发出中标通知书和签订合同。确定中标人或发出中标通知书的时间最迟应当在投标有效期结束日三十个工作日之前，以便有时间签订合同。否则投标保证金有效期就易到期。而一旦到期，这时如果中标人不与招标人签订合同时，因投标保证金已经过期，也就使招标人无手段约束中标人了。从上述情况看，投标有效期的确定，应当保证有比较充裕的时间完成开标、评标、定标和发出中标通知书。

问题 180 建设工程招标失败，重新招标，对投标人来说，需要产生印刷费、差旅费等很多费用，而招标人也会产生人工费、评标费、差旅费、场地费等很多实际费用，那么招标失败后，这些费用是如何计算或索赔的？

答：重新招标，包括四种情况，即招标公告发出后，购买标书的单位不足 3 家，拟重新招标；开标时，递交投标文件的单位不足 3 家，拟重新招标；评标后，全部为废标，拟重新招标；评标结果公示期间，未定标前，接到投诉，上级部门判定评标无效，需要重新招标。

其中，前三种情况既有投标人的原因，也有招标人的原因，比如发布公告媒体影响范围过窄，知道的投标人太少，所以购买文件的人少而使提交投标文件的投标人少于三家，可能是由于招标文件规定的苛刻条件太多、资质和质量要求过高、工期过紧、投标最高限价过低、授予合同条件标准过高等等，因此提交投标文件的投标人不足三家；由于规定废标条件过多和评标标准过严，或者投标人不响应招标文件等，评标委员会否决了所有投标。所以上述情况均属正常。投标人、招标人和招标代理机构的花费，也是正常的。由于招投标双方均有责任，因此按照《招标投标法实施条例》第三十一条规定终止招标。终止招标后，招标人会退还所收取的资格预审文件或招标文件费用（即报名费用），以及投标保证金及同期银行存款利息。由此投标人所损失的投标文件编制和印刷费、投标人的差旅费等，是没有人赔偿的。同理，招标人所造成的其他损失，也不需要投标人来承担。

但是最后一种情况，完全是由于评标委员会的错误造成的，上级部门判定评标无效，终止招标，重新招标。但这种情况，评标专家会受到相关行政监督部门的处罚，不过由此造成的损失，只能由投标人、招标人承担各自的损失。

问题 181 对投标文件的计算错误、漏项和缺项等问题，应如何进行处理？

答：如何处理投标文件的计算错误、漏项和缺项，是评标活动的一大难题，主要是因为对于投标文件的计算错误、漏项和缺项归于重大偏差还是细微偏差认定不太容易。在完成了初步评审后，评标委员会将仅对在实质性上响应招标文件要求的投标文件进行详细评审。评标委员会将逐项列出各投标文件的全部细微偏差。所谓细微偏差是指投标文件在实质上响应招标文件要求，但在个别地方存在漏项或者提供了不完整的技术信息和数据等情况，并且补正这些遗漏或者不完整不会对其他投标人造成不公平的结果。细微偏差不影响投标文件的有效性。评标委员会应当书面要求存在细微偏差的投标人在评标结束前予以补正。拒不补正的，在详细评审时可以对细微偏差作不利于该投标人的量化，招标人需要引起重视的是，对于细微偏差的量化标准一定要在招标文件中明确，避免无法操作。对于投标文件中出现的计算错误、漏项和缺项不能一概予以调整，或者全部废标，而是应在分析其性质的基础上进行认定。下面我们逐一分析如何将投标文件的计算错误、漏项和缺项归类为重大偏差或是细微偏差。

投标文件的计算错误有如下几种：工程量计算错误、单价填写明显错误、单价汇总与总价填写不一致和总价的数字表述与投标函中的文字表述不一致。

第一种情形最好在招标文件中约定修改工程量是否属于重大偏差，如果属于重大偏差则根本不能进入详细评审，更无从谈起计算错误的修正；第二、三两种情形在七部委30号令第五十三条已有明确规定"评标委员会对实质上响应招标文件要求的投标文件进行报价评估，除专用条款另有规定，应当按照下述原则进行修正：①用数字表示的数额与用文字表示的数额不一致时，以文字数额为准；②单价与工程量的乘积与总价之间不一致时，以单价为准。若单价有明显的小数点错位，应以总价为准，并修改单价。"只是对于最后一种情形，按照单价与总价不一致，应当以单价为准，但是按照文字表述与数字不一致又以文字为准，那么到底是以数字的单价为准，还是以文字的总价为准？对于此种情形是否算是部门规章的缺陷？笔者建议还是应当在招标文件中明确约定为好。

投标文件的漏项、缺项的情形包括：一是商务标的工程量清单漏项、缺项；二是技术标的漏项、缺项。在商务标的投标报价要求中，招标人通常的描述是对于工程量清单的漏项视同于其价格包含在其他部分，不予调整。笔者认为这样的表述值得商榷。

首先，我们应当判断其漏项、缺项补正后是否对其他投标人造成不公平。所谓不公平，笔者认为指的是，在"最低价中标"评标是否补正后影响排名，在综合评估中是否影响得分；如不影响才能视为细微偏差，之后应当对其质询，如拒不补正才能进行不利于其的细化。细化的标准是：在经评审的最低投标价中标的评标中，补上其漏项、缺项，计算出比原投标价高的评标价，但在签订合同时仍以其较低的投标价为准；在综合评估法中，补上其漏项、缺项，计算出一个评标价，与原投标价比较，分别计算其商务标得分，以较低的得分记入总分，在签订合同时仍以其较低的投标价为准。对于投标报价中已经列出的工程量清单，只是没有填写价格的，表明此部分工程量投标人已经考虑到，因为其未填写价格，可以视为其价格已经包含在其他项目中。（这个细化的标准是笔者自己根据法律法规的规定提出的，供大家参考。）

技术标的漏项、缺项是否构成对其他投标人的不公平，如何进行量化是个棘手的问题。法律法规没有明确，需要我们在实践中探索合理的量化标准。

问题 182　在评标过程中，如何区分"笔误"和"选择性报价"？

【背景】不久前，某政府采购代理机构在一个服务项目的招标中，遇到一件让评标专家左右为难的事情：评标委员会在评审时发现，A公司投标函中的投标报价小写金额为420.3173万元，大写金额为肆拾贰万零叁仟壹佰柒拾叁元。对政府采购相关规定不熟悉的评标委员会随即向采购代理机构项目负责人提出疑问："政府采购相关法律法规对投标人报价前后不一致如何处理有没有规定？"

采购代理机构项目负责人立刻向评标委员会作了介绍：根据《政府采购货物和服务招标投标管理办法》第四十一条的规定，开标时投标文件中开标一览表（报价表）的内容与投标文件中明细表的内容不一致的，以开标一览表（报价表）为准；投标文件的大写金额与小写金额不一致的，以大写金额为准；总价金额与按单价汇总金额不一致的，以单价金额计算结果为准；单价金额小数点有明显错位的，应以总价为准，并修改单价；对不同文字文本投标文件的解释发生异议的，以中文文本为准。

评标委员会遂根据上述规定作出决定："A公司的报价大小写金额不一致，那我们就以大写金额为准了。"可在评标现场的采购代理机构的唱标人却说："那就糟了，我唱标时没有注意到他们的投标价格不一致，唱标时我只唱了数字。"

"那麻烦了，因为根据《政府采购货物和服务招标投标管理办法》第四十条的规定，未宣读的投标价格、价格折扣和招标文件允许提供的备选投标方案等实质内容，评标时不予承认。"代理机构项目负责人说，"如果此时以小写金额为准，将违反《政府采购货物和服务招标投标管理办法》第四十一条的规定；如果以大写金额为准，又不符合《政府采购货物和服务招标投标管理办法》第四十条的规定。"

采购代理机构项目负责人一筹莫展，评标活动不知如何继续……

上述案例有三个问题值得思考：一、A公司的不同报价应定性为"选择性报价"还是"笔误"？评标委员会该作何处理？二、政府采购代理机构的唱标人唱完标却未发现投标函中报价不一致的问题，算不算存在过错？三、政府采购代理机构在组织评标的过程中，应如何处理采购实务与法律规定之间的关系？

答：如上述案例中，A公司大小写报价的不同应该定性为笔误，而不应把它界定为选择性报价而予以排除。因为选择性报价一般价格差距不会太大，但上述采购中，A公司的大小写报价相差十倍。A公司的大写报价多写了个"零"，不影响报价数额，但是小写中因此多出个"0"，就差了十倍，很明显这属于投标文件制作中的笔误。因此，对于A公司的"不同报价"，不应生搬硬套《政府采购货物和服务招标投标管理办法》第四十一条"投标文件的大写金额和小写金额不一致的，以大写金额为准"之规定，而应结合投标人投标文件中其他位置的报价，以单价汇总金额来修正总价。

在政府采购活动中，代理机构负责唱标的工作人员如能在唱标时同时关注投标报价的大、小写金额，注意其是否一致当然更好。但如果仅宣读了投标报价中的大写金额或者小写金额，也不能说有过错。因为投标人在递交投标文件前应当仔细核对投标报价的大、小写是否一致，在具体的采购活动中，投标人投标报价的大、小写金额也往往是一致的。因此，唱标人有理由相信投标人的大、小写金额是一致的，可以不核对。在笔者看来，上述采购中，A公司在报价时存在过错，代理机构的唱标人没有过错。不应照搬有关规定。

上述采购中，没有被唱出的正确总价在评标时是可以被认可的，因为案例中未宣读的正确报价不是唱标人故意不宣读，也不属于投标人故意选择性报价，而是唱标人宣读了一个有笔误的报价。

《政府采购货物和服务招标投标管理办法》第四十条"未宣读的投标价格、价格折扣和招标文件允许提供的备选投标方案等实质内容，评标时不予承认"的规定，是为了避免供应商故意隐瞒报价的情况，而不是为了规范笔误。采购代理机构首先应以政府采购的有关规定为准则，但也不能生搬硬套所有规定。

问题183 交通运输部自2016年2月1日起施行的《公路工程建设项目招标投标管理办法》，对工程招标规定了哪些评标方法？各种工程招标适用于哪种评标办法？

答：公路工程招标，不管是勘察设计、监理还是施工，都适用于《公路工程建设项目招标投标管理办法》。公路工程招标，有综合评估法和经评审的最低投标价法。其中，综合评估法又包括合理低价法、技术评分最低标价法和综合评分法等三种评标方法。公路工程评标，不能适用抽签、摇号等方法。具体来说，各种工程对应的评标方法如下：

公路工程勘察设计和施工监理招标，应当采用综合评估法进行评标，对投标人的商务文件、技术文件和报价文件进行评分，按照综合得分由高到低排序，推荐中标候选人。评标价的评分权重不宜超过10%，评标价得分应当根据评标价与评标基准价的偏离程度进行计算。

公路工程施工招标，评标采用综合评估法或者经评审的最低投标价法。

合理低价法，是指对通过初步评审的投标人，不再对其施工组织设计、项目管理机构、技术能力等因素进行评分，仅依据评标基准价对评标价进行评分，按照得分由高到低排序，推荐中标候选人的评标方法。

技术评分最低标价法，是指对通过初步评审的投标人的施工组织设计、项目管理机构、技术能力等因素进行评分，按照得分由高到低排序，对排名在招标文件规定数量以内的投标人的报价文件进行评审，按照评标价由低到高的顺序推荐中标候选人的评标方法。招标人在招标文件中规定的参与报价文件评审的投标人数量不得少于3个。

综合评分法，是指对通过初步评审的投标人的评标价、施工组织设计、项目管理机构、技术能力等因素进行评分，按照综合得分由高到低排序，推荐中标候选人的评标方法。其中评标价的评分权重不得低于50%。

经评审的最低投标价法，是指对通过初步评审的投标人，按照评标价由低到高排序，推荐中标候选人的评标方法。

公路工程施工招标评标，一般采用合理低价法或者技术评分最低标价法。技术特别复杂的特大桥梁和特长隧道项目主体工程，可以采用综合评分法。工程规模较小、技术含量较低的工程，可以采用经评审的最低投标价法。

实行设计施工总承包招标的，招标人应当根据工程地质条件、技术特点和施工难度确定评标办法。

设计施工总承包招标的评标采用综合评分法的，评分因素包括评标价、项目管理机构、技术能力、设计文件的优化建议、设计施工总承包管理方案、施工组织设计等因素，评标价的评分权重不得低于50%。

问题184　交通运输部自2016年2月1日起施行的《公路工程建设项目招标投标管理办法》，规定的"三记录"必须要有据可循，避免人为因素干预，"三记录"指的是什么？

答：公路工程招标的"三记录"，指的是开标和评标过程中的影、音和纸质三种记录。做好开标评标活动的音像记录，并在参与评标活动的人员之间建立相互监督机制。

公路工程建设项目开标活动直接关系到投标人的投标文件能否被接收、参与评标，评标活动则直接关系到投标人能否被推荐为中标候选人，因此这两项活动尤其是评标活动成为所有投标人关注的焦点，也是最易受到人为因素干预、引起投标人投诉的关键环节。交通运输主管部门在处理投诉的过程中发现，由于开标评标具有很强的时效性和无法重复的特点，调查取证非常困难，行业监管难度很大。

根据公路工程建设项目的招标实践来看，对评标活动的人为干预因素有可能来自招标人代表、评标专家和评标监督人员。因此，有必要做好开标评标活动的音像记录，并在参与评标活动的人员之间建立相互监督机制，采用多种措施规范开标评标行为。

《办法》在以下三个方面采取措施。一是明确要求招标人要对资格审查、开标以及评标全过程录音录像，加强对招标人代表、评标专家、评标监督人员的行为约束，防止参加资格审查或评标的人员发布倾向性言论，同时使得"强化事中事后监管"制度做到有据可循。

二是强调招标人应当对评标专家在评标活动中的职责履行情况予以记录，并在招标投标情况的书面报告中载明，这样既有利于增强评标专家"客观、公正、独立、审慎"的责任意识，又便于交通运输主管部门及时了解评标专家行为，对评标专家进行信用管理。

三是强调评标委员会对参与评标工作的其他人员的间接监督作用，如评标监督人员或者招标人代表干预正常评标活动，或者有其他不正当言行，评标委员会应当在评标报告中如实记录，以此加强对评标监督人员、招标人代表的行为约束。

习题与思考题

1. 单项选择题

（1）《招标投标法实施条例》对于电子化评标和招投标信息化的规定是（　　）。

　A. 鼓励　B. 不鼓励　C. 限制　D. 有条件限制

（2）《中华人民共和国电子签名法》于（　　）施行。

　A. 2004年8月28日　B. 2005年4月1日

　C. 2008年8月28日　D. 2008年4月1日

（3）下列关于招标公告发布媒介的说法中，不符合《招标公告发布暂行办法》规定的是（　　）。

　A. 依法必须招标项目的招标公告应当在国家指定的媒介上发布

　B. 两个以上媒介发布同一招标项目的招标公告的内容应相同

　C. 指定媒介发布机电产品国际招标公告的，不得收取费用

　D. 指定报纸在发布招标公告的同时应如实抄送《中国采购与招标网》

（4）下列关于工程建设项目招标投标资格审查的说法中，错误的是（　　）。

A. 资格预审一般在投标前进行，资格后审一般在开标后进行

B. 资格预审审查办法分为合格制和有限数量制

C. 资格后审审查办法包括综合评估法和经评审的最低投标价法

D. 资格后审应由招标人依法组建的评标委员会负责

（5）下列关于投标有效期是说法中，错误的是（　　）。

A. 拒绝延长投标有效期的投标人有权收回投标保证金

B. 投标有效期从投标人递交投标文件之日起计算

C. 投标有效期内，投标文件对投标人有法律约束力

D. 投标有效期的设定应保证招标人有足够的时间完成评标和与中标人签订合同

（6）下列关于投标人对投标文件修改的说法中，正确的是（　　）。

A. 投标人提交投标文件后不得修改其投标文件

B. 投标人可以利用评标过程中对投标文件澄清的机会修改其投标文件，且修改内容应当作为投标文件的组成部分

C. 投标人对投标文件的修改，可以使用单独的文件进行密封，签署并提交

D. 投标人修改投标文件的，招标人有权接受较原投标文件更为优惠的修改并拒绝对招标人不利的修改

（7）下列关于投标文件密封的说法中，错误的是（　　）。

A. 投标文件的密封可以在公证机关的见证下进行

B. 投标文件未按照招标文件要求密封的，招标人有权不予退还该投标人的投标保证金

C. 招标人可以在法律规定的基础上，对密封和标记增加要求

D. 投标文件未密封的不得进入开标

（8）根据《招标投标法》，下列关于开标程序的说法中，错误的是（　　）。

A. 开标时间和提交投标文件截止时间应为同一时间

B. 开标时间修改，应以书面形式通知所有招标文件的收受人

C. 投标文件的密封情况可以由投标人或其推选的代表检查

D. 招标人应委托招标代理机构当众拆封收到的所有投标文件

（9）关于建筑工程招标项目的唱标，下列说法中正确的是（　　）。

A. 唱标时未宣读的价格折扣，评标时可以允许适当地考虑

B. 如果开标一览表的价格与投标文件中明细表的价格不一致，以投标明细表为准

C. 招标文件未明确允许提供备选投标方案的，开标时无需对投标人提供的备选方案进行唱标

D. 对于投标人在开标之前提交的价格折扣，唱标时应该宣读价格折扣

（10）采用综合评分法评审的建筑工程招标项目，中标候选人评审得分相同时，其排名应（　　）顺序排列。

A. 按照投标报价由低到高

B. 按照技术指标优劣

C. 由评标委员会综合考虑投标情况自定

D. 按照投标报价得分由高到低

2. 多项选择题

(1) 下列关于工程建设项目评标委员会的说法中，正确的是（　　）。

A. 评标应当由招标人负责组建的评标委员会负责

B. 评标委员会成员组成必须为 5 人以上单数

C. 与投标人有利害关系的人已经进入评标委员会的，应当更换

D. 评标委员会应当根据招标文件确定的评标标准和方法评标

(2) 根据《工程建设项目货物招标投标办法》，编制招标文件应当（　　）。

A. 按国家有关技术法规的规定编写技术要求

B. 要求标明特定的专利技术和设计

C. 明确规定提交备选方案的投标价格不得高于主选方案

D. 用醒目方式标明实质性要求和条件

(3) 下列关于工程建设项目招标文件的澄清和修改的说法中，正确的是（　　）。

A. 招标人和投标人均可要求对投标文件进行澄清和修改

B. 招标人对招标文件的澄清和修改应在提交投标文件截止时间至少 15 日前进行

C. 项目招标人对招标文件的澄清和修改应在指定媒体上发布更正公告

D. 项目招标人对招标文件的修改应当在开标日 15 日前进行

(4) 下列关于联合体投标工程建设项目的说法中，正确的是（　　）。

A. 联合体投标应当以一个投标人的身份共同投标

B. 联合体各方必须签订共同投标协议且需附在联合投标文件中提交

C. 联合体各方签订共同投标协议后不得再以自己的名义单独投标

D. 联合体的投标保证金应当由联合体的牵头人提交

(5) 关于依法必须招标的工程建设项目，下列说法中正确的是（　　）。

A. 联合体中标的，联合体各方应当共同与招标人签订合同

B. 评标和定标应当在开标日后 30 个工作日内完成

C. 联合体中标的，各方不得组成新的联合体或参加其他联合体在其他项目中投标

D. 招标人应当确定评标委员会推荐的排名第一的中标候选人为中标人

(6) 关于依法必须招标项目评标专家的选择，下列说法中正确的是（　　）。

A. 应由招标人在规定的专家库或专家名册中确定

B. 可以在招标代理机构的专家库内选择

C. 一般招标项目可以采取随机抽取方式确定

D. 特殊项目可以由招标人直接确定

(7) 下列关于开标的说法中，正确的有（　　）。

A. 开标应制作开标的记录并作为评标报告的组成部分存档

B. 开标应在招标文件中规定的地点进行

C. 如果招标人需要修改开标时间和地点的，应以书面方式通知所有招标文件的收受人

D. 招标人可以依法推迟开标时间，但不得将开标时间提前

3. 问答题

(1) 开标时应注意哪些环节？

（2）分析电子化评标的法律风险？

（3）如何进行远程电子评标潜在风险的规避与防范？

（4）电子化评标的优势和缺点是什么？

（5）招投标相关法律法规对招标人开标前组织的踏勘现场有什么规定？

4. 案例分析题

某装饰装修工程，总投资约 1000 万元，公开招标，投标单位 8 家，采用综合评定的"百分制"评标办法，商务标采用"比例法"，即经评审的最低价得最高分。10 家投标单位最低报价 739 万元，次低报价 747 万元，最高报价 853 万元，次高报价 823 万元，最低与最高报价相差超过 15%。

通过评标分析，各投标单位对招标文件的响应均无重大偏差，但在材料报价方面存在较大差异，不仅在主要材料方面，在次要材料方面的市场偏离相当大，如最低报价的水泥 200 元/吨、一般小方木 300 元/立方米、毛竹 0.23 元/根、细木工板 10.5 元/平方米、装饰木线条 1 元/米、轻钢龙骨轻质隔墙（75 系列）151.9 元/平方米、$DN25$ 截止阀 105.6 元/个等，以上报价均明显低于平均报价，且与市场价格有较大的偏离，但评标委员会内有不同意见，有些专家认为不用询标澄清，直接调整报价。招标代理单位在评标会议进行过程中，事前已通知最低报价的三家投标单位，进行澄清说明准备（注：评标会议前一天已通知投标单位做好准备，包括人员、资料的准备）。投标单位的法定代表委托人也根据要求到达评标会现场。但评标委员会中个别经济专家坚持可以认定最低报价和次低报价不合理，并予以调整，按最不利于投标人的原则处理。

请问，评委会专家的做法是否合理、合法？

【参考答案】

1. 单项选择题

（1）A　（2）B　（3）D　（4）A　（5）B　（6）A　（7）B　（8）D　（9）D （10）B

2. 多项选择题

（1）ABCD　（2）AD　（3）BC　（4）ABC　（5）ABD　（6）CD　（7）ABC

3. 略

4. 案例分析题

评委会的做法合理，但个别评标专家能否说服评委会是关键。评标过程是否澄清，由评委会进行集体讨论决定，招标代理机构无权决定，招标代理机构预先通知投标人做好评标过程的澄清准备并不矛盾，但评委会不能接受投标人的主动澄清。

第 8 章　中标公示与中标合同问答

问题 185　中标公告发布 7 日后，还可以质疑中标结果吗？

【背景】 某代理公司工作人员问，他们代理的一个招标项目，在发布中标公告 7 日后遭到第二中标候选人的质疑、投诉。第二中标候选人认为，第一中标候选人的某项技术参数未达到招标文件的要求，请求予以废标。最终，政府采购监管部门支持了这一请求。请问，中标公告发布 7 日后还能就中标结果进行质疑、投诉吗？

答： 应当依据《政府采购法》、《政府采购货物和服务招标投标管理办法》以及《政府采购供应商投诉处理办法》中有关质疑投诉的具体规定进行判断分析。根据《政府采购法》的有关规定，供应商认为自己的权益受到损害的，可以在知道或者应知其权益受到损害之日起 7 个工作日内，以书面形式向采购人提出质疑；采购人或者采购代理机构应当在收到供应商的书面质疑后 7 个工作日内作出答复；质疑供应商对采购人、采购代理机构的答复不满意或者采购人、采购代理机构未在规定的时间内作出答复的，可以在答复期满后 15 个工作日内向同级政府采购监督管理部门投诉。

本案例中，没有提到是否先向采购人或采购代理机构提出了书面质疑，如果没有依法提出质疑程序，财政部门不应受理该投诉并作出"废标"的处理决定。假设本案例中供应商已经依法提出质疑并对质疑处理结果不满或未得到答复的，那么供应商在中标公告发布 7 日后对评标结果提出投诉应该符合法定的投诉时限。应该注意，政府采购招标项目，中标结果公告后是否可以提出投诉与 7 日或 7 个工作日没有直接的关联，只要供应商先依法提出质疑，在法定的质疑答复期 7 个工作日期满后 15 个工作日内提出即可。

至于本问题中提到投诉的内容为"第一中标候选人的某项技术参数未达到招标文件要求"，其涉及的内容属于投标文件中未公告的内容，属于保密阶段的事项。根据《财政部关于加强政府采购供应商投诉受理审查工作的通知》中的有关规定，投诉事项处于保密阶段的，财政部门应当要求投诉人提供信息来源或有效证据，否则应当认定为无效投诉事项，不予受理。

问题 186　政府采购中，竞争性谈判中标公示是否需要监管部门的盖章？关于中标公示有具体统一的格式吗？

答： 政府采购中，中标公示是否需要当地政府监管部门的盖章，法律法规并没有对此进行硬性规定。一般来说：凡进入当地公共资源交易中心的项目，招标公告、招标文件（谈判文件、询价文件等）是经过当地招投标监督机构审核和备案过的，采购和评审的所有过程和活动均进场并接受监督。但监管过程不是具体的插手某项招标采购事项，而是监管招标采购过程是否违法违纪，是一种宏观的程序监管。

按照相关法规和规章的规定，中标公示或成交公示，应当在发布公告的同一媒体上予以公示。

评标或谈判结果，是评标委员会或谈判小组依据招标文件或谈判文件中载明的评标办法（成交原则和标准）和投标文件（响应性竞标文件）评审出的结果，其效力并不是以监管部门是否盖章作为生效条件的，此结果不属于行政认可范畴内的内容。所以，中标或谈判成交公示，并不需要招标采购监管部门的盖章。至于中标公示，是否有统一格式，回答是否定的。无论是《政府采购法》还是《政府采购法实施条例》都没有对中标公示的格式进行统一的规定。但《政府采购法实施条例》第四十三条对中标公示的内容进行了规定：中标、成交结果公告内容应当包括采购人和采购代理机构的名称、地址、联系方式，项目名称和项目编号，中标或者成交供应商名称、地址和中标或者成交金额，主要中标或者成交标的的名称、规格型号、数量、单价、服务要求以及评审专家名单。

问题 187 《政府采购非招标采购方式管理办法》第十九条规定是否意味着不允许采购人与供应商在签订合同时适当签订补充合同？

答：《政府采购非招标采购方式管理办法》（财政部 74 号令）第十九条规定，采购人与成交供应商应当在成交通知书发出之日起 30 日内，按照采购文件确定的合同文本以及采购标的、规格型号、采购金额、采购数量、技术和服务要求等事项签订政府采购合同。采购人不得向成交供应商提出超出采购文件以外的任何要求作为签订合同的条件，不得与成交供应商订立背离采购文件确定的合同文本以及采购标的、规格型号、采购金额、采购数量、技术和服务要求等实质性内容的协议。此项规定强调的是采购活动完成后、政府采购合同签订时不应同时签订背离采购文件实质性条款的合同，并不意味着不允许采购人与供应商在合同履行过程中签订补充合同。《政府采购法》第四十九条规定，"政府采购合同履行中，采购人需追加与合同标的相同的货物、工程或者服务的，在不改变合同其他条款的前提下，可以与供应商协商签订补充合同，但所有补充合同的采购金额不得超过原合同采购金额的 10%。"据此，合同签订完成后，履约过程中可以在原合同采购金额 10% 的范围内依法补签。

问题 188 政府采购中，招标人已按要求与第一中标人签订了合同，但第一中标人未按合同要求期限完成设备供货和安装，该如何索赔和处罚第一中标候选人？剩下的设备供货和安装是否可以顺延第二中标人去做？

答：这种情况，虽然该合同是由招标投标确定，牵涉到了《政府采购法》等相关的法律法规，但主要应根据《合同法》来进行处理。对于第一中标候选人，合同履行到了一部分就不再履行了，可以没收履约保证金作为惩罚，如果给采购人造成了损失的，还可以依据合同法来进行索赔，因为牵涉到了政府采购，还可以根据当地的规定将这样的中标供应商纳入不诚信人名单进行公示，纳入黑名单库。至于是否应顺延第二中标候选人来继续履行此采购合同，法律法规并没有规定。当然，如果是第一中标候选人串标或行贿造成的中标而不想履行合同，这种情况是可以重新招标的。因此，应具体情况具体分析，重要的是看招投标要求和具体合同的约定。

问题 189 这种中标结果是否有效？

【背景】某投标人 A 为水利施工单位，在某建设工程中顺利中标，目前尚在中标公示期。按招标文件的规定，此项目规定项目负责人A（即建造师）不能有在建项目。但经网上查询得知，A在另一监理单位又以总监理工程师身份有在建工程。问这样的中标结果是否有效？

答： 根据国家有关规定：作为投标单位的负责人去投标，无论是建造师、还是总监理工程师都不能有在建工程。另外，一个人无论考了几个注册证书，均只能注册在一家单位执业（A的注册行为应视为违规注册），但考取了不同专业的不同注册证书，可以注册在同一家单位担任不同的职务，这是允许的，如在同一家单位担任建造师施工和监理师从事监理工作。至于是否能在同一单位担任不同项目的不同工作，则需要看招标文件的约定，国家法律法规和相关规定没有对这种情况作出明确规定。本案例中，如果招标文件明确规定，项目负责人不能有负责的在建项目，则这样的中标结果为无效。属于以虚假资料谋取中标，不仅中标无效，还需要对投标人A进行处罚。

问题190 交通运输部自2016年2月1日起施行的《公路工程建设项目招标投标管理办法》，对书面评标报告的内容进行了具体详细的规定，这种规定相对以前的做法，进行了哪些具体的完善和修改？

答： 公路工程招标工作，在评标完成后，评标委员会应当向招标人提交书面评标报告。评标报告中推荐的中标候选人应当不超过3个，并标明排序。

评标报告应当载明下列内容：

（1）招标项目基本情况；

（2）评标委员会成员名单；

（3）监督人员名单；

（4）开标记录；

（5）符合要求的投标人名单；

（6）否决的投标人名单以及否决理由；

（7）串通投标情形的评审情况说明；

（8）评分情况；

（9）经评审的投标人排序；

（10）中标候选人名单；

（11）澄清、说明事项纪要；

（12）需要说明的其他事项；

（13）评标附表。

对评标监督人员或者招标人代表干预正常评标活动，以及对招标投标活动的其他不正当言行，评标委员会应当在评标报告第（12）项内容中如实记录。

除第二款规定的第（1）、（3）、（4）项内容外，评标委员会所有成员应当在评标报告上逐页签字。

可见，对于公路工程招标的评标报告，相对于以前的做法，主要是增加了公布评标委员会和监督人员的名单，以及增加了对评标监督人员或者招标人代表干预正常评标活动，以及对招标投标活动的其他不正当言行的如实记录。

问题 191 交通运输部自 2016 年 2 月 1 日起施行的《公路工程建设项目招标投标管理办法》，规定要将招投标情况向具有监督职责的交通运输主管部门进行备案，该备案的主要内容是什么？

答：根据《公路工程建设项目招标投标管理办法》第五十五条的规定，依法必须进行招标的公路工程建设项目，招标人应当自确定中标人之日起 15 日内，将招标投标情况的书面报告报对该项目具有招标监督职责的交通运输主管部门备案。书面报告至少应当包括下列内容：

（1）招标项目基本情况；

（2）招标过程简述；

（3）评标情况说明；

（4）中标候选人公示情况；

（5）中标结果；

（6）附件，包括评标报告、评标委员会成员履职情况说明等。

有资格预审情况说明、异议及投诉处理情况和资格审查报告的，也应当包括在书面报告中。其中，最大的亮点是评标委员会成员履职情况说明以及异议及投诉处理情况必须在报送的备案中体现。

问题 192 什么是定标，定标的日期是如何规定的？

答：所谓定标，就是招标人确定中标人。招标人可以自己根据评标委员会的评标推荐结果确定中标人，也可以委托评标委员会直接确定中标人。不过，一般来讲，招标人都是根据评标委员会的推荐结果确定中标人。但按照《招标投标法实施条例》第五十五条的规定，国有资金占控股或者主导地位的依法必须进行招标的项目，招标人应当确定排名第一的中标候选人为中标人。排名第一的中标候选人放弃中标、因不可抗力不能履行合同、不按照招标文件要求提交履约保证金，或者被查实存在影响中标结果的违法行为等情形，不符合中标条件的，招标人可以按照评标委员会提出的中标候选人名单排序依次递补确定其他中标候选人为中标人，也可以不依次递补其他中标候选人而选择重新招标。

法律没有规定定标的日期是多久。不过，对于工程招标，招标人应当自收到评标报告之日起 3 日内公示中标候选人，但招标代理机构多久才将评标报告交给招标人并没有进行规定。但是，对政府采购，《政府采购法实施条例》第四十三条规定，采购代理机构应当自评审结束之日起 2 个工作日内将评审报告送交采购人。采购人应当自收到评审报告之日起 5 个工作日内在评审报告推荐的中标或者成交候选人中按顺序确定中标或者成交供应商。但是，《政府采购货物和服务招标投标管理办法》第五十九条又规定（显然应按《政府采购法实施条例》执行），采购代理机构应当在评标结束后五个工作日内将评标报告送采购人。采购人应当在收到评标报告后五个工作日内，按照评标报告中推荐的中标候选供应商顺序确定中标供应商；也可以事先授权评标委员会直接确定中标供应商。从这个规定可以确定，招标人从代理机构收到评标报告为 2 个工作日，然后在 5 个工作日内才能确定中标人。这个确定中标人，还只是公示中标候选人。

问题 193　中标公示期要多久？相关法律法规对工程招标和政府采购有统一的规定吗？

答：公示中标候选人，对于工程招标，招标人应当自收到评标报告之日起 3 日内公示中标候选人，公示期不得少于 3 日。这是《招标投标法实施条例》第五十四条规定的。

对政府采购，《政府采购法实施条例》第四十三条规定，采购人或者采购代理机构应当自中标、成交供应商确定之日起 2 个工作日内，发出中标、成交通知书，并在省级以上人民政府财政部门指定的媒体上公告中标、成交结果，招标文件、竞争性谈判文件、询价通知书随中标、成交结果同时公告。

而按照《政府采购货物和服务招标投标管理办法》第六十二条的规定，在发布中标公告的同时，招标采购单位应当向中标供应商发出中标通知书。按照《政府采购货物和服务招标投标管理办法》，可以（应当）边发中标公示边发中标通知书，但这样做，万一中标公示期间有问题，招标人将不可避免地产生被动。

问题 194　中标公示有异议，招标人或招标代理机构多久给予答复？

答：《招标投标法实施条例》第五十四条规定，如有投标人或者其他利害关系人对依法必须进行招标的项目的评标结果有异议的，应当在中标候选人公示期间提出。招标人应当自收到异议之日起 3 日内作出答复；作出答复前，应当暂停招标投标活动。而对政府采购项目，《政府采购货物和服务招标投标管理办法》第六十三条规定，投标供应商对中标公告有异议的，应当在中标公告发布之日起七个工作日内，以书面形式向招标采购单位提出质疑。

问题 195　中标无效的情况，由谁来认定？

答：中标是否有效，应由招标监管部门认定。如对于货物与服务招标，按《政府采购货物和服务招标投标管理办法》第八十二条的规定，中标无效情形的，由同级或其上级财政部门认定中标无效。中标无效的，应当依照本办法规定从其他中标人或者中标候选人中重新确定，或者依照本办法重新进行招标。对于工程中标，第一中标候选人放弃中标或被认定中标无效后的规定，《政府采购法实施条例》与《招标投标法实施条例》的规定是一致的。至于《招标投标法》，对公示期间放弃中标的情况，并没有做出规定。可见，《招标投标法》在很多情况下，还需要配合《招标投标法实施条例》来执行。

问题 196　中标结果是否应该通知所有投标人包括未中标的投标人？如果第一中标候选人发生了财务危机或其他重大变故，是否可以由中标人直接确定第二中标候选人为中标人？

答：中标公示期满无误以后，招标人就可以发中标通知书了。中标结果应该书面通知所有投标人包括未中标的投标人。《招标投标法》第四十五条规定，中标人确定后，招标人应当向中标人发出中标通知书，并同时将中标结果通知所有未中标的投标人。按《招标投标法》的规定，所谓中标人确定，应是中标公示期满后，无异议才叫确定了中标人。招标人定标后，招标人或委托其代理机构将向中标人发出《中标通知书》，同时以书面形式通知所有未中标投标人。中标人应按照招标文件的规定向招标代理机构缴交招标代理服务费后，领取《中标通知书》。

此外，值得注意的是，中标候选人的经营、财务状况发生较大变化或者存在违法行为，招标人认为可能影响其履约能力的，应当在发出中标通知书前由原评标委员会按照招标文件规定的标准和方法审查确认。这是《招标投标法实施条例》第五十六条规定的。

问题197　不按规定发放中标通知书，或私自改变中标结果，该如何处罚？

答：按照《招标投标法实施条例》第七十三条的规定，依法必须进行招标的项目，招标人无正当理由不发出中标通知书，或者不按照规定确定中标人，或者中标通知书发出后无正当理由改变中标结果，由有关行政监督部门责令改正，可以处中标项目金额10‰以下的罚款；给他人造成损失的，依法承担赔偿责任；对单位直接负责的主管人员和其他直接责任人员依法给予处分。

而《政府采购法》第四十六条也规定，中标、成交通知书对采购人和中标、成交供应商均具有法律效力。中标、成交通知书发出后，采购人改变中标、成交结果的，或者中标、成交供应商放弃中标、成交项目的，应当依法承担法律责任。

《政府采购货物和服务招标投标管理办法》第三十七条规定，中标通知书发出后，采购人改变中标结果，或者中标供应商放弃中标，应当承担相应的法律责任。

问题198　中标人可以转包吗？可以分包吗？可以买卖中标合同吗？

答：《招标投标法实施条例》第五十九条规定，中标人应当按照合同约定履行义务，完成中标项目。中标人不得向他人转让中标项目，也不得将中标项目肢解后分别向他人转让。中标人按照合同约定或者经招标人同意，可以将中标项目的部分非主体、非关键性工作分包给他人完成。接受分包的人应当具备相应的资格条件，并不得再次分包。中标人应当就分包项目向招标人负责，接受分包的人就分包项目承担连带责任。可见，分包是允许的，但必须经招标人同意或遵守招标文件，禁止转包或转让中标合同。

中标人不得向他人转让中标项目，也不得将中标项目肢解后分别向他人转让。中标人如按照合同约定或者经招标人同意，可以将中标项目的部分非主体、非关键性工作分包给他人完成。一般法律是不允许将30%以上的工程量或合同金额再次分包的，而转包是法律法规严格禁止的。接受分包的人应当具备相应的资格条件，并不得再次分包。此外，中标人应当就分包项目向招标人负责，接受分包的人就分包项目承担连带责任。按《招标投标法实施条例》五十九条的规定，中标人将中标项目转让给他人的，将中标项目肢解后分别转让给他人的，违反《招标投标法》和本条例规定将中标项目的部分主体、关键性工作分包给他人的，或者分包人再次分包的，转让、分包无效，处转让、分包项目金额5‰以上10‰以下的罚款；有违法所得的，并处没收违法所得；可以责令停业整顿；情节严重的，由工商行政管理机关吊销营业执照。

问题199　中标合同的签订时间是如何规定的？从中标通知书发出到中标合同的签订时间，法律有规定吗？

答：按照《招标投标法》四十六条的规定，中标人依法获得招标工程标的后，招标人和中标人应当自中标通知书发出之日起三十日内，按照招标文件和中标人的投标文件订立书面合同。另外，《政府采购法》第四十六条也规定，采购人与中标、成交供应商应当在中标、成交通知书发出之日起三十日内，按照采购文件确定的事项签订政府采购合同。也就是说，《招标投标法》、《招标投标法实施条例》与《政府采购法》在合同的签订时间规定方面是一致的。

《招标投标法实施条例》没有说明招标人发出中标通知书之后多少天与中标人签订合同，作为《招标投标法》的实施细节，《招标投标法实施条例》应该是遵循招投标法的。

问题 200　中标人该与谁签订中标合同？能否与代理机构签订中标合同？中标合同是以招标文件为准还是以中标人的投标文件为准？

答：按照法律法规的规定，中标人一般与招标人签订中标合同，招标人也可以委托招标代理机构与中标人签订中标合同。《政府采购法》第四十三条规定，采购人可以委托采购代理机构代表其与供应商签订政府采购合同。由采购代理机构以采购人名义签订合同的，应当提交采购人的授权委托书，作为合同附件。

《招标投标法实施条例》第五十七条规定，招标人和中标人应当依照《招标投标法》和本条例的规定签订书面合同，合同的标的、价款、质量、履行期限等主要条款应当与招标文件和中标人的投标文件的内容一致。招标人和中标人不得再行订立背离合同实质性内容的其他协议。招标文件与中标人的投标文件不一致的，以对招标人有利的条款为准。如招标文件规定工期为 90 天，中标人的投标文件承诺为 80 天，则应以 80 天为准。

招标人和中标人不得搞阴阳合同或另行订立背离合同实质性内容的其他协议。即所订立合同的标的、价款、质量、履行期限等主要条款应当与招标文件和中标人的投标文件的内容一致。这是因为，招投标是一种要约和要约邀请行为。发招标公告是要约邀请；无论谁中标，都不能违背招标文件的规定，都要满足招标文件的要求和中标文件的承诺，这就是一种要约。

问题 201　董事会的内部决议是否有效？

【背景】2015 年 9 月，某建筑装饰公司通过投标，获得了某高校食堂和实验室的装饰、装修工程，该工程中标价格为 1000 万元。后来，该公司拒绝履行合同，理由是该公司股东大会通过了决议，公司规定董事长只有签订标的额 600 万元以下合同的权力。因此，尽管公司董事长在装饰装修合同上签了字，因为董事长违反了公司内部的规定，要求该合同无效。请问，这种董事会的内部决议是否有效？

答：该公司签订合同后，发现没有实验室的装修资格，不能按时、完整地达到履行中标合同的要求。因此，该公司临时起意，希望和平而又"体面"地解除合同。这只不过是该公司逃避合同义务和逃脱监管部门处罚的伎俩。

该案例中，任何一方即不是以欺诈、胁迫的手段订立合同，损害国家利益的合同，也不是恶意串通，损害国家、集体或者第三人利益的合同，则该合同是有效的。公司的内部决定，不为他人所知，是不能改变或取消依法订立的合同的，况且公司内部的决议日期可以随心所欲。

以本案来说，如果中标人超越资质等级许可的业务范围签订建设工程施工合同，在建设工程竣工前取得相应资质等级，当事人请求按照无效合同处理的，不予支持。具有劳务作业法定资质的承包人与总承包人、分包人签订的劳务分包合同，当事人以转包建设工程违反法律规定为由请求确认无效的，不予支持。本案例中，该公司的行为违反了《中华人民共和国招标投标法》第五十四条的规定和《招标投标法实施条例》第六十八条的规定，应该受到处分和处罚。

问题 202　中标合同是否应进行公示？签订中标合同多久后应向主管部门备案？

答：对于政府采购项目，《政府采购法实施条例》第五十条规定，采购人应当自政府采购合同签订之日起 2 个工作日内，将政府采购合同在省级以上人民政府财政部门指定的媒体上公告，但政府采购合同中涉及国家秘密、商业秘密的内容除外。但对于工程招投标项目，则没有对合同是否应公示进行规定。

签订中标合同后，应及时向主管部门进行合同备案。《政府采购法》第四十七条规定，政府采购项目的采购合同自签订之日起七个工作日内，采购人应当将合同副本报同级政府采购监督管理部门和有关部门备案。

对工程招标，《招标投标法》第四十七条规定，依法必须进行招标的项目，招标人应当自确定中标人之日起十五日内，向有关行政监督部门提交招标投标情况的书面报告。《公路工程建设项目招标投标管理办法》规定，依法必须进行招标的公路工程建设项目，招标人应当自确定中标人之日起 15 日内，将招标投标情况的书面报告报对该项目具有招标监督职责的交通运输主管部门备案。

问题 203　建设工程中标无效，所签订的合同是否还有效？

【背景】 某地某公司通过投标，顺利中标某工程，后被当地监管部门认定其招投标过程不合法，但该公司本身并无过错和违规行为，其所签订的中标合同是否还有效？

答：根据《招标投标法》规定的中标无效的六种情形，招投标过程无效，则招标结果自然无效，因此，中标的建设工程施工合同自然无效。中标人由此造成的损失，可以向招标人提出索赔。

问题 204　发出中标通知书后，中标人不愿签订中标合同该如何处罚？

【背景】 2015 年 4 月，招标人 A 公司就冬季供暖燃煤采购事项进行招标，投标人 B 公司缴纳了投标保证金 5 万元参加投标并顺利中标。后来，B 公司收到了招标人 A 公司发出的中标通知书。在签订合同时，B 公司发现拟签合同文本的主要条款并未在招标文件中载明，尤其是付款时间一项，无法接受，导致合同不能签订。中标人 B 公司要求招标人 A 公司退还竞标保证金，被拒绝。遂向法院起诉要求招标人 A 公司退还投标保证金。

答：中标人 B 公司认为招标人 A 公司的行为违背了民事行为诚实信用原则，按照合同法的规定，合同条款应当包括履行的期限、地点和方式，因为招标文件未写入合同主要条款，造成合同不能最终签订的责任在 A 公司，A 公司不退还竞标保证金没有法律依据，据此提起诉讼，请求依法判令 A 公司退还投标保证金 5 万元。

政府采购的程序合法，经过公开、公正、公平竞标，B 公司成为中标单位，招标结果有效，招标文件及实施方案对招标人与投标人均具有约束力，根据招标文件第 6 条第 6 项的规定，如果中标的投标公司不按规定签订合同的，投标保证金不予退还，中标人在收到中标通知书后未按规定签订供煤合同，所以无权要求退还投标保证金。

按《政府采购法实施条例》第七十二条的规定，供应商有下列情形之一的，依照《政府采购法》第七十七条第一款的规定追究法律责任：即中标或者成交后无正当理由拒不与采购人签订政府采购合同，处以采购金额千分之五以上千分之十以下的罚款，列入不良行为记录名单，在一至三年内禁止参加政府采购活动。

习题与思考题

1. 单项选择题

（1）招标人最迟应当在书面合同签订后（　　）内向中标人和未中标的投标人退还投标保证金及银行同期存款利息。

    A. 3 日　B. 5 日　C. 7 日　D. 10 日

（2）履约保证金不得超过中标合同金额的（　　）。

    A. 10%　B. 20%　C. 3%　D. 5%

（3）根据《合同法》，下列关于招标投标行为的法律性质的说法，正确的是（　　）。

    A. 发出招标文件，属要约邀请

    B. 投标人购买招标文件，属要约行为

    C. 投标人提交投标文件，属于承诺行为

    D. 评标委员会推荐中标候选人，属承诺行为

（4）招标投标活动中，当事人签订建筑工程中标合同应遵守（　　）原则。

    A. 受限　B. 透明　C. 平等诚信　D. 公开

（5）根据《合同法》，下列关于要约和承诺的说法中，正确的是（　　）。

    A. 投标人在开标前撤回投标文件的，视为要约的撤销

    B. 承诺延迟到达要约人时，该承诺当然无效

    C. 招标人对投标文件的投标价作变更应当视为新要约

    D. 资格预审申请文件属于要约邀请

（6）根据《民法通则》，下列关于建筑中标合同的无效情形中，错误的是（　　）。

    A. 恶意串通，损害国家、集体或者第三人利益的

    B. 以合法形式掩盖非法目的的

    C. 显示公平的

    D. 一方以欺诈、胁迫的手段或者乘人之危，使对方在违背真实意思的情况下所为的

（7）根据《合同法》，下列关于可撤销的建筑中标合同的说法中，正确的是（　　）。

    A. 合同履行中发生重大分歧的，可以申请撤销该合同

    B. 中标人在签合同后不久将破产

    C. 可撤销合同不可以选择请求变更

    D. 当事人在合同订立一年内不行使撤销权的，撤销权消灭

2. 多项选择题

（1）关于依法必须招标项目，建筑工程中标合同的签订和效力，下列说法中正确的有（　　）。

    A. 中标合同应当按照投标人的投标文件和中标通知书的内容订立

B. 中标合同订立后，招标人和中标人不得再行订立背离合同实质性内容的补充协议

C. 中标合同备案后方可产生合同效力

D. 中标合同应当自中标通知书发出之日起 30 日内订立

（2）甲在投标某施工项目时，为减少报价风险，与乙签订了一份塔吊租赁协议。协议约定，甲中标后，乙按照协议约定的租金标准向甲出租塔吊，如甲方未中标，则协议自动失效。该协议是（　　）。

A. 既未成立又未生效合同　　B. 附条件合同

C. 已成立但未生效合同　　　D. 有效合同

（3）下列关于建筑工程中标合同转让的说法中，正确的有（　　）。

A. 合同的义务转让，须征得债权人同意后转让方可有效

B. 合同的权利转让，须征得债权人同意后转让方可有效

C. 合同的权利义务的概括转让可以是全部或部分的权利义务

D. 通过招标发包订立的建设工程施工合同，中标人不可以进行转让

（4）评标后，第一中标候选人公司破产，但尚未签订中标合同，招标人可以（　　）。

A. 由第二中标候选人替补中标　　B. 重新招标

C. 直接选定第三中标候选人中标　　D. 不能重新招标

（5）建筑工程中标后所签订的合同，合同的（　　）等主要条款应当与招标文件和中标人的投标文件的内容一致。

A. 标的　B. 价款　C. 质量　D. 履行期限

（6）以下哪种情况，可以处中标项目金额 5‰以上 10‰以下的罚款（　　）。

A. 不按照招标文件和中标人的投标文件订立合同

B. 合同的主要条款与招标文件、中标人的投标文件的内容不一致

C. 招标人、中标人订立背离合同实质性内容的协议的

D. 中标人违法分包与转包

3. 问答题

（1）中标人不签订中标合同，有哪些法律责任？

（2）建筑合同签订的有效性条件是什么？

（3）建筑工程合同的签订程序是什么？

（4）建筑工程合同条款的主要内容是什么？

（5）建筑工程合同的变更原因是什么？

4. 案例分析题

某城市拟新建一大型火车站，地方政府各有关部门组织成立建设项目法人，在项目建议书、可行性研究报告、设计任务书等经省发改委审核后，向国家发改委申请国家重大建设工程立项。

审批过程中，项目法人（招标人）以公开招标方式与三家中标的一级建筑单位签订《建设工程总承包合同》，约定由该三家建筑单位（中标人）共同为车站主体工程承包商，承包形式为一次包干，估算工程总造价 18 亿元。但合同签订后，国家发改委公布该工程为国家重大建设工程项目，批准的投资计划中主体工程部分仅为 15 亿元。因此，该立项

下达后，招标人（项目法人）要求建筑单位修改合同，降低包干造价，中标人（建筑单位）不同意，委托方诉至法院，要求解除合同。

问题：

（a）招标人能否要求修改合同或解除合同？

（b）中标人如果不同意修改合同，如何对招标人进行索赔？

【参考答案】

1. 单项选择题

（1）B　（2）A　（3）C　（4）C　（5）A　（6）C　（7）B

2. 多项选择题

（1）ABCD　（2）BCD　（3）ACD　（4）AB　（5）ABCD　（6）ABCD

3. 略

4. 案例分析题

（a）招标人一般无权要求修改或解除合同，但这种火车站这样的国家重点工程，不是招标人单方面想修改或解除合同，属于计划的不确定性和不可控的风险，招标人有权修改或解除合同。

（b）中标人如果不同意修改合同，可以依据合同法的相关规定，对因招标人的变动而引起的对中标人的正当而直接的损失，进行赔偿。

第9章 监管、投诉、质疑问答

问题205 建筑工程招投标的监管机构是什么?

答:《招标投标法》规定:有关行政监督部门依法对招标投标活动实施监督,依法查处招标投标活动中的违法行为。

目前,由国务院发展改革部门指导和协调全国招标投标工作,对国家重大建设项目的工程招标投标活动实施监督检查。国务院工业和信息化、住房城乡建设、交通运输、铁道、水利、商务等部门,按照规定的职责分工对有关招标投标活动实施监督。

县级以上地方政府发展改革部门指导和协调本行政区域的招标投标工作。县级以上地方政府有关部门按照规定的职责分工,对招标投标活动实施监督,依法查处招标投标活动中的违法行为。如果县级以上地方政府对其所属部门有关招标投标活动的监督职责分工另有规定的,只要不违反国家法律法规,则可以依从县级以上地方政府及所属部门的规定。

因此,对建筑工程招投标活动,新实施的《招标投标法实施条例》统一规定为发展改革部门,即国家发改委和各地的发改委、发改局等。当然,以前由财政部门、建设部门统管各种评标专家库或出台的各种评标细则等,如果当地地方政府规定不变的,也不违反《招标投标法实施条例》的规定。

《招标投标法实施条例》规定:财政部门依法对实行招标投标的政府采购工程建设项目的预算执行情况和政府采购政策执行情况实施监督。监察机关依法对与招标投标活动有关的监察对象实施监察。考虑到我国一般纪委与监察合署办公,因此,纪检监察部门是招投标活动的监察机关。

按规定,依法必须进行招标的项目的招标投标活动,如果违反《招标投标法》和《招标投标法实施条例》的规定,对中标结果造成实质性影响,且不能采取补救措施予以纠正的,招标、投标、中标无效,应当依法重新招标或者评标。

问题206 招投标监管机构的监管范围是什么?

答:国家有关行政监督部门和地方政府所属部门,按照国家有关规定需要履行项目审批、核准手续的,依法审核招标项目。这些建筑工程项目,其招标范围、招标方式、招标组织形式应当报项目审批、核准部门审批、核准,按投资规模的大小和性质,一般是报国家发改委或地方发改部门审核和核准。其他项目由招标人申请有关行政监督部门作出认定。

问题207 建设工程招标,监管部门的监管责任是什么?

答:《招标投标法实施条例》的一大亮点是对监管者也提出了新的要求。项目审批、核准部门不依法审批、核准项目招标范围、招标方式、招标组织形式的,对单位直接负责的主管人员和其他直接责任人员依法给予处分。

有关行政监督部门不依法履行职责，对违反《招标投标法》和《招标投标法实施条例》规定的行为不依法查处，或者不按照规定处理投诉或者不依法公告对招标投标当事人违法行为的行政处理决定等，将对直接负责的主管人员和其他直接责任人员依法给予处分。项目审批、核准部门和有关行政监督部门的工作人员徇私舞弊、滥用职权、玩忽职守，构成犯罪的，依法追究刑事责任。

问题208　国家法律法规对工程招标的投诉是如何规定的？

答：《招标投标法实施条例》专门增加了关于投诉与处理的章节。此外，《工程建设项目招标投标活动投诉处理办法》（七部委11号令）、《招标投标违法行为记录公告暂行办法》（发改法规〔2008〕1531号）等法规和规章制度也规定了招投标的投诉处理办法。《招标投标法实施条例》出台后，各省市先后都制定了在本省范围内施行的《招标投标投诉处理办法》。这些法律法规和规定，可以供读者在处理投诉的时候进行援引和参考。

问题209　政府采购中，监管部门的监督检查内容包括哪些方面？

答：政府采购的监管部门主要是财政部门。《政府采购法》第六十六条规定，政府采购监督管理部门应当对集中采购机构的采购价格、节约资金效果、服务质量、信誉状况、有无违法行为等事项进行考核，并定期如实公布考核结果。尤其是对政府采购项目的采购标准应进行监督，即对项目采购所依据的经费预算标准、资产配置标准和技术、服务标准等进行监管。此外，财政部门对政府集中采购机构的考核事项还包括：

（1）政府采购政策的执行情况；

（2）采购文件编制水平；

（3）采购方式和采购程序的执行情况；

（4）询问、质疑答复情况；

（5）内部监督管理制度建设及执行情况；

（6）省级以上人民政府财政部门规定的其他事项。

财政部门应当制定考核计划，定期对集中采购机构进行考核，考核结果有重要情况的，应当向本级人民政府报告。

问题210　政府采购中的严重失信行为包括哪些？政府采购严重违法失信行为信息记录的主要内容是什么？政府采购严重违法失信行为信息记录的报送要求是什么？

答：为推进社会信用体系建设，加强对政府采购违法失信行为记录的曝光和惩戒，进一步规范政府采购市场主体行为，维护政府采购市场秩序，根据《中华人民共和国政府采购法》、《国务院关于促进市场公平竞争维护市场正常秩序的若干意见》（国发〔2014〕20号）及《社会信用体系建设规划纲要（2014～2020年）》（国发〔2014〕21号）等相关规定，结合政府采购工作实际，财政部决定参与中央多部委开展的不良信用记录联合发布活动，启动建设"政府采购严重违法失信行为记录名单"专栏，在中国政府采购网上集中发布全国政府采购严重违法失信行为信息记录。财政部办公厅关于报送政府采购严重违法失信行为信息记录的通知（财办库〔2014〕526号）具体细化了政府采购中的严重失信行为。在政府采购中，严重违法失信行为的适用情形包括：

（1）三万元以上罚款；

（2）在一至三年内禁止参加政府采购活动（处罚期限届满的除外）；

（3）在一至三年内禁止代理政府采购业务（处罚期限届满的除外）；

（4）撤销政府采购代理机构资格（仅针对《政府采购法》第78条修改前作出的处罚决定）。

供应商、采购代理机构在三年内受到财政部门作出的上述情形之一的行政处罚，就属于严重违法失信行为，将被列入政府采购严重违法失信行为记录名单。

政府采购严重违法失信行为信息记录应包括以下主要内容：企业名称、企业地址、严重违法失信行为的具体情形、处罚结果、处罚依据、处罚日期和执法单位等。

政府采购严重违法失信行为信息记录的报送要求是：地方各级财政部门应认真梳理近三年内本级作出上述行政处罚类的案件信息，按照附件格式整理形成本级的政府采购严重违法失信行为信息记录，随处罚文件一并以电子版形式报送上级财政部门。省级财政部门负责汇总本省三年内有效的政府采购严重违法失信行为信息记录，收集相应的处罚文件，于2014年12月30日前以电子版形式一并报送财政部。

自2015年1月1日起，省级财政部门负责本省政府采购严重违法失信行为信息记录的发布管理工作，及时汇总相关信息，确保自行政处罚决定形成或变更之日起20个工作日内，在中国政府采购网"政府采购严重违法失信行为记录名单"的专栏中完成信息发布工作。信息公布期限一般为3年，处罚期限届满的，相关信息记录从专栏中予以删除。

问题211 投标人如有质疑，其质疑或投诉期限是如何规定的？

答：投标人的质疑和投诉权利是法律法规所赋予的基本权利。《招标投标法》第六十五条规定，投标人和其他利害关系人认为招标投标活动不符合本法有关规定的，有权向招标人提出异议或者依法向有关行政监督部门投诉。

对工程招标过程的质疑和投诉，《招标投标法实施条例》第六十条规定，投标人或者其他利害关系人认为招标投标活动不符合法律、行政法规规定的，可以自知道或者应当知道之日起10日内向有关行政监督部门投诉。什么叫自"应当知道之日"起呢？就是公告了，读者就应当知道，或者应当去查阅相关网站就知道了；或者根据程序环节，应该知道了。对此，《政府采购法实施条例》第五十三条进行了解释，《政府采购法》第五十二条规定的供应商应知其权益受到损害之日，是指：

（1）对可以质疑的采购文件提出质疑的，为收到采购文件之日或者采购文件公告期限届满之日；

（2）对采购过程提出质疑的，为各采购程序环节结束之日；

（3）对中标或者成交结果提出质疑的，为中标或者成交结果公告期限届满之日。

不过，投标人对开标有异议的，应当先在开标现场向招标人或招标代理人提出投诉。而潜在投标人或者其他利害关系人对资格预审文件有异议的，应当在提交资格预审申请文件截止时间2日前提出；对招标文件有异议的，应当在投标截止时间10日前提出。招标人应当自收到异议之日起3日内作出答复；作出答复前，应当暂停招标投标活动。

如果投标人或者其他利害关系人对依法必须进行招标的项目的评标结果有异议的，应当在中标候选人公示期间提出。招标人应当自收到异议之日起3日内作出答复；作出答复前，应当暂停招标投标活动。

投诉人就同一事项向两个以上有权受理的行政监督部门投诉的，由最先收到投诉的行政监督部门负责处理。行政监督部门应当自收到投诉之日起 3 个工作日内决定是否受理投诉，并自受理投诉之日起 30 个工作日内作出书面处理决定；需要检验、检测、鉴定、专家评审的，所需时间不计算在内。上述那些应当先向招标人提出异议的投诉，异议答复期间不计算在向行政主管部门答复规定的期限内。以上各种"日"的规定，是指日历日。

对政府采购不满的质疑和投诉期限，《政府采购法》第五十二条规定，供应商认为采购文件、采购过程和中标、成交结果使自己的权益受到损害的，可以在知道或者应知其权益受到损害之日起七个工作日内，以书面形式向采购人提出质疑。

问题 212　建设工程招标过程中，投标人如有质疑该向谁投诉？

答：投标人和其他利害关系人认为建设工程招标投标活动不符合《招标投标法》、《招标投标法实施条例》等有关规定的，可以向招标人提出异议或者依法向有关行政监督部门投诉。

投标人可以向有关行政监督部门投诉，如建筑行政主管部门、纪检监察部门和政府部门等。当然，也可以向媒体爆料，但这不是投诉。向招投标监管部门投诉例外的三种情况是：一是开标前对资格预审文件或招标文件有异议的；应先向招标人提出投诉；二是未按规定的时间地点开标，投标人少于三个，投标人应在开标现场提出，招标人应做好记录，并当场答复；三是投标人对评标结果有异议的，应当在中标候选人公示期间提出。招标人应当自收到异议之日起 3 日内作出答复；作出答复前，应当暂停招标投标活动。

值得注意的是，投诉人还可以连环投诉，投诉人就同一事项向两个以上有权受理的行政监督部门投诉的，由最先收到投诉的行政监督部门负责处理（《招标投标法实施条例》第六十一条）。

问题 213　政府采购过程中，投标人如有询问，采购人多久应做出答复？投标人如有质疑该向谁投诉？投诉期限是多长？

答：询问与质疑、投诉是不同的，询问是获取信息的一种方式，意味着咨询或打探，是一种中性的提出问题的方式。根据《政府采购法实施条例》第五十二条的规定，采购人或者采购代理机构应当在 3 个工作日内对供应商依法提出的询问作出答复。

质疑和投诉是对过程或结果强烈不满，要求对质、处理不满。投标供应商认为采购文件、采购过程和中标、成交结果使自己的权益受到损害的，可以在知道或者应知其权益受到损害之日起七个工作日内，以书面形式向采购人提出质疑。如该政府采购项目有招标代理机构，投标人在发现有违法违规之处，可以在现场或规定期限内先向招标代理机构提出投诉。招标代理机构在招标人的委托范围内做出答复。供应商提出的询问或者质疑超出采购人对采购代理机构委托授权范围的，采购代理机构应当告知供应商向采购人提出。

采购人应当在收到供应商的书面质疑后七个工作日内作出答复，并以书面形式通知质疑供应商和其他有关供应商，但答复的内容不得涉及商业秘密。

投标供应商对采购人、采购代理机构的答复不满意或者采购人、采购代理机构未在规定的时间内作出答复的，可以在答复期满后十五个工作日内向同级政府采购监督管理部门投诉。

问题214 投标人的投诉方式是什么？口头投诉可以吗？

答：投诉人投诉时，应当提交书面材料进行投诉，即起草投诉书（少数现场提出口头投诉的除外），否则，有关部门可能不予受理，投诉书有关材料是外文的，投诉人应当同时提供其中文译本。另外，如果不是投标人，而是跟投标有利害关系的第三人，还应当提供与招标项目或招标活动存在利害关系的证明。投诉人是法人的，投诉书必须由其法定代表人或者授权代表签字并加盖公章；其他组织或个人投诉的，投诉书必须由其主要负责人或投诉人本人签字，并附有效身份证明复印件。

投诉人可以直接投诉，也可以委托代理人办理投诉事务。代理人办理投诉事务时，应将授权委托书连同投诉书一并提交给行政监督部门。授权委托书应当明确有关委托代理权限和事项，如果是与本次招标无直接关系的社会公众进行投诉，则属于举报的范畴。按法律规定，任何人都可以进行举报，如果是实名举报，任何单位都必须受理。

问题215 招投标过程中的投诉材料应包括哪些内容？

答：对招投标过程的投诉，投诉应当有明确的请求和必要的证明材料。政府采购中，供应商质疑、投诉应当有明确的请求和必要的证明材料。供应商投诉的事项不得超出已质疑事项的范围。投诉人捏造事实、伪造材料或者以非法手段取得证明材料进行投诉的，行政监督部门应当予以驳回。

投诉人投诉时，应当提交投诉书。投诉书应当包括下列内容：

（1）投诉人的名称、地址及有效联系方式；

（2）被投诉人的名称、地址及有效联系方式；

（3）投诉事项的基本事实；

（4）相关请求及主张；

（5）有效线索和相关证明材料。

问题216 招标人应如何处理投诉？

答：招标人处理投诉，分建设工程招标和政府采购两种情况。建设工程招标，以下三种情况需招标人处理投诉：

第一种情况，投标人对招标文件或对资格预审文件有异议的，招标人应当自收到异议之日起3日内作出答复，作出答复前，应当暂停招标投标活动。

第二种情况，投标人对开标有异议的，如未按照招标文件规定的时间、地点开标，投标人应当在开标现场提出，招标人应当当场作出答复，并制作记录。

第三种情况，投标人或者其他利害关系人对依法必须进行招标的项目的评标结果有异议且在中标候选人公示期间提出的，招标人应当自收到异议之日起3日内作出答复；作出答复前，应当暂停招标投标活动。

如果是对政府采购的异议和投诉，则采购人应按以下程序进行处理投诉：采购人应当在收到供应商的书面质疑后七个工作日内作出答复，并以书面形式通知质疑供应商和其他有关供应商，但答复的内容不得涉及商业秘密。采购人委托采购代理机构采购的，供应商可以向采购代理机构提出询问或者质疑，采购代理机构应当依照相关规定就采购人委托授权范围内的事项作出答复。在政府采购中，询问或者质疑事项可能影响中标、成交结果的，采购人应当暂停签订合同，已经签订合同的，应当中止履行合同。

问题217　建设工程招投标的监管机构如何处理投诉？

答：投诉人就同一事项向两个以上有权受理的行政监督部门投诉的，由最先收到投诉的行政监督部门负责处理。行政监督部门应当自收到投诉之日起3个工作日内决定是否受理投诉，并自受理投诉之日起30个工作日内作出书面处理决定；需要检验、检测、鉴定、专家评审的，所需时间不计算在内。投诉人捏造事实、伪造材料或者以非法手段取得证明材料进行投诉的，行政监督部门应当予以驳回。

有下列情形之一的投诉（但任何人可以举报），不予受理：

（1）投诉人不是所投诉招标投标活动的参与者，或者与投诉项目无任何利害关系。

（2）投诉事项不具体，且未提供有效线索，难以查证的。

（3）未署具投诉人真实姓名、签字和有效联系方式的。以法人名义投诉的，投诉书未经法定代表人或授权代表签字并加盖公章的。

（4）超过投诉期限或第五条规定的异议期限的。

（5）已经作出处理决定，并且投诉人没有提出新的证据的。

（6）投诉事项已进入行政复议或行政诉讼程序的。

但是，在实践中，许多投诉未能将名称、地址及有效联系方式、投诉事项的基本事实、请求及主张、有效线索和相关证明材料提供，使得受理投诉部门无法受理或受理后无法答复。其中有相当一部分质疑，既没署名也没留联系方式，多采用网络等媒体发出，提供信息不完整，相关单位一般无法处理也无法反馈，增加了投诉处理的难度。

问题218　政府采购的监管机构如何处理投诉？

答：政府采购中，质疑供应商对招标采购单位的答复不满意或者招标采购单位未在规定时间内答复的，可以在答复期满后十五个工作日内按有关规定，向同级人民政府财政部门投诉。财政部门应当在收到投诉后三十个工作日内，对投诉事项作出处理决定。

财政部门处理投诉事项采用书面审查的方式，必要时可以进行调查取证或者组织质证。处理投诉事项期间，财政部门可以视具体情况书面通知招标采购单位暂停签订合同等活动，但暂停时间最长不得超过三十日。政府采购监督管理部门应当在收到投诉后三十个工作日内，对投诉事项作出处理决定，并以书面形式通知投诉人和与投诉事项有关的当事人。

投诉人对政府采购监督管理部门的投诉处理决定不服或者政府采购监督管理部门逾期未作处理的，可以依法申请行政复议或者向人民法院提起行政诉讼。

问题219　投诉受理机关的责任、权利和义务是什么？

答：行政监督部门处理投诉，有权查阅、复制有关文件、资料，调查有关情况，相关单位和人员应当予以配合。必要时，行政监督部门可以责令暂停招标投标活动。行政监督部门的工作人员对监督检查过程中知悉的国家秘密、商业秘密，应当依法予以保密。行政监督部门应当根据调查核实的情况，按照下列规定做出处理决定：

（1）投诉缺乏事实根据或者法律依据的，驳回投诉；

（2）投诉情况属实，招标投标活动确实存在违法行为的，在职权范围内依法作出处理或行政处罚；

（3）虽未投诉，但在调查中发现存在其他违法违规行为的，属于本部门职权范围内的，应一并进行处理；属于其他部门职权范围的，移交有权部门处理；

（4）认定属于虚假恶意投诉予以驳回的，依法对投诉人作出行政处罚。

有关行政监督部门不依法履行职责，对违反《招标投标法》和《招标投标法实施条例》规定的行为不依法查处，或者不按照规定处理投诉、不依法公告对招标投标当事人违法行为的行政处理决定的，对直接负责的主管人员和其他直接责任人员依法给予处分。

政府采购监督管理部门对供应商的投诉逾期未作处理的，给予直接负责的主管人员和其他直接责任人员行政处分。

问题220　投诉的处理与结论应包含什么内容？

答：投诉处理结论，国家法律法规没有给出具体的规定，读者可以参考以下的格式：

（1）投诉人和被投诉人的名称、住址；

（2）投诉人的投诉事项及主张；

（3）被投诉人的答辩及请求；

（4）调查认定的基本事实；

（5）行政监督部门的处理意见及依据；

（6）处理机关签章及日期。

此外，涉及行政处罚的，应当按照行政处罚法律法规的程序作出处罚决定。

问题221　投诉人中途不投诉了怎么处理？

答：投诉处理决定做出前，投诉人要求撤回投诉的，应当以书面形式提出并说明理由，由受理机关视以下情况，决定是否准予撤回：

（1）已经查实有明显违法行为的，应当不准撤回，并继续查处直至做出处理决定；

（2）撤回投诉不损害国家利益、社会公共利益或其他当事人合法权益的，应当准予撤回，投诉处理过程终止。投诉人不得以同一事实和理由再次提出投诉。

投标人或者其他利害关系人捏造事实、伪造材料或者以非法手段取得证明材料进行投诉，给他人造成损失的，依法承担赔偿责任。

随着招投标工作的发展，投诉人主体的法律意识和维权意识不断提升以及投诉渠道广泛和投诉成本较低，使招投标恶意投诉事件的发生率和复杂性不断提高，招投标恶意投诉处理已经逐渐成为招投标行政监督工作中的一大难题。

问题222　招投标恶意投诉的特征有哪些？

答：实践中，很多投诉都是有一定道理和证据的，但是，也不乏有一些恶意投诉的例子。对于是否是恶意投诉，不要轻易和草率地下结论，以免激化矛盾。一般说来，有下列特征之一的，有恶意投诉的嫌疑。

（1）未按规定向投诉处理部门投诉或向不同部门多方投诉的；

（2）不符合投诉受理条件，被告知后仍进行投诉的；

（3）投诉处理部门受理投诉后，投诉人仍就同一内容向其他部门进行投诉的；

（4）捏造事实、伪造材料进行投诉或在网络等媒体上进行失实报道的；

（5）投诉经查失实并被告知后，仍然恶意缠诉的；

（6）一年内三次以上失实投诉的。

问题 223　监管机关应如何面对和防止投标人的恶意投诉？

答：招投标投诉是招投标活动中长时间存在且无法避免的，因此，需要改进对招投标投诉及恶意投诉的管理、创新监管方法。面对恶意投诉的总体思路应该是：快速处理，增加恶意投诉的投诉成本；做好招投标投诉方法的宣传工作，细化投诉处理流程。

（1）完善法规，使招投标投诉处理规范化。通过明确招投标投诉的有关制度和程序来规范投诉人的行为，进一步细化投诉处理程序，将投诉受理前置程序、投诉受理制度、投诉处理程序、投诉处理决定执行等四个步骤进一步细致规范。

（2）广泛宣传，加大投诉方式方法宣传工作。招投标主管部门应当向社会公布负责受理投诉的机构及其电话、传真、电子信箱和通信地址，加大宣传力度，使投诉人能够掌握投诉的正确方法。

（3）严肃处理，增加恶意投诉"成本"。对故意捏造事实、伪造证明材料及恶意缠诉等恶意投诉，投诉处理部门应当驳回，并予公示。属于投标人的，记录不良行为一次；情节严重的，限制进入本地区招标投标市场 3 个月至 12 个月，并依法并处一定数额的罚款；影响招标投标进程给招标人造成重大损失的，可长期不得在本地区范围内投标或参加其他形式的招标活动，并由招标人依照有关民事法律规定追究投诉人相关民事责任。

（4）快速处理，积极消除匿名投诉（举报）不良影响。要合情处理匿名投诉。匿名投诉是指信访者不具名、不具真实姓名的来信或通过其他渠道转来的投诉信。要坚持实事求是的原则，根据来信内容区别对待。对某一方面工作提出批评、意见或建议的，要做好调查研究或及时采纳有益的内容。

对有重要线索或重要内容的揭发检举信件，先要初步核实情况，认为需要查处的，按程序办理。对揭发检举有具体根据、事实清楚的，要及时查处；对反映一般问题，情节轻微的，可通过座谈会等方式，请被反映人说明情况。慎重处置重大事件的匿名投诉。对重点工程围标、串标等恶意行为应及时通报公安部门及时妥善处置。

处理质疑是一项政策性、法律性很强的工作，如何合理、合法的处理好质疑，真正维护招投标当事人的合法程序，需要接诉人员具有很高的政策水平、法律和业务知识及工作技巧。投诉质疑处理不当极易引起行政复议和诉讼。

问题 224　招标人应如何有效避免投诉的发生？

答：招标人可以从以下几个方面来避免投诉的发生：

1. 招标人应当根据招标项目的特点和需要编制招标文件

招标文件应当包括招标项目的技术要求、对投标人资格审查的标准、投标报价要求和评标标准等所有实质性要求和条件以及拟签订合同的主要条款。

国家对招标项目的技术、标准有规定的，招标人应当按照其规定在招标文件中提出相应要求。招标项目需要划分标段、确定工期的，招标人应当合理划分标段、确定工期，并在招标文件中载明。

　　招标文件的内容要明白、严谨、细致。招标文件在确定需求时，不得要求或者标明特定的生产供应者以及含有倾向或者排斥潜在投标人的其他内容，需求标准要尽量规范、实用，避免过于苛刻。

　　2. 坚持论证和三公原则

　　对重大、特殊、热点、重点建筑招标项目，应坚持专家论证，坚持公平、公开、公正的三公原则，发布公告前采取公开征求意见的方式或标前答疑会的方式进行公开和论证。在招标文件发售前，将招标文件意见征求稿发布上网，公开征求社会各界、潜在投标人及相关专家意见，并将收到的反馈意见组织专家研讨，最终确定招标文件的编制标准。公开征求意见将可能出现问题的潜在环节请大家提出意见，可以在开标前解决相关热点问题，从而减少投诉的发生。

　　3. 认真做好签字、核对工作

　　在招标文件编写、开标、评标、废标通知书发放等重要环节做好签字确认工作，各环节只有签字确认后方能进行下一步工作，通过进一步责权划分，使投诉受理后更准确，方便相关当事人了解处理结果。

　　4. 加强评标纪律

　　在评标环节，招投标监督工作人员对评标委员会成员宣读评标程序和评标纪律，以增加评标专家责任感，招投标监督人员在开评标过程做好会议记录。

问题225　招标人限制或排斥潜在投标人的表现有哪些？该如何处理？

　　答：招标人不得以不合理的条件限制、排斥潜在投标人或者投标人。

　　1. 限制或排斥潜在投标人的表现。

　　招标人有下列行为之一的，属于以不合理条件限制、排斥潜在投标人或者投标人：

　　（1）就同一招标项目向潜在投标人或者投标人提供有差别的项目信息；

　　（2）设定的资格、技术、商务条件与招标项目的具体特点和实际需要不相适应或者与合同履行无关；

　　（3）依法必须进行招标的项目以特定行政区域或者特定行业的业绩、奖项作为加分条件或者中标条件；

　　（4）对潜在投标人或者投标人采取不同的资格审查或者评标标准；

　　（5）限定或者指定特定的专利、商标、品牌、原产地或者供应商；

　　（6）依法必须进行招标的项目非法限定潜在投标人或者投标人的所有制形式或者组织形式；

　　（7）以其他不合理条件限制、排斥潜在投标人或者投标人。

　　2. 限制或排斥潜在投标人的处理。招标人以不合理的条件限制或者排斥潜在投标人的，对潜在投标人实行歧视待遇的，强制要求投标人组成联合体共同投标的，或者限制投标人之间竞争的，责令改正，可以处一万元以上五万元以下的罚款。

　　对政府采购，招标采购单位如以不合理的要求限制或者排斥潜在投标供应商，对潜在投标供应商实行差别待遇或者歧视待遇，或者招标文件指定特定的供应商、含有倾向性或者排斥潜在投标供应商的其他内容的，责令限期改正，给予警告，可以按照有关法律规定并处罚款，对直接负责的主管人员和其他直接责任人员，由其行政主管部门或者有关机关依法给予处分，并予通报。

问题 226 工程招标中，招标人不按规定与中标人订立中标合同的情况包括哪些？该如何处罚？

答：招标人有下列情形之一的情况，都属于不按规定与中标人订立中标合同：

（1）无正当理由不发出中标通知书；

（2）不按照规定确定中标人；

（3）中标通知书发出后无正当理由改变中标结果；

（4）无正当理由不与中标人订立合同；

（5）在订立合同时向中标人提出附加条件。

由有关行政监督部门责令改正，可以处中标项目金额10‰以下的罚款；给他人造成损失的，依法承担赔偿责任；对单位直接负责的主管人员和其他直接责任人员依法给予处分。

问题 227 建设工程招标，投标人串标违法的情况主要有哪些？应如何处罚？

答：1. 招标人与投标人之间串标

禁止招标人与投标人串通投标。有下列情形之一的，属于招标人与投标人串通投标：

（1）招标人在开标前开启投标文件并将有关信息泄露给其他投标人；

（2）招标人直接或者间接向投标人泄露标底、评标委员会成员等信息；

（3）招标人明示或者暗示投标人压低或者抬高投标报价；

（4）招标人授意投标人撤换、修改投标文件；

（5）招标人明示或者暗示投标人为特定投标人中标提供方便；

（6）招标人与投标人为谋求特定投标人中标而采取的其他串通行为。

关于招标人与投标人串通投标，对招标人的处罚，无论是《招标投标法》还是《招标投标法实施条例》，都没有进行具体的规定。当然，各地有一些具体的处罚细节。而招标人和投标人串通投标，对投标人的处罚，与投标人之间相互串标的处罚是一致的。

2. 投标人之间相互串标

投标人有下列情形之一的，视为投标人相互串通投标：

（1）不同投标人的投标文件由同一单位或者个人编制；

（2）不同投标人委托同一单位或者个人办理投标事宜；

（3）不同投标人的投标文件载明的项目管理成员为同一人；

（4）不同投标人的投标文件异常一致或者投标报价呈规律性差异；

（5）不同投标人的投标文件相互混装；

（6）不同投标人的投标保证金从同一单位或者个人的账户转出。

投标人相互串通投标或者与招标人串通投标的，投标人以向招标人或者评标委员会成员行贿的手段谋取中标的，中标无效，处中标项目金额千分之五以上千分之十以下的罚款，对单位直接负责的主管人员和其他直接责任人员处单位罚款数额百分之五以上百分之十以下的罚款；有违法所得的，并处没收违法所得；情节严重的，取消其一年至二年内参加依法必须进行招标的项目的投标资格并予以公告，直至由工商行政管理机关吊销营业执照；构成犯罪的，依法追究刑事责任。给他人造成损失的，依法承担赔偿责任。

问题228　建设工程招标，投标人以行贿谋取中标，弄虚作假骗取中标和以他人名义投标，该如何处罚？

答：投标人以行贿谋取中标，属于《招标投标法》第五十三条规定的情节严重行为，由有关行政监督部门取消其1年至2年内参加依法必须进行招标的项目的投标资格。

投标人以他人名义投标，包括3年内2次以上使用他人名义投标；伪造、变造资格、资质证书或者其他许可证件骗取中标；弄虚作假骗取中标给招标人造成直接经济损失30万元以上；其他弄虚作假骗取中标情节严重的行为。属于《招标投标法》第五十四条规定的情节严重行为，由有关行政监督部门取消其1年至3年内参加依法必须进行招标的项目的投标资格。

投标人以他人名义投标或者以其他方式弄虚作假骗取中标的，中标无效；构成犯罪的，依法追究刑事责任；尚不构成犯罪的，依照《招标投标法》第五十四条的规定处罚。出让或者出租资格、资质证书供他人投标的，依照法律、行政法规的规定给予行政处罚；构成犯罪的，依法追究刑事责任。

问题229　建设工程招标，对招标代理机构违法的处理是什么？

答：招标代理机构违反规定，包括：

（1）在所代理的招标项目中投标、代理投标或者向该项目投标人提供咨询的，接受委托编制标底的中介机构参加受托编制标底项目的投标或者为该项目的投标人编制投标文件、提供咨询的；

（2）泄露应当保密的与招标投标活动有关的情况和资料的；

（3）与招标人、投标人串通损害国家利益、社会公共利益或者他人合法权益的。

处五万元以上二十五万元以下的罚款，对单位直接负责的主管人员和其他直接责任人员处单位罚款数额百分之五以上百分之十以下的罚款；有违法所得的，并处没收违法所得；情节严重的，暂停直至取消招标代理资格；构成犯罪的，依法追究刑事责任。给他人造成损失的，依法承担赔偿责任。如果招标代理机构的违法行为影响中标结果的，中标无效。

问题230　建设工程招标，监管机构若违法，该如何处理？

答：项目审批、核准部门不依法审批、核准项目招标范围、招标方式、招标组织形式的，对单位直接负责的主管人员和其他直接责任人员依法给予处分。

有关行政监督部门不依法履行职责，对违反《招标投标法》和《招标投标法实施条例》规定的行为不依法查处，或者不按照规定处理投诉、不依法公告对招标投标当事人违法行为的行政处理决定的，对直接负责的主管人员和其他直接责任人员依法给予处分。

项目审批、核准部门和有关行政监督部门的工作人员徇私舞弊、滥用职权、玩忽职守，构成犯罪的，依法追究刑事责任。

问题231　建设工程招标，国家工作人员违法该如何处理？

答：国家工作人员利用职务便利，以直接或者间接、明示或者暗示等任何方式非法干涉招标投标活动，有下列情形之一的，依法给予记过或者记大过处分；情节严重的，依法给予降级或者撤职处分；情节特别严重的，依法给予开除处分；构成犯罪的，依法追究刑事责任：

（1）要求对依法必须进行招标的项目不招标，或者要求对依法应当公开招标的项目不公开招标；

（2）要求评标委员会成员或者招标人以其指定的投标人作为中标候选人或者中标人，或者以其他方式非法干涉评标活动，影响中标结果；

（3）以其他方式非法干涉招标投标活动。

问题232　政府采购中，对招标文件的质疑有效期从何时算起？是从投标供应商购买到招标文件时算起，还是从招标文件公开发售时算起？《政府采购法》第五十二条规定的"在知道或者应知其权益受到损害之日起"是什么意思？如果过了质疑期还可以质疑吗？

答："知道或者应当知道"是我国《民法通则》第一百三十七条首先作出的规定："诉讼时效期间从知道或应当知道权利被侵害之日起计算"《政府采购法》第五十二条规定："供应商认为采购文件、采购过程和中标成交、结果使自己的权益受到损害的，可以在知道或者应知其权益受到损害之日起七个工作日内，以书面形式向采购人提出质疑。"

在政府采购活动中，每一个程序的设计都体现法律的公平和正义。供应商的质疑权利亦是如此。"知道"是权利人的权利，指参加政府采购活动供应商所享有的权利，"应当知道"是义务人的权利，即采购人、采购代理机构所享有的权利。"知道或应当知道"就是政府采购的公平与正义的具体体现。法律是讲究平衡的，既要保护供应商的权利，同时也要保护采购人、采购代理机构的权利。在任何一个法治国家，既没有无节制的权利，也没有无原则的义务，所以，"知道或者应当知道"就成为约束政府采购当事人的一个时间平衡点。

《政府采购法》第五十二条规定的供应商应知其权益受到损害之日，是指对可以质疑的采购文件提出质疑的，为收到采购文件之日或者采购文件公告期限届满之日。

举例说明，如政府采购的公开招标信息公告已经明确注明公告日期、公告期按要求为20天（即从招标公告到投标截止为20天），按照《政府采购法》第五十二条规定，供应商如对招标文件持有异议，可在公告质疑期即7个工作日内提出质疑。也就是说，可以在购买招标文件后7天内或者采购文件公告期限届满之日7天内向采购人提出质疑。如果供应商是在超过公告期7个工作日以上再提出质疑，则供应商的质疑权利就因为过了质疑有效期而被取消了。这是因为《政府采购法》第五十二条所规定的供应商对招标文件的质疑时效是在"知道或应当知道"标准的约束下所规定的，供应商购买招标文件和对招标文件提出质疑是其本身所拥有的权利，但招标公告已经明确约定公告日期，这就在一定时间范围内对供应商质疑的权利进行了约束。

如果过了质疑的有效期，则不可以进行质疑了。但投标供应商还可以以举报、控告等形式向有关部门进行检举。《政府采购法》第七十条规定："任何单位和个人对政府采购活动中的违法行为，有权控告和检举，有关部门、机关应当依照各自职责及时处理。"

问题233　招标文件在开标后遭质疑怎么办？

【背景】 某采购中心在某项目采购的开标当日，收到供应商对招标文件的质疑，认为招标文件的技术条款具有倾向性怎么办？接受质疑，所有工作将因此暂停；不接受质疑，将面临被供应商指控"不作为"的压力。此类问题几乎成了各地采购中心遭遇的共性问题。

答： 有两种迥异的观点。一种是受理，这种观点的理论支持是，由于供应商获取招标文件的时间有先后，在等标期内供应商都可以获取招标文件。所以，很有可能在开标时或者开标后，供应商质疑仍在法定期间内，仍有权提出质疑。采购人或者采购代理机构不能因已经开标而拒绝供应商对招标文件的质疑。另一种观点是：不受理，因为开标后受理对招标文件的质疑，会拖延采购时间，进而会造成招标损失。

笔者认为，在政府采购中，根据《政府采购法》第五十二条的规定，供应商认为采购文件使自己的权益受到损害的，可以在知道或者应知其权益受到损害之日起七个工作日内，以书面形式向采购人提出质疑。也就是说，如果投标供应商在开标时，还在购买招标文件或招标公告结束后的七个工作日内，并且投标人是以书面的方式提出质疑的，招标人应该受理。不过，对询问的受理，是在3个工作日内做出。《政府采购法》第六十八条的规定，"对供应商的询问、质疑逾期未作处理"，将"责令限期改正，给予警告，可以并处罚款，对直接负责的主管人员和其他直接责任人员，由其行政主管部门或者有关机关给予处分，并予通报"。因此，如果在质疑有效期内，是必须要受理的。

那么，开标后受理对招标文件的质疑是否会拖延采购时间呢？除非采购中心发现招标文件中确实存在实质性问题，不停止评标会造成损失，否则评标工作应该继续进行，这样同时能够防止无效质疑造成无谓的时间浪费。

问题234　工程招投标中，某投标人对评标结果存在质疑，在招标人回复后投标人又反复质疑，弄得招标人不胜其烦，问：对此有何法律规定？

答： 根据《招标投标法实施条例》的相关规定，投标人或者其他利害关系人对依法必须进行招标的项目的评标结果有异议的，应当在中标候选人公示期间提出。招标人应当自收到异议之日起3日内作出答复；作出答复前，应当暂停招标投标活动。投标人或者其他利害关系人认为招标投标活动不符合法律、行政法规规定的，可以自知道或者应当知道之日起10日内向有关行政监督部门投诉。投诉应当有明确的请求和必要的证明材料。

因此，对建设工程的投标有异议和质疑，如果在中标候选人公示期间，则应受理且在3日内作出答复。如果超过了公示期，可以不予受理。

招标人对投标人和其他利害关系人提出的异议作出答复后，如果投标人对招标人的答复不满，可以向相关行政监督部门提出投诉。在投诉期间招标投标活动是不能停止的。只有行政监督部门认为投诉理由属实和充分时，并向招标人发出停止招标投标活动指令，才能停止。所以不存在对评标结果反复质疑的问题。

有这样的一个案例，投标人有8个，评标结果公示后，公示期间没有投标人质疑，过后投标人提出投诉，行政监督部门接受了这个投诉，但由于取证困难，招标人一直等待结果。在接近投标有效期时，仍无结果。招标人不得不延长投标有效期，结果是第二和第三中标候选人不同意延长投标有效期。如果第一中标候选人确实有问题时，招标人已经失掉了有竞争力的投标人。虽然还有 5 家投标人可能标价都是比较高的。从中选择中标人时，招标人要多投入许多资金；如果第一中标候选人没有问题，由于延长了投标有效期，也延后了合同的签订和工期。从上看出，取证困难就不会有结论，招标人就不该停止招标投标活动。也就是说行政监督部门受理投标人投诉时，只要行政监督部门未下暂停招标投标活动指令时，招标人的招标投标活动就不该停止，继续进行。这就不会招致有效期的延长。

问题 235　招标采购中，哪些投诉情形可不予受理？

答：根据《招标投标法》、《招标投标法实施条例》和《工程建设项目招标投标活动投诉处理办法》的规定，招标投标中不予受理投诉的情形如下：

（1）投诉人不是所投诉招标投标活动的参与者，或者与投诉项目无任何利害关系；

（2）投诉事项不具体，且未提供有效线索，难以查证的；

（3）投诉书未署具投诉人真实姓名、签字和有效联系方式的；以法人名义投诉的，投诉书未经法定代表人签字并加盖公章的；

（4）超过投诉时效的；

（5）已经作出处理决定，并且投诉人没有提出新的证据；

（6）投诉事项应提出异议没有提出异议、已进入行政复议或者行政诉讼程序的。

根据《政府采购法》、《政府采购法实施条例》和《财政部关于加强政府采购供应商投诉受理审查工作的通知》，政府采购中不予受理投诉的情形如下：

（1）投诉人不是参加投诉项目政府采购活动的当事人；

（2）被投诉人为采购人或采购代理机构之外的当事人；

（3）投诉事项未经过质疑；

（4）投诉事项超过投诉有效期；

（5）以具有法律效力的文书送达之外方式提出的投诉。

问题 236　建设工程招标中，哪些情况属于弄虚作假的情形？

答：根据《招标投标法实施条例》第 39、40、41、42 条的规定，以下情况属于弄虚作假的情形：

（1）使用伪造、变造的许可证件；

（2）提供虚假的财务状况或者业绩；

（3）提供虚假的项目负责人或者主要技术人员简历、劳动关系证明；

（4）提供虚假的信用状况；

（5）其他弄虚作假的行为。

问题 237　质疑过程法人代表变更了该怎么处理？

【背景】某次政府采购中，A 投标人认为自己的价格低，产品性能又好，结果该采购项目，由 A 投标人自认为远远不如自己的 B 投标人中标。A 由此提出质疑，招标代理机构受理了该质疑，并重新组织原评标专家进行了复核。在复核中发现，A 投标人在质疑过程中提供的法人证明书（即营业执照上法人代表的名字）与原来投标文件的法人代表不一致。原来，A 投标单位在质疑前几天刚好换了营业执照。请问这种情况下质疑是否有效？该如何处理？

答： 按相关法律法规，该质疑是无效的。尽管还是同一家公司，因为投标后，该公司换了营业执照，更换了法人代表。所以，除非特别说明，评标委员会和代理机构可以不予受理这种质疑。当然，从情理上讲，还是 A 公司，招标代理机构是应该受理的。如果招标代理机构需要 A 投标人补交说明或手续才受理质疑，也是说得过去的。

习题与思考题

1. 单项选择题

（1）按《招标投标法实施条例》的规定，监管机构应该在收到投诉之日起（　　）日内决定是否受理投诉。

　A. 3　B. 5　C. 7　D. 30

（2）按《招标投标法实施条例》的规定，监管机构应该在接受投诉之日起（　　）日内给出投诉处理的书面决定。

　A. 3　B. 5　C. 7　D. 30

（3）项目审批、核准部门和有关行政监督部门的工作人员徇私舞弊、滥用职权、玩忽职守，构成犯罪的，依法（　　）。

　A. 通报批评　B. 行政记过　C. 降级或撤职　D. 追究刑事责任

（4）投标人相互串通投标或者与招标人串通投标的，中标无效，处中标项目金额（　　）的罚款。

　A. 千分之五以上千分之十以下　B. 百分之五以上百分之十以下

　C. 千分之一以上千分之五以下　D. 百分之一以上百分之五以下

（5）招标人将公开招标改为邀请招标，由有关行政监督部门责令改正，可以处（　　）万元以下的罚款。

　A. 1　B. 5　C. 10　D. 20

2. 多项选择题

（1）投诉人有（　　）进行投诉的，行政监督部门应当予以驳回。

　A. 捏造事实　　　　　　　　B. 伪造材料

　C. 以非法手段取得证明材料　D. 向 2 个以上机构投诉

（2）投标人有下列行为之一的，属于《招标投标法》第五十三条规定的情节严重行为，由有关行政监督部门取消其 1 年至 2 年内参加依法必须进行招标的项目的投标资格（　　）。

　A. 以行贿谋取中标

　B. 年内 2 次以上串通投标

　C. 串通投标行为损害招标人直接经济损失 30 万元以上

　D. 其他串通投标情节严重的行为

（3）评标委员会成员有下列行为之一的，由有关行政监督部门责令改正；情节严重的，禁止其在一定期限内参加依法必须进行招标的项目的评标；情节特别严重的，取消其担任评标委员会成员的资格（　　　）。

    A. 应当回避而不回避

    B. 擅离职守

    C. 不按照招标文件规定的评标标准和方法评标

    D. 对依法应当否决的投标不提出否决意见

（4）招标人有下列情形之一的，由有关行政监督部门责令改正，可以处中标项目金额10‰以下的罚款（　　　）。

    A. 无正当理由不发出中标通知书

    B. 不按照规定确定中标人

    C. 中标通知书发出后无正当理由改变中标结果

    D. 在订立合同时向中标人提出附加条件

（5）国家工作人员利用职务便利，以直接或者间接、明示或者暗示等任何方式非法干涉招标投标活动，有下列情形之一的，依法给予记过或者记大过处分（　　　）。

    A. 要求对依法必须进行招标的项目不招标

    B. 要求对依法应当公开招标的项目不公开招标

    C. 要求评标委员会成员或者招标人以其指定的投标人作为中标候选人或者中标人

    D. 非法干涉评标活动，影响中标结果

3. 问答题

（1）《招标投标法实施条例》对投标人有关招标文件与资格预审文件的质疑与投诉是如何规定的？

（2）相关法律法规对投标人的投诉期限是如何规定的？

（3）《招标投标法实施条例》对投标人有关中标公示的质疑与投诉是如何规定的？

（4）作为招投标监管机构，如何防止投标人恶意投诉？

4. 案例分析题

某投标人A公司参加了一系统工程的竞争性谈判投标。参与投标的投标人一共三家，分别为A、B、C三家公司。唱标时，A、B、C三家投标人的报价分别是180万元、140万元、120万元，最终C公司一家以80万元中标。现在，A公司质疑和投诉以下问题：

（a）招标文件要求提交质量检验合格证书，但未注明是主要设备还是系统的合格证书，中标商只提供了主要设备的，我们认为他不具备承担此系统工程的能力，且不符合预审资质资格。

（b）谈判小组由五人组成，其中一人为招标人（主管部门）代表，两人为采购人（用户）代表，其他两人为专家评委。A投标人认为谈判小组组成不符合采购法关于"专家的人数不得少于成员总数的三分之二"的要求，而且采购人代表也不应超过40%。

请问A投标人该向谁进行投诉？投诉内容包括哪些？重点投诉内容是什么？

【参考答案】

1. 单项选择题

    （1）A　　（2）D　　（3）D　　（4）A　　（5）C

2. 多项选择题

（1）ABC　（2）ABCD　（3）ABCD　（4）ABCD　（5）ABCD

3. 略

4. 案例分析题

A 应向招标人投诉或招标监管机关进行投诉。但有关开标环节的事情，应先向招标人投诉。投诉的重点应为评委会的合法性和有效性，并以此要求监管部门判定该次评标不合法而无效。投诉的内容应包括：

（1）投诉人的名称、地址及有效联系方式；

（2）被投诉人的名称、地址及有效联系方式；

（3）投诉事项的基本事实；

（4）相关请求及主张；

（5）有效线索和相关证明材料。

第10章 专家与专家库管理问答

问题238 新形势下评标专家库的管理权限归哪个部门?

答:一些地方,原来是政府采购由财政部门建立政府采购评标专家库、由建设或发改部门主导或建立工程评标专家库并已各自正常运行了多年。2012年2月1日以后,各级地方政府根据《中华人民共和国招标投标法实施条例》的规定,逐渐将本地区内的工程招标和政府采购统一整合,试图将本行政区域内的招标平台统一监管,成立公共资源交易中心这一统一招标平台的趋势愈发明显。在成立公共资源交易中心和进行招标统一监管的过程中,各地试图将各种评标库统一或合并以减少重复建设和节约资源,或建立综合评标的专家库。如某省原来具有统一的政府采购专家库,一直以来由该省的财政厅政府采购监管处负责专家库的组建、审核、培训和专家抽取工作。2012年《中华人民共和国招标投标法实施条例》实施以后,该省的发改委依据此条例的有关规定,要求省财政厅将原有的专家库资料移交给发改部门,同时将管理和抽取专家的权限也移交给发改部门,财政部门不愿意移交专家库,于是,该省发改部门试图另外组建该省的政府采购专家库,遭到财政部门的强烈抵制。

2012年2月1日实施的《中华人民共和国招标投标法实施条例》,总结了我国招投标工作的经验,是对招投标工作在新形势下作出的重大调整。其中,关于招投标工作的监管,《招标投标法实施条例》第四条明确规定:

国务院发展改革部门指导和协调全国招标投标工作,对国家重大建设项目的工程招标投标活动实施监督检查。国务院工业和信息化、住房城乡建设、交通运输、铁道、水利、商务等部门,按照规定的职责分工对有关招标投标活动实施监督。

县级以上地方人民政府发展改革部门指导和协调本行政区域的招标投标工作。县级以上地方人民政府有关部门按照规定的职责分工,对招标投标活动实施监督,依法查处招标投标活动中的违法行为。县级以上地方人民政府对其所属部门有关招标投标活动的监督职责分工另有规定的,从其规定。

财政部门依法对实行招标投标的政府采购工程建设项目的预算执行情况和政府采购政策执行情况实施监督。

由此可见,发改部门统一协调和负责牵头对招投标工作进行监管和指导,是《招标投标法实施条例》所规定的,不过这种统一和协调是对重大建设工程进行监管和指导,具体地说,是从建设、水利、交通、铁道等部门收权和集中,即原来由建设、水利、交通、铁道等部门所建立的评标专家库应由发改部门统一建设和监管。

至于政府采购的专家库,根据《政府采购法实施条例》第六十二条的规定,省级以上人民政府财政部门应当对政府采购评审专家库实行动态管理,具体管理办法由国务院财政部门制定。因此,政府采购的评标专家库,依然由财政部门组建或监管是合适的。

问题 239 政府采购中，采购人代表是否能参加评标过程？是否能参加评标委员会？能做评标委员会的组长吗？

答： 按照《政府采购法实施条例》第三十九条的规定，除国务院财政部门规定的情形外，采购人或者采购代理机构应当从政府采购评审专家库中随机抽取评审专家。所谓除国务院财政部门规定的情形外，主要是指有财政部规定的《政府采购货物和服务招标投标管理办法》第四十五条的规定，即评标委员会由采购人代表和有关技术、经济等方面的专家组成，成员人数应当为 5 人以上单数。其中，技术、经济等方面的专家不得少于成员总数的 2/3。采购数额在 300 万元以上、技术复杂的项目，评标委员会中技术、经济方面的专家人数应当为 5 人以上单数。另外，根据《关于进一步规范政府采购评审工作有关问题的通知》（财库〔2012〕69 号）的规定，采购人委派代表参加评审委员会的，要向采购代理机构出具授权函。除授权代表外，采购人可以委派纪检监察等相关人员进入评审现场，对评审工作实施监督，但不得超过 2 人。采购人需要在评审前介绍项目背景和技术需求的，应当事先提交书面介绍材料，介绍内容不得存在歧视性、倾向性意见，不得超出采购文件所述范围，书面介绍材料作为采购项目文件随其他文件一并存档。评审委员会应当推选组长，但采购人代表不得担任组长。

因此，综合《政府采购法实施条例》、《政府采购货物和服务招标投标管理办法》和《关于进一步规范政府采购评审工作有关问题的通知》等法律法规和制度，政府采购中，采购人能派代表参与评标，但采购人委派代表参加评审委员会的，要向采购代理机构出具授权函。如果采购人派的代表进入评标委员会，使技术、经济等方面的专家少于成员总数的三分之一是不行的。另外，采购人代表能参加评标过程，并派不多于 2 名代表作为监督进入评审现场是允许的。如果采购人派代表参加评标委员会，是不能做评标组的组长的。

问题 240 政府采购中，采购人非法干预评审过程该负什么责任？

【背景】 2013 年 9 月 16 日下午，N 区爱卫办垃圾桶采购招标评审在某大厦举行。此次招标预算为 48 万元，N 区 H 镇爱卫办拟采购 20000 个垃圾桶，免费分配给该镇辖区内的居民作为家庭厨房垃圾桶使用，平均每个垃圾桶的采购价约为 22 元。招标公告发出后，共有 6 家投标人进行投标。其中，A、B、C、D 和 F 是本省的投标人，E 投标人为外省的投标人。

评标会上，招标人委派一名代表作为专家评委参与打分评审。评审刚开始时，业主评委就提醒其他几位从专家库中抽取的专家，要认真对 F 投标人进行投标文件审查，后来干脆提出来，看能否把价格最低的 F 投标人给否决。看众专家都保持沉默，这时，业主委派的代表又提出，要采购价格适中的货物，太贵和太便宜的投标产品都不考虑。显然，这是明显的违规行为。商务评审打分完成后，众专家去旁边的会议室看各投标人提供的垃圾桶样品。这时，业主代表抓住最后的机会，极力游说和推荐 D 公司的产品质量如何好，如何能满足他们的要求，同时，又极力诋毁其他几家公司的产品。请问，对采购人这样非法干预评审过程该负什么责任？

答： 《政府采购法实施条例》第六十八条规定，采购人非法干预采购评审活动的，按《政府采购法》第七十一条和七十八条的规定处罚。那么，《政府采购法》七十一条是如何规定的呢？就是责令采购人限期改正，给予警告，可以并处罚款，对直接负责的主管人员和其他直接责任人员，由其行政主管部门或者有关机关给予处分，并予通报。《政府采购法》第七十八条对采购代理机构非法干预评审活动的处罚规定。另外，《政府采购法实施条例》第四十条规定，政府采购评审专家在评审过程中受到非法干预的，应当及时向财政、监察等部门举报。

本案例中，这是一次错漏百出的离奇招标，也是一次一波三折的招标评审会，更是一次严重违反《招标投标法》和有关规章制度的招标。首先，招标文件有严重的倾向性，是为 B 投标人量身定做的。如要求投标人提供制造垃圾桶的原材料要有发票；要求垃圾桶要有专利且专利证书的评分畸高；要求投标人的 ISO9001 证书中一定要有垃圾桶认证字样才能得分等等。其次，招标人委派的评委代表多次违规，从暗示要某家投标人产品到明示、诋毁某几家投标人的产品等，最后甚至粗暴干涉其他专家的独立评审，要求其他评审更改评标结果。

本案例中，招标文件为 B 投标人量身定做，业主的原意是希望 B 投标人中标。但为何在评标会上业主又对 D 投标人大力推荐呢？原因是招标人，某领导属意 B 公司，搞明定暗招，为此，不惜把简单的采购搞得非常复杂。在开标之前，该采购过程中，业主方有更大的领导，给出席评标会的业主评委和工作人员打了招呼，要求 D 招标人中标。业主评委思前想后，还是按更大领导的意图办事，想临时更改为 D 投标人中标。这就是为什么招标人原来为 B 投标人量身定做招标文件，后来又极力为 D 投标人操纵评标过程而不惜赤膊上阵的原因。当然，最后的结果，还是 B 投标人顺利成为第一中标候选人，因为其他几位专家本着"客观、认真"的态度，依照招标文件进行评审。不过，当招标代表宣布 B 投标人为第一中标候选人，D 投标人为第二中标候选人时，业主评委已满头大汗，几乎摊在座椅上。这是因为业主代表和业主评委很紧张，没有控制住评标结果，业主评委在思考回去该怎么交差的缘故。

问题 241 在评标过程中的举手表决算少数服从多数吗？何种形式的少数服从多数才符合招标的相关法律法规要求？

【背景】2012 年 12 月 25 日上午，某市 S 县××中学等三所学校热水热泵系统节能改造招标会在县行政服务中心大楼 202 室举行。招标项目标的总额 186 万元，拟为该县的几所中学宿舍和食堂等装上太阳能热水器。招标概况如下：招标公告发出后，共有 9 家投标人购买了招标文件，其中 5 家投标人递交了投标文件。在这 5 家递交投标文件的投标人中，其中有 2 家投标人的投标报价超过了招标文件规定限价。因此，在开标会结束以后，剩下的三家投标人按正常程序进入评标环节。

评标委员会由 5 人组成，其中 1 人来自业主，即该县教育局的某工作人员。其他 4 人来自该省的专家库随机抽取的专家。评标会从上午 9 点开始，一直评到下午 3 点才结束，整个评标会争吵异常激烈。公共资源交易中心提出通过举手表决，以少数服从多数的原则作为评标的依据对吗？

答：根据《关于进一步规范政府采购评审工作有关问题的通知》（财库［2012］69号）的规定，评审委员会成员要依法独立评审，并对评审意见承担个人责任。评审委员会成员对需要共同认定的事项存在争议的，按照少数服从多数的原则做出结论。持不同意见的评审委员会成员应当在评审报告上签署不同意见并说明理由，否则视为同意。现在，让我们来分析一下少数服从多数的含义。

所谓少数服从多数的原则，是指各评委独立评审和打分，统计同意和不同意的票数。在符合性评审阶段，如果有过半数（多数）的评委认为没有问题，就视为符合要求。例如，评委会一共有5名评委，有3名评委认为某投标人的投标文件符合招标文件的要求，2名评委认为不符合要求，就应该按少数服从多数的原则，通过符合性审查。每名评委的评审结果，就是他个人的评审结论，此时并不需要所有评委的结论一致，更不是说，有一个评委认为不合格，就应该否决某投标人的投标文件，评委有不同意见，可以在他个人的符合性评审表上签署自己的意见。评委会也不能另外再搞一个少数服从多数的文字决议（尤其是举手表决类的口头表决）去进行表决。

如果某投标人的投标文件按少数服从多数的原则通过了符合性审查，哪怕某评委个别成员有不同意见，甚至在符合性审查阶段给了否决的意见，最后，整个评委会成员都应在评标报告上签名同意评标结果，而不能因为评标结果和自己的意见不一致，就拒绝在评标报告上签名。

在本案例中，上午11点多，评标会快结束即将起草评标报告的时候，业主评委即教育局的某工作人员发现第一中标候选人不是他心目中的理想中标对象，欲唆使坐在他对面的某评委B重新核查第一中标候选人的资料。果真，评委B和业主评委都"发现"了一点可以否决该中标候选人的瑕疵。于是，业主评委和B评委立场一致，提议评委会要对第一中标候选人的中标资格进行表决。本来，在评标的第一阶段，就是进行投标人的符合性和资格性审查。评委组长和其他2名评委对这种违反法律程序和基本常识的表决非常反对。这3名评委的立场非常一致，即评标会还没有结束，如果有不同意见，可以把资格审查表重新发下来，各专家填写一遍签名即可，以最后一次签名确认的符合性审查表为准，只要统计各评委的评审结果，对统计结果按照少数服从多数的原则来决定第一中标候选人是否具有有效的中标资格即可，没有必要在评标结束以后另外再对评标结果进行表决。此时，B专家就不干了，他认为，评审就是各专家的符合性审查结果要完全一致，如果不一致，就要在最后阶段搞投票表决。在本案例中，在场的3名工作人员竟然也同意B评委的这种荒唐的表决方式。

在表决阶段，B评委再度使评标会发生了剧烈争吵，原来，B评委的意思，就是举手表决，按少数服从多数，同意第一中标候选人有效的过半数票，就算同意评标结果，并且举出了全国人大开会也有举手表决的情况等等。面对这种啼笑皆非的举手表决，剩下的3名评委坚决不同意，说即使要投票表决的话，也一定要有书面的记录，坚决反对这种口头的、举手类的表决方式（因为查无对证）。可是，面对这种情况，那3名工作人员根本就拿不出具体的表决决议。于是，这3名工作人员又临时离场，到隔壁房间商量怎么起草这个表决决议。

在本案例中，有太多的荒唐。第一，B评委完全没有法律知识，倚老卖老，拒绝接受别人的正确意见，竟然拒绝在评标报告上签名，在场的3名工作人员，面对B评委拒绝签名和倚老卖老，没有明确制止，反而很害怕，要求另外3名评委迁就B评委的投票要求。第二，交易中心的工作人员法律知识欠缺，评标程序意识缺乏，对评标现场的掌控不足，无法平息评委的争论，更不知道少数服从多数的含义。第三，业主评委有猫腻，在评标结束阶段，一看第一中标候选人不是原来心目中的"潜在中标者"，鸡蛋里面挑骨头，唆使个别评委突然发难，将严肃的政府招标采购视为儿戏。

问题242　建设工程评标中，评标专家违法的处理是什么？

答：评标委员会成员有下列行为之一的，由有关行政监督部门责令改正；情节严重的，禁止其在一定期限内参加依法必须进行招标的项目的评标；情节特别严重的，取消其担任评标委员会成员的资格：

（1）应当回避而不回避；

（2）擅离职守；

（3）不按照招标文件规定的评标标准和方法评标；

（4）私下接触投标人；

（5）向招标人征询确定中标人的意向或者接受任何单位或者个人明示或者暗示提出的倾向或者排斥特定投标人的要求；

（6）对依法应当否决的投标不提出否决意见；

（7）暗示或者诱导投标人作出澄清、说明或者接受投标人主动提出的澄清、说明；

（8）其他不客观、不公正履行职务的行为。

评标委员会成员收受投标人的财物或者其他好处的，没收收受的财物，处3000元以上5万元以下的罚款，取消担任评标委员会成员的资格，不得再参加依法必须进行招标的项目的评标；构成犯罪的，依法追究刑事责任。当然，关于评标专家违规违纪的处理，各地有更详细的管理办法和处分细节，如迟到、评标失误等。

问题243　政府采购中，评标报告可以公布评标专家的名单吗？一些地方，尤其是县级及以下的部门，以公布评标专家名单会造成投标供应商与评标专家接触为由不公布，合理合法吗？

答：评标之前，评标专家的名单应保密。"评标委员会成员名单原则上应在开标前确定，并在招标结果确定前保密。"而在评标报告中，应包含评标专家的名单。《政府采购法实施条例》第四十三条规定，中标、成交结果公告内容应当包括采购人和采购代理机构的名称、地址、联系方式，项目名称和项目编号，中标或者成交供应商名称、地址和中标或者成交金额，主要中标或者成交标的的名称、规格型号、数量、单价、服务要求以及评审专家名单。而按照《政府采购货物与服务招标投标管理办法》第六十二条的规定，中标供应商确定后，中标结果应当在财政部门指定的政府采购信息发布媒体上公告。公告内容应当包括招标项目名称、中标供应商名单、评标委员会成员名单、招标采购单位的名称和电话。因此，评标专家名单在中标结果出来后，应进行公布。

一些地方政府，以泄密为由；或以当地评标专家库太小为由，在评标报告、中标公示中不公布评标专家是不合法的。

问题244　产生存在质疑的中标结果，原评标专家是否能参与复评，是全部专家都能复评还是只能有部分专家能复评还是必须由部分新抽取的专家复评？

答：对于工程招投标，根据《中华人民共和国招标投标法实施条例》第五十四条"投标人或者其他利害关系人对依法必须进行招标的项目的评标结果有异议的"以及《中华人民共和国招标投标法实施条例释义》对该条的释义二。如果在公示期间，质疑成立的，招标人应当组织"原评标委员对有关问题进行修正，如果无法再组织到原评标委员会，或者已经无法纠正的，应该由招标人报行政监督部门，由行政监督部门依法做出处理"。因此，如果是工程招投标，投标人有质疑和异议后，应该由全部原班专家进行复评或修正；如果已找不到原班专家或无法纠正的，则应报有关监管部门依法作出其他处理。

如果是政府采购，根据《政府采购法》第五十二条的规定，"政府采购评审专家应当配合采购人或者采购代理机构答复供应商的询问和质疑。"如果对评标结果有疑问，需要进行复评的，也应找原班专家进行复审或复评。

问题 245　政府采购中，在中标结果已经公示后，发现有采购单位领导作为评标专家，这是否合法？该如何提出申诉？

答：根据《政府采购货物和服务招标投标管理办法》（中华人民共和国财政部第 18 号令）第四十五条的明确规定，采购人不得以专家身份参与本部门或者本单位采购项目的评标。该办法第四十八条同时规定，必须从专家库里抽取评标专家。不过，根据《政府采购法》第三十九条的规定，除国务院财政部门规定的情形外，采购人或者采购代理机构应当从政府采购评审专家库中随机抽取评审专家。因此，财政部据此出台了《关于进一步规范政府采购评审工作有关问题的通知》（财库〔2012〕69 号）。规定采购人委派代表参加评审委员会的，要向采购代理机构出具授权函。除授权代表外，采购人可以委派纪检监察等相关人员进入评审现场，对评审工作实施监督，但不得超过 2 人。采购人需要在评审前介绍项目背景和技术需求的，应当事先提交书面介绍材料，介绍内容不得存在歧视性、倾向性意见，不得超出采购文件所述范围，书面介绍材料作为采购项目文件随其他文件一并存档。评审委员会应当推选组长，但采购人代表不得担任组长。

因此，如果采购人派的代表进入评标委员会，使技术、经济等方面的专家少于成员总数的 1/3 是不行的。另外，采购人代表能参加评标过程，并派不多于 2 名代表作为监督进入评审现场是允许的。如果采购人派代表参加评标委员会，是不能做评标组的组长的。

如果评标委员会的组成无效，评标结果当然无效。

至于如何投诉，根据《政府采购供应商投诉处理办法（部长令第 20 号）》的规定，供应商认为采购文件、采购过程、中标和成交结果使自己的合法权益受到损害的，应当首先依法向采购人、采购代理机构提出质疑。对采购人、采购代理机构的质疑答复不满意，或者采购人、采购代理机构未在规定期限内作出答复的，供应商可以在答复期满后 15 个工作日内向同级财政部门提起投诉。具体办法请参考本书其他章节。

问题 246　评标专家在何种情况下需要回避？

答：根据《招标投标法》、《招标投标法实施条例》、《评标委员会和评标办法暂行规定》等相关法规规定，评标委员会成员与投标人有利害关系的，应当主动回避。另外，法律法规还规定政府机关工作人员、交易中心工作人员、代理机构工作人员不得担任评标委员会的成员。因此，有下列情形之一的，评标专家应当主动提出回避，不得再担任该项目的评标委员会成员：

（1）投标人或者投标人主要负责人的近亲属；

（2）项目主管部门或者行政监督部门的人员；

（3）与投标人有经济利益关系，可能影响对投标公正评审的；

（4）曾因在招标、评标以及其他与招标投标有关活动中从事违法行为而受过行政处罚或刑事处罚的。

有的地方政府招投标监管部门还补充了关于专家回避的其他情况，比如：同学关系、朋友关系、间接委托关系等……如何认定其与投标供应商是否存在着错综复杂的人际关系和经济利益关系，这其实比较复杂，但同学关系、朋友关系如何认定是否需要回避，是否违法违规则有待商榷。

《招标投标法实施条例》第七十一条规定，评标委员会成员应当回避而不回避的，由有关行政监督部门责令改正；情节严重的，禁止其在一定期限内参加依法必须进行招标的项目的评标；情节特别严重的，取消其担任评标委员会成员的资格。

至于政府采购，也有类似的规定，如《政府采购法》第十二条规定，在政府采购活动中，采购人员及相关人员与供应商有利害关系的，必须回避。供应商认为采购人员及相关人员与其他供应商有利害关系的，可以申请其回避。《政府采购法实施条例》第七条规定，在货物服务招标投标活动中，招标采购单位工作人员、评标委员会成员及其他相关人员与供应商有利害关系的，必须回避。供应商认为上述人员与其他供应商有利害关系的，可以申请其回避。

根据《政府采购货物和服务招标投标管理办法》（中华人民共和国财政部第18号令）第七十五条的规定，政府采购评审专家与供应商存在利害关系未回避的，处2万元以上5万元以下的罚款，禁止其参加政府采购评审活动。

问题247 政府采购中，由于招标文件不严谨且采购人不答复投标人的疑问，加上评标过程不认真导致采购人拒绝与中标人签合同，该负什么责任？

【背景】某地方的物业管理政府采购项目，由于招标代理机构未善尽职责，招标文件表述模糊并且未答复投标人相关咨询，导致某物业公司投标遗漏了一大部分物业项目，根本不能响应招标文件的实质性要求和条件；评标委员会成员又不负责任，评标过程中竟未发现投标内容与招标项目严重不符，因该公司报价低，在采用综合评分法时，综合评分高而评定该公司中标。招标人向某物业公司发出中标通知书后，才发现该公司不该中标，拒绝与该物业公司签署物业承包合同。请问，这种情况下评委会成员该承担什么责任？

答：政府采购评审专家未按照采购文件规定的评审程序、评审方法和评审标准进行独立评审或者泄露评审文件、评审情况的，由财政部门给予警告，并处2000元以上2万元以下的罚款；影响中标、成交结果的，处2万元以上5万元以下的罚款，禁止其参加政府采购评审活动。

政府采购评审专家有上述违法行为的，其评审意见无效，不得获取评审费；有违法所得的，没收违法所得；给他人造成损失的，依法承担民事责任。但是，在实践中，对于评标委员会没有受贿、泄密等严重违规违法行为，而只有那种纯粹由马虎、不细致造成的评标错误，一般的做法是给予停止评标3个月到一年不等；给予通报批评；清除出评标专家库等处分。

问题248 政府采购中，评标专家出了问题，是否可以组织重新评审？

【背景】某政府采购项目，就教学科研设备进行公开招标。代理机构发布中标公告，确定 D 公司为此次采购的中标人。看到此结果后，落标人 J 公司向代理机构提出了质疑。J 公司认为，D 公司所投产品只有 4 项技术性能符合招标文件的要求，其余项目均不符合，不应该成为合格中标人。代理机构很快给了 J 公司书面答复，但却没对质疑内容作出正面回应，而是说"如果 D 公司的投标产品真如 J 公司所说，他们会依法处理。"对上述答复不满，J 公司决定提起投诉。但他们都还没来得及准备投诉材料就又收到了代理机构的书面答复。在此次答复中，代理机构称"该项目将做废标处理"。但对为何废标却只字未提。作出这份答复的第二天，代理机构发布了废标公告。在这个废标公告中，代理机构虽然列了废标原因是"评标委员会复议后决定本项目予以废标处理，重新组织招标"，但在 J 公司看来，公告中的废标原因依旧是雾里看花。J 公司向当地财政部门提起了投诉。该公司在投诉中称：首先，该项目的原中标人 D 公司所投的产品不符合招标文件的要求居然还中标，说明评审存在问题；其次，代理机构对其提出的质疑所做的第一份书面答复没有正面回答质疑；另外，代理机构在给 J 公司的第二份书面答复中没有说明废标的原因，废标公告也存在废标原因不明确的问题。细化招标文件参数概念不清等问题。最终，J 公司建议当地财政部门重新随机抽取专家，重新评标。当地财政部门受理投诉后认为，原中标人的投标产品型号技术参数的确存在不符合招标文件"软件功能"要求的问题；代理机构处理质疑答复的程序不规范；废标公告没列明法律依据，《招标文件》的技术参数还主要参考了中标人投标产品的技术参数，存在明显倾向性。因此，当地财政部门对 J 公司"重新随机抽取专家，重新评标"的建议没有采纳，而是"责令代理机构修改该项目的招标文件，并按修改后的招标文件开展采购活动"。透过上述案例，有三个问题值得思考：1. 政府采购代理机构应该如何处理质疑？2. 废标公告应包括哪些内容？3. 当采购出现问题时，何种情况下宜重新评标，而不是重新招标？

答：首先，质疑受理程序有待规范。在很多业界人看来，现在很多政府采购代理机构在受理质疑时之所以会出问题，主要还是因为缺乏制度去规范。《政府采购法》正式实施后的第二年，财政部便以部长令的形式专门出台了《政府采购供应商投诉处理办法》，保障了绝大多数投诉受理的顺利开展。受理质疑一样也很重要，一样需要规范进行。从某种程度上来说，受理质疑还更重要，更需要法律去规范，因为如果质疑处理好了，很多问题和矛盾都可以在这个阶段得以解决。那样，供应商就不必再花精力去投诉，监管部门也可以节省很多时间和精力。据有关人士透露，政府采购质疑处理办法有望在近期出台。

第二，废标公告也该有法可依。上述案例中，J 公司关于代理机构废标公告中废标原因不详的投诉得到了当地财政部门的认可，但当地财政部门并没有给出"废标公告必须公告废标原因"的法律依据。关于废标如何"公告"的问题，政府采购的法律法规里并没有明确。不过，根据《政府采购法》第三十六条和《政府采购货物和服务招标投标管理办法》第五十七条的规定，废标后，招标采购单位应当将废标理由通知所有投标供应商。因此，上述案例中，政府采购代理机构应该告诉 J 公司具体的废标原因。

第三，专家出问题可重新评审。在上述投诉中，J 公司的"重新随机抽取专家，重新评标"的建议没有被当地财政部门采纳。当地财政部门作出的是处理决定是"责令代理机构修改该项目的招标文件，并按修改后的招标文件开展采购活动"。对此，业界专家普遍认为，该处理决定既符合法律的规定，也符合实际需求。在政府采购活动中，如果是招标文件出了问题，影响了采购结果，就应修改招标文件，进行重新招标；而如果是因为评标委员会或者个别专家没根据招标文件进行评审影响了评标结果，则可选择重新组织专家进行评审。

问题249　评标专家在评审中，是否可以抄袭其他专家的打分？是否可以分工、分项、分部评审？

答：评标委员会成员应当独立、客观、公正、审慎地履行职责，遵守职业道德。评标委员会成员应当依据评标办法规定的评审顺序和内容逐项完成评标工作，对本人提出的评审意见以及评分的公正性、客观性、准确性负责。不得马虎、随意地打分评审，也不得分工、分项和分部评审。招标文件没有规定的评标标准和方法不得作为评标的依据。

问题250　评标专家在评审中，发现评标时间不够怎么办？

答：评标委员会成员应当独立、客观、公正、审慎地履行职责，遵守职业道德。评标委员会成员应当依据评标办法规定的评审顺序和内容逐项完成评标工作，对本人提出的评审意见以及评分的公正性、客观性、准确性负责。不得马虎、随意地打分评审，也不得分工、分项和分部评审。招标文件没有规定的评标标准和方法不得作为评标的依据。

《招标投标法实施条例》规定，招标人应当根据项目规模和技术复杂程度等因素合理确定评标时间。超过三分之一的评标委员会成员认为评标时间不够的，招标人应当适当延长。《公路工程建设项目招标投标管理办法》第四十七条规定，招标人应当根据项目规模、技术复杂程度、投标文件数量和评标方法等因素合理确定评标时间。超过三分之一的评标委员会成员认为评标时间不够的，招标人应当适当延长。

问题251　在评标过程中发现个别评标专家存有倾向性意见作为行政监督部门应当如何处理？

答：《招标投标法实施条例》第四十九条规定，评标委员会成员应当依照《招标投标法》和本条例的规定，按照招标文件规定的评标标准和方法，客观、公正地对投标文件提出评审意见。招标文件没有规定的评标标准和方法不得作为评标的依据。评标委员会成员不得私下接触投标人，不得收受投标人给予的财物或者其他好处，不得向招标人征询确定中标人的意向，不得接受任何单位或者个人明示或者暗示提出的倾向或者排斥特定投标人的要求，不得有其他不客观、不公正履行职务的行为。

在评标过程中，如果评标专家发表倾向性的意见，可以由有关行政监督部门责令改正；情节严重的，禁止其在一定期限内参加依法必须进行招标的项目的评标；情节特别严重的，取消其担任评标委员会成员的资格。

问题252　评标组长可以推翻其他专家的评分结果吗？

答：评标委员会主任委员与评标委员会的其他成员享有同等权利与义务。评标委员会组长职责主要是主持评审工作并督促评委遵守评标活动纪律，组织评标委员会进行有关评审的讨论和表决，代表评标委员会负责评标工作并起草评标记录，负责评分汇总，起草废标决议、评标报告等。但是，评委会主任并没有比一般评委有超出一格的权力，所以不能推翻其他专家的评分结果。

问题 253　招标人到底可不可以直接指定评标专家？哪种情况下可以直接确定评标专家人选？

答： 评标专家人选应由招标人从国务院有关部门或者省、自治区、直辖市人民政府有关部门提供的专家名册或者招标代理机构的专家库内的相关专业的专家名单中确定；一般招标项目可以采取随机抽取方式，特殊招标项目可以由招标人直接确定。

所谓特殊招标项目，是指非常复杂的、非常专业的评标项目，在当地专家库或上级专家库都无法抽取合适的专家，在经过审批之后，可以不经过随机抽取的方式，直接确定专家人选。

问题 254　按照交通运输部令 2015 年第 24 号颁布的《公路工程建设项目招标投标管理办法》，公路工程项目的评标，该如何抽取评标专家？

答： 国家审批或者核准的高速公路、一级公路、独立桥梁和独立隧道项目，评标委员会专家应当由招标人从国家重点公路工程建设项目评标专家库相关专业中随机抽取；其他公路工程建设项目的评标委员会专家可以从省级公路工程建设项目评标专家库相关专业中随机抽取，也可以从国家重点公路工程建设项目评标专家库相关专业中随机抽取。

对于技术复杂、专业性强或者国家有特殊要求，采取随机抽取方式确定的评标专家难以保证胜任评标工作的特殊招标项目，可以由招标人直接确定。

问题 255　工程招标中，评标专家是中标人单位的总经理，该如何处罚？该评标结果是否有效？

【背景】 某地永×花园北二区廉租房施工二标评标中，评标专家小组组长正是中标单位某建业集团股份有限公司××分公司的总经理。该如何对这样的评标结果进行处理？

答： 评标专家必须回避。如果评标委员会成员应当回避而不回避由有关行政监督部门责令改正；情节严重的，禁止其在一定期限内参加依法必须进行招标的项目的评标；情节特别严重的，取消其担任评标委员会成员的资格。

对于违规组建的评委会，或者依法必须进行招标的项目的招标人不按照规定组建评标委员会，或者确定、更换评标委员会成员违反《招标投标法》和《招标投标法实施条例》规定的，由有关行政监督部门责令改正，可以处 10 万元以下的罚款，对单位直接负责的主管人员和其他直接责任人员依法给予处分；违法确定或者更换的评标委员会成员作出的评审结论无效，依法重新进行评审。

因此，本案例中，既要对作为评委应回避而不回避的该公司总经理进行处罚，也要对该评标结果进行无效认定而重新招标。对涉嫌其中的腐败行为，应向监管部门报告。

问题 256　评标专家可以随意废标吗？

【背景】 某政府采购项目，共有 9 个供应商按时递交了投标文件。在评标过程中，专家进行符合性检查时确认有两个供应商不符合要求，被判为无效投标，而另外 7 个供应商为有效投标。但该评标委员会，主要是当时的评标委员会组长 A 认为本次竞争不充分，且投标范围不够广，理由是该行业最好的供应商 B 未参加投标，因而要求本项目作废标处理，如果不废标，A 就不当这个组长。如此废标的理由能成立吗？在这种情况下，评标委员会有权做出废标决定吗？

答：首先，9 个供应商参加投标，其中有 7 个有效投标，这样的项目是否存在竞争不充分？专家 A 的观点是否合法？

《政府采购法》等法律法规仅规定了，在投标人数量少于 3 个或者有效投标少于 3 个时，项目才能被认为竞争不充分，作废标处理。由此看来，本项目的竞争是充分的。

其次，专家 A 认为该行业最好的供应商 B 未参加投标便是投标范围不够广、竞争不充分的说法实难成立。且不论某供应商能称得上行业"领头羊"是否应该由专家说了算，单就公开招标项目本身来讲，投标与否完全是供应商的自愿行为，采购人或采购机构既不能决定也不能拒绝某供应商来或者不来投标，否则便是违法行为。另外，按照专家 A 的观点，这类项目必须要 B 供应商来投标才算竞争充分，那么，是否由此可以推论，也必须要由 B 公司中标才算合理，否则便是没有评出最优供应商为中标人，评标过程不科学？更为滑稽的是，专家 A 竟以不当组长作为要挟。其实评标委员会组长只是一个临时职务，与其他专家在评标时的权利是相等的，只是在各专家评完标后，组长负责汇总并总结各专家意见，并不意味着组长比其他专家具有更大的权力，相反，却要比其他评委多承担一些义务。这难免会让人揣测该专家与供应商 B 之间会存在某种利益关系。

最后，评标委员会不能按照自己的意愿来废标，漠视法律、法规和招标文件的相关规定。《政府采购法》第三十六条规定了废标的四种情形，第三十九、第四十条规定了评标委员会的权利和义务，但均没有赋予评标委员会可以随意废标的权力。可见，评标委员会无权对该项目作废标处理。评标委员会只能根据法律、法规所规定的废标情形以及招标文件规定的废标条件进行废标，绝不能为了一己私利，随意废标。

在本案例中，如果评标专家胡乱、随意废标，将按照《政府采购法实施条例》第七十五条的规定进行处理。政府采购评审专家未按照采购文件规定的评审程序、评审方法和评审标准进行独立评审或者泄露评审文件、评审情况的，由财政部门给予警告，并处 2000 元以上 2 万元以下的罚款；影响中标、成交结果的，处 2 万元以上 5 万元以下的罚款，禁止其参加政府采购评审活动。

政府采购评审专家与供应商存在利害关系未回避的，处 2 万元以上 5 万元以下的罚款，禁止其参加政府采购评审活动。

政府采购评审专家收受采购人、采购代理机构、供应商贿赂或者获取其他不正当利益，构成犯罪的，依法追究刑事责任；尚不构成犯罪的，处 2 万元以上 5 万元以下的罚款，禁止其参加政府采购评审活动。

政府采购评审专家有上述违法行为的，其评审意见无效，不得获取评审费；有违法所得的，没收违法所得；给他人造成损失的，依法承担民事责任。

问题 257　评标专家可以对招标人、招标代理机构工作人员、监督人员的违规违法行为进行监督吗？

答：对评标监督人员或者招标人代表干预正常评标活动，以及对招标投标活动的其他不正当言行，评标委员会应当在评标报告中如实记录。项目审批、核准部门和有关行政监督部门的工作人员徇私舞弊、滥用职权、玩忽职守，构成犯罪的，依法追究刑事责任。

按照《招标投标法实施条例》第八十一条的规定，国家工作人员利用职务便利，以直接或者间接、明示或者暗示等任何方式非法干涉招标投标活动，要求评标委员会成员或者招标人以其指定的投标人作为中标候选人或者中标人，或者以其他方式非法干涉评标活动，影响中标结果的，依法给予记过或者记大过处分；情节严重的，依法给予降级或者撤职处分；情节特别严重的，依法给予开除处分；构成犯罪的，依法追究刑事责任。

习题与思考题

1. 单项选择题

（1）对于建筑工程招标项目，当投标截止时间到达时投标人少于 3 个的，招标人应当采取的方式是（　　）。

A. 重新招标　B. 直接定标　C. 继续开标　D. 停止开标或评审

（2）下列行为中，表明投标人已参与投标竞争的是（　　）。

A. 资格预审通过　B. 购买招标文件　C. 编写投标文件　D. 递交投标文件

（3）下列关于招标公告发布媒介的说法中，不符合《招标公告发布暂行办法》规定的是（　　）。

A. 依法必须招标项目的招标公告应当在国家指定的媒介上发布

B. 两个以上媒介发布同一招标项目的招标公告的内容应相同

C. 指定媒介发布机电产品国际招标公告的，不得收取费用

D. 指定报纸在发布招标公告的同时应如实抄送《中国采购与招标网》

（4）下列关于工程建设项目招标投标资格审查的说法中，错误的是（　　）。

A. 资格预审一般在投标前进行，资格后审一般在开标后进行

B. 资格预审审查办法分为合格制和有限数量制

C. 资格后审审查办法包括综合评估法和经评审的最低投标价法

D. 资格后审应由招标人依法组建的评标委员会负责

（5）下列关于投标有效期是说法中，错误的是（　　）。

A. 拒绝延长投标有效期的投标人有权收回投标保证金

B. 投标有效期从投标人递交投标文件之日起计算

C. 投标有效期内，投标文件对投标人有法律约束力

D. 投标有效期的设定应保证招标人有足够的时间完成评标和与中标人签订合同

（6）下列关于投标人对投标文件修改的说法中，正确的是（　　）。

A. 投标人提交投标文件后不得修改其投标文件

B. 投标人可以利用评标过程中对投标文件澄清的机会修改其投标文件，且修改内容应当作为投标文件的组成部分

C. 投标人对投标文件的修改，可以使用单独的文件进行密封，签署并提交

D. 投标人修改投标文件的，招标人有权接受较原投标文件更为优惠的修改并拒绝对招标人不利的修改

（7）下列关于投标文件密封的说法中，错误的是（　　）。

169

A. 投标文件的密封可以在公证机关的见证下进行

B. 投标文件未按照招标文件要求密封的，招标人有权不予退还该投标人的投标保证金

C. 招标人可以在法律规定的基础上，对密封和标记增加要求

D. 投标文件未密封的不得进入开标

（8）根据《招标投标法》，下列关于开标程序的说法中，错误的是（　　）。

A. 开标时间和提交投标文件截止时间应为同一时间

B. 开标时间修改，应以书面形式通知所有招标文件的收受人

C. 投标文件的密封情况可以由投标人或其推选的代表检查

D. 招标人应委托招标代理机构当众拆封收到的所有投标文件

（9）关于建筑工程招标项目的唱标，下列说法中正确的是（　　）。

A. 唱标时未宣读的价格折扣，评标时可以允许适当地考虑

B. 如果开标一览表的价格与投标文件中明细表的价格不一致，以投标明细表为准

C. 招标文件未明确允许提供备选投标方案的，开标时无需对投标人提供的备选方案进行唱标

D. 对于投标人在开标之前提交的价格折扣，唱标时应该宣读价格折扣

（10）采用综合评分法评审的建筑工程招标项目，中标候选人评审得分相同时，其排名应（　　）顺序排列。

A. 按照投标报价由低到高　　　　　　　　B. 按照技术指标优劣

C. 由评标委员会综合考虑投标情况自定　　D. 按照投标报价得分由高到低

2. 多项选择题

（1）下列关于工程建设项目评标委员会的说法中，正确的是（　　）。

A. 评标应当由招标人负责组建的评标委员会负责

B. 评标委员会成员组成必须为 5 人以上单数

C. 与投标人有利害关系的人已经进入评标委员会的，应当更换

D. 评标委员会应当根据招标文件确定的评标标准和方法评标

（2）根据《工程建设项目货物招标投标办法》，编制招标文件应当（　　）。

A. 按国家有关技术法规的规定编写技术要求

B. 要求标明特定的专利技术和设计

C. 明确规定提交备选方案的投标价格不得高于主选方案

D. 用醒目方式标明实质性要求和条件

（3）下列关于工程建设项目招标文件的澄清和修改的说法中，正确的是（　　）。

A. 招标人和投标人均可要求对投标文件进行澄清和修改

B. 招标人对招标文件的澄清和修改应在提交投标文件截止时间至少 15 日前进行

C. 项目招标人对招标文件的澄清和修改应在指定媒体上发布更正公告

D. 项目招标人对招标文件的修改应当在开标日 15 日前进行

（4）下列关于联合体投标工程建设项目的说法中，正确的是（　　）。

A. 联合体投标应当以一个投标人的身份共同投标

B. 联合体各方必须签订共同投标协议且需附在联合投标文件中提交

C. 联合体各方签订共同投标协议后不得再以自己的名义单独投标

D. 联合体的投标保证金应当由联合体的牵头人提交

（5）关于依法必须招标的工程建设项目，下列说法中正确的是（　　）。

A. 联合体中标的，联合体各方应当共同与招标人签订合同

B. 评标和定标应当在开标日后 30 个工作日内完成

C. 联合体中标的，各方不得组成新的联合体或参加其他联合体在其他项目中投标

D. 招标人应当确定评标委员会推荐的排名第一的中标候选人为中标人

（6）关于依法必须招标项目评标专家的选择，下列说法中正确的是（　　）。

A. 应由招标人在规定的专家库或专家名册中确定

B. 可以在招标代理机构的专家库内选择

C. 一般招标项目可以采取随机抽取方式确定

D. 特殊项目可以由招标人直接确定

（7）下列关于开标的说法中，正确的有（　　）。

A. 开标应制作开标的记录并作为评标报告的组成部分存档

B. 开标应在招标文件中规定的地点进行

C. 如果招标人需要修改开标时间和地点的，应以书面方式通知所有招标文件的收受人

D. 招标人可以依法推迟开标时间，但不得将开标时间提前

3. 问答题

（1）开标时应注意哪些环节？

（2）招投标相关法律法规对评标时澄清的规定是什么？

（3）评标无效的几种情形是什么？

（4）定标环节，招标人对评标委员会的建议该采取什么决定措施？

（5）招投标相关法律法规对招标人开标前组织的踏勘现场有什么规定？

4. 案例分析题

某市商住楼施工工程招标，招标方式采取公开招标的方式。项目投资约 1600 万元。于 2012 年 8 月 25 日上午 9：00 在该市的工程交易中心 209 室进行了开标，评标地点在 407 室。开标、评标过程都正常，在出评标报告并且评委会都签完名的情况后，该中心的工作人员发现有一个严重的错误。评标报告里的第一中标人不是按照本项目的定标原则评出的，本项目的定标原则是：选定投标报价低于且最接近平均参考价（所有有效标的平均值）者作为中标单位。评委会忽略了"低于"平均价的字眼，选择了一家高于但最接近平均价的投标人为第一中标候选人，导致结果错误。工作人员发现问题后马上向评委说明了情况，并要求其改正。评委居然说他们没有仔细看，都是招标代理做的。请分析此次评标评委的过错和责任，并应如何处罚。

【参考答案】

1. 单项选择题

（1）D　（2）D　（3）D　（4）A　（5）B　（6）A　（7）B　（8）D　9（D）

10（B）

2. 多项选择题

（1）ABCD　　（2）AD　　（3）BC　　（4）ABC　　（5）ABD　　（6）CD　　（7）ABC

3. 略

4. 案例分析题

评委将负全责，招标代理机构是工作人员，仅负责评委会做一些文字性的辅助工作，评委会对评标结果的准确性负责。如评标错误，由有关行政监督部门责令改正；情节严重的，禁止其在一定期限内参加依法必须进行招标的项目的评标；情节特别严重的，取消其担任评标委员会成员的资格。

第 11 章 联合体投标问答

问题 258 为什么有些招标文件明确限制不允许联合体投标？如果招标文件没有明确说明不允许联合体投标，是否可以用联合体的方式投标？

答： 所谓联合体投标，是指两个以上法人或者其他组织组成一个联合体，以一个投标人的身份共同投标的行为。有些工程招标项目和政府采购项目，招标人为保证工期、质量，减少建设工程中的摩擦和工作量，或为了减少与中标人之间的协调和管理难度，明确禁止和反对联合体投标。但是，有些大型或超大型的建设工程项目，往往不是一个投标人所能完成的，所以，招标人（业主）往往允许几个投标人组成联合体共同参与投标。因此，联合体共同投标一般适用于大型建设项目和结构复杂的建设项目。对此，《建筑法》第二十七条有类似的规定。

《招标投标法》第三十一条规定："两个以上法人或者其他组织可以组成一个联合体，以一个投标人的身份共同投标。"《政府采购法》第二十四条规定，两个以上的自然人、法人或者其他组织可以组成一个联合体。可见，不管是《招标投标法》还是《政府采购法》，对联合体的规定是"可以组成，也可以不组成"。是否组成联合体由联合体各方自己决定。对此《招标投标法》第三十一条第四款有相应的规定。这说明联合体的组成属于各方自愿的共同的一致的法律行为。

《招标投标法》第三十一条规定："招标人不得强制投标人组成联合体，不得限制投标人之间的竞争"。《招标投标法实施条例》第三十七条规定，招标人应当在资格预审公告、招标公告或者投标邀请书中载明是否接受联合体投标。可见，《招标投标法实施条例》比《招标投标法》更进一步，要在招标文件或资格预审公告中明确说明是否允许或禁止投标人组成联合体进行投标。

因此，投标人是否组成联合体以及与谁组成联合体，都由投标人自行决定，任何人不得干涉。但是，有些建设工程的招标文件要求，联合体不得投标，这并不违反法律规定，因为法律只规定了不得强制投标人组成联合体。因此，招标文件不能规定一定非得组成联合体投标，如果招标文件没有明确规定限制联合体投标，是可以组成联合体进行投标的。

问题 259 各方组成了联合体投标，还可以以各自的名义进行同一个项目的投标吗？可以组成多个联合体进行投标吗？

答： 不能，投标人一旦组成联合体投标，就不能以自己的名义在同一项目中再次进行投标，也不能组成多个联合体进行投标。投标人不能为了增大中标的可能性，一方面组成联合体或多个联合体去投标，一方面又以自己的名义去投标。《招标投标法实施条例》第三十七条规定，联合体各方在同一招标项目中以自己名义单独投标或者参加其他联合体投标的，相关投标均无效。《政府采购法实施条例》第二十二条规定，以联合体形式参加政府采购活动的，联合体各方不得再单独参加或者与其他供应商另外组成联合体参加同一合同项下的政府采购活动。

问题260 法律对组成联合体的公司有什么要求？对联合体成员的个数有什么限制？实践中一般是如何操作的？

答：《招标投标法》第三十一条规定，联合体各方均应当具备承担招标项目的相应能力；国家有关规定或者招标文件对投标人资格条件有规定的，联合体各方均应当具备规定的相应资格条件。因此，对工程类项目招标，联合体各方的资质"就低不就高"，即联合体各方均应具备相应的资格条件，具体的资格条件，应由建筑领域的相关法规和招标文件来确定。

对政府采购类项目，《政府采购法实施条例》第二十四条规定，以联合体形式进行政府采购的，参加联合体的供应商均应当具备本法第二十二条规定的条件，即公司法人的一般条件。依据《政府采购货物和服务招标投标管理办法》相关规定，采购人根据采购项目的特殊要求规定投标人特定条件的，联合体各方中至少应当有一方符合采购人规定的特定条件。因此，如是政府采购类的投标，对联合体的资质要求是只要联合体投标各方只要有一方满足招标文件的要求即可，此为"就高不就低"。如果要求投标人具备特定条件的，有一方符合采购人规定的特定条件就可以。联合体方式投标是以强弱联合的投标方式，扶持中小企业。值得注意的是，根据《政府采购法》第四条的规定，对政府采购工程进行招标投标的，适用于《招标投标法》。

对联合体成员的个数，无论是《招标投标法》以及《招标投标法实施条例》还是《政府采购法》以及《政府采购法实施条例》，都没有进行类似的规定，即相关法律法规没有对联合体成员的个数进行限制。但投标人如要组建联合体投标，须关注招标公告（资格预审公告、投标邀请书）中对组建联合体单位数量的上限。实践中，由招标文件进行限制，招标人为减少招标项目管理的复杂性，有时也限制组成联合体的成员数量，例如，一般不超过2个，允许3个或3个以上成员组成联合体的较少。

问题261 联合体的法律地位和责任划分是如何规定的？

答：关于投标联合体的法律性质，《招标投标法》未做出明确的规定。事实上，联合体是一个临时性的组织，不具有法人资格，如果没有中标，开标结束后，联合体就自动解散了。组成联合体的目的是增强投标竞争能力，减少联合体各方因支付巨额履约保证金而产生的资金负担，分散联合体各方的投标风险，弥补有关各方技术力量的相对不足，提高共同承担的项目完工的可靠性。如果属于共同注册并进行长期的经营活动的"合资公司"等法人形式的联合体，则不属于《招标投标法》所称的联合体。

对投标联合体的定性和认识投标联合体的法律地位，规定联合体各组成方的权利和义务、违约责任等等都是极其重要的。在招投标中，投标联合体常常采用合伙型投标联合体的组织形式，即投标联合体各方经协商达成协议，但并不登记为独立法人，在投标联合体内部据此协议享有相应的权利和义务。在违约责任方面，对外（主要是对招标方）承担连带责任，对内则依据协议约定的比例或各方的过错分担。

通过对以上合伙型投标联合体比较分析可以看出，合伙型投标联合体具有以下特征：首先是合伙性。这决定了投标联合体各方对招标方或招标项目而言必须对外承担连带责任，这有利于投标联合体各方增强责任感，既要依据招标投标协议和投标联合体内部协议完成自己的工作职责，又要互相监督协调，保证整体工程项目的合格。对于招标方而言。这也是最理想的选择，一旦招标的工程项目出现应由投标联合体承担责任的问题，他可以选择投标联合体中的任何一方或多方要求其承担部分或全部责任。其次是管理上的有效性。这主要通过投标联合体各方之间缔结投标联合体共同投标协议来实现。根据招标的工程项目的特点、要求、工程量大小等，一般在投标联合体共同投标协议中约定针对此工程项目而成立专门的组织协调管理机构，以确保投标联合体各方之间明确职责、互通信息、协调一致，为工程项目的局部合格、整体优化提供管理上的保障。最后是充分享有投标联合体的经济管理自主权，投标联合体成员的退伙、解散除受投标联合体共同投标协议和招标方的约束外，不须受行政主管部门的制约，既极大地便利了市场经济主体，又提高了经济的效益。

所以，一般招标文件要求组成联合体各方要签署协议，且协议中要约定谁负责，谁是牵头人、联络人等。《招标投标法》第三十一条规定："联合体各方应当签订共同投标协议，明确约定各方拟承担的工作和责任，并将共同投标协议连同投标文件一并提交招标人。《政府采购法》第二十四条规定，联合体各方应当共同与采购人签订采购合同，就采购合同约定的事项对采购人承担连带责任。因此，一旦联合体中标的，联合体各方应当共同与招标人签订合同，就中标项目向招标人承担连带责任。"这方便联合体中标后，招标人有利于协调和管理。

问题262　联合体各方的资格，是以哪个为准？

答：同一专业的单位组成的联合体，应当按照资质等级较低的单位确定联合体的资质等级。因为按照《招标投标法》第三十一条的规定，由同一专业的单位组成的联合体，按照资质等级较低的单位确定资质等级。《政府采购法》第二十二条也规定，联合体中有同类资质的供应商按照联合体分工承担相同工作的，应当按照资质等级较低的供应商确定资质等级。因此，联合体是属于互补型的投标共同体为好。

比如，在三个投标人组成的联合体中，在某专业，有两个是设计甲级资质，一个是设计乙级资质，则联合体的资质等级只能定为乙级。之所以这样规定，是促使资质优秀的投标人组成联合体，防止供货商或承包商来完成，保证招标质量。那么，如果一个投标人有设计的甲级资质，另一个投标人有计算机系统集成的一级资质，则两家投标人在各自领域的资质都很强，这样的公司组成联合体投标，则比较有利。对于大型复杂的招标项目，没有各具专业优势的各方所组成的投标联合体是没有竞争力的，也是很难中标的。优势互补、强强联合是投标联合体的最主要特征。

问题263　联合体投标的签字和盖章是如何规定的？

答：因为联合体是一个临时组成的实体，不具备法人资格，因此，既没有联合体的公司，也就没有联合体公司的公章。联合体的签署和盖章，一般应按照招标文件的约定，如招标文件约定了，要求组成联合体的所有成员签署、盖章，则各成员都应签字、盖章。但如果招标文件没有约定，而在联合体协议中规定了主要方代表联合体，则由联合体的主要方签字、盖章就可以了。

联合体对外"以一个投标人的身份共同投标"。也就是说，联合体虽然不是一个法人组织，但是对外投标应以所有组成联合体各方的共同的名义进行，不能以其中一个主体或者两个主体（多个主体的情况下）的名义进行，即联合体各方共同与招标人签订合同。这里需要说明的是，联合体内部之间权利、义务、责任的承担等问题则需要依据联合体各方订立的合同为依据。所以联合体的协议招标人非常看重，需要在联合体的协议中明确各自的责任比例、责任划分和牵头负责单位等。

例如，A、B、C三家公司临时组成联合体投标，A、B、C每家公司负责的专业不同。A公司作为联合体协议授权的牵头公司，在联合体协议中进行了明确规定。在投标文件中的投标人一栏中，是不是只要牵头公司盖章签名就可以了呢？笔者认为，如果招标文件中有特意注明，肯定是要依据招标文件签署A、B、C公司的签名和盖章，都需要写上。但如果没有说明，则只需牵头公司的盖章和签名。

再如，联合体的骑缝章怎么盖呢？是A、B、C三家都盖还是只盖牵头公司的呢？这也要看招标文件的约定，如果招标文件明确说了，只要盖牵头公司的章就可以了，则只需要盖牵头公司的；如果招标文件没有约定，则一般需要盖A、B、C这三家公司的章。

总之，联合体是由多个法人或经济组织临时组成的，但它在投标时是作为一个独立的投标人出现的，具有独立的民事权利能力和民事行为能力，只是责任需要各成员共同承担。

问题264　联合体投标的业绩如何计算？是只计算牵头公司的业绩？还是算所有投标人的业绩？

答：有关联合体投标的业绩如何计算，相关法律法规没有进行规定，一般应依据招标文件的说明。

联合体投标人的业绩，应该是组成联合体的各自成员的业绩合并计算。比如，招标文件要求提供相关工程项目五年里的业绩，三家成员组成联合体投标，三家成员负责的专业不同，但都符合招标文件规定的业绩，业绩该怎么计算呢？笔者认为，需要针对每个联合体成员负责的部分分别附上各自的业绩，最好以表格和目录的形式进行说明，然后再附上业绩的复印件、验收证明等证明材料。比如A企业负责土建施工，就需要后附相对应的土建施工的施工业绩。B企业负责本次项目的机电安装方面的工作，就附上机电安装方面的业绩，并进行清楚的说明。

问题265　有两家单位，在报名投标（即购买招标文件）的时候都是以单独两家单位来参加的，在购买完标书后，两家单位临时组成了联合体投标，并递交了联合体的声明，问这样做符合法律规定吗？

答：只要是招标文件没有禁止以联合体的形式投标，则这样做是符合法律规定的。只要是在投标文件提交的截止时间之前，投标人可以以自己名义投标，或以联合体的形式投标。两个单位，在报名投标（即购买招标文件）的时候都是以单独两家单位来参加的，在购买完标书后，临时组成了联合体投标，这可以理解为一种投标策略或临时组成新的投标人来应对更强大的投标对手，这既不属于串通投标，也不是属于法律法规禁止的其他情形。《招标投标法》第五十一条规定，招标人以不合理的条件限制或者排斥潜在投标人的，对潜在投标人实行歧视待遇的，强制要求投标人组成联合体共同投标的，或者限制投标人之间竞争的，责令改正，可以处一万元以上五万元以下的罚款。

问题266　联合体投标的保证金，该如何交？

答：联合体投标的，可以由联合体中的一方或者共同提交投标保证金，以一方名义提交投标保证金的，对联合体各方均具有约束力。换句话说，联合体投标的保证金提交，与非联合体没有什么区别。

问题267　政府采购的中标公告，某两家公司组成的联合体中标，但中标公告上只写明了联合体中的某家公司中标，这样的公告合法吗？

答：这样的中标公告合法不合理。因为没有相关的法律法规对联合体中标的公告进行具体的规定（地方政府对中标公告的规定有具体的细则除外）。在实践中，有的中标公告只写明"某公司作为联合体主投标人中标"，有的甚至只写主投标人的公司名称，连联合体主投标人这个身份都没有注明，这是不合适的。当然，我们不能说上述这些做法是违法的，因为法律没有就此进行明确规定。

对于联合体中标，中标公告应当尽可能地写明、写全中标供应商的信息，最全面的写法是"供应商 A 和供应商 B 作为一个联合体中标，主投标人是供应商 A"。

问题268　联合体投标，是否任意一方均可成为联合体的主投标方？法律法规对此有什么规定？

答：相关法律法规均没有对组成联合体的投标各方谁应成为联合体的主投标方进行说明和规定，因而部分供应商企图"钻空子"——拉上一家资质、条件优越的供应商组成联合体进行投标，投标时自己担任主投标方，而资质、条件优越的供应商只是其获取投标资格的"幌子"。但是，反过来说，如果实力较弱的投标方拉上实力较强的投标人组成联合体，且以实力较弱的投标方作为主投标方，法律是允许的。

笔者认为，谁是联合体的主投标方应从所占项目规模、承担的工作范围来确定，而不应以注册资金或资质实力来进行区分。例如，在一个项目中，若 A、B 两家公司组成联合体来投标，若其中一家公司 A 承担了项目任务的80%，但注册资金为2000万，具有二级的施工资质；另外一家公司 B 只承担了20%任务，但具有 2 个亿的注册资金，且具有一级的施工资质，毫无疑问，A 应为主投标方。在对主投标方和其他供应商的责任和义务进行约定的问题上，应以联合投标协议书来进行约定。一些地方政府，如上海市政府采购中心为此制定了联合投标协议书范本，当供应商组成联合体进行投标时，必须按范本明确甲乙供应商承担的工作范围及各自的义务，明确法律责任。

问题269　联合体中标后，联合体各方应共同签订合同和加盖各方的公章吗？

答：《招标投标法》第三十一条规定："联合体中标的，联合体各方应当共同与招标人签订合同。"《政府采购法》第二十四条规定："联合体各方应当共同与采购人签订采购合同。"虽然联合投标协议具有联合体各方相互委托授权的作用，联合体一方盖章的投标文件即为有效，但法律明确规定了联合体中标的，联合体各方应当共同签订合同，因此合同上必须由各方共同签订，加盖各方的印章。

因此仅由牵头方（主办方）签订合同，或者按照联合投标协议中约定，由负责签订合同的那方签订合同都不符合法律的规定。当然，从合伙的受信托关系的角度出发，如果一方已经获得其他方签订合同的授权，其所签订的合同视为联合体各方签订的合同，也是符合法律规定的。

问题270　联合体投标，发生质疑时是否需要组成联合体的所有成员提出？还是任何一方都可单独提出？联合体参与投标的项目，当联合体依据《政府采购法》提出质疑和投诉或者依据《招标投标法》及其实施条例提出异议和投诉时，应由谁提出？

答： 这一问题在招标采购实践中同样存在不同的看法和做法，具体包括：（1）需要联合体各方共同提出；（2）需要由牵头方（主办方）提出；（3）按照联合投标协议的约定，由负责提出质疑（异议）投诉的一方提出；（4）任何一方提出均可。联合体不是一个独立的法律主体，组成联合体的各方才是合法的法律主体，才是投标人。根据相关法律法规关于质疑（异议）和投诉的规定，从联合体是合伙型联营、联合投标协议是合伙协议的性质来判断，笔者的观点是：联合体任何一方均可以单独提出质疑（异议）和投诉。理由如下：

1. 联合体不是一个独立的法律主体，它没有自己的名称、组织机构和独立的财产，没有经过登记注册。

联合体不是《政府采购法》规定的供应商和《招标投标法》规定的投标人，组成联合体的各方才是合法的法律主体，才是投标人。联合体仅仅是在具体的招标项目中获得的一个投标人的身份，被视为一个投标人。而《政府采购法》和《招标投标法》规定有权提出质疑（异议）和投诉的是供应商（投标人）而不是联合体，因此组成联合体的各方都是可以提出质疑（异议）和投诉的主体。

2. 联合体是合伙型联营，联合体各方是合伙关系。根据合伙之法理，合伙人之间存在一种受信托的关系，各合伙人都有权对内经营管理合伙事务，对外代表合伙从事交易活动。在提出质疑（异议）和投诉时，联合体任何一方都有合法的权利。牵头方（主办方）也仅是合伙的一方，可以代表联合体；联合投标协议约定的负责提出质疑（异议）投诉的一方也是合伙一方，可以代表联合体，但不是只有牵头方（主办方）或者联合投标协议约定的一方才能代表联合体，这是由联合体的合伙性质决定的。特别是当联合体的合法权益受到损害，而牵头方（主办方）或者联合投标协议约定的一方不提出质疑（异议）和投诉时，必须给予联合体其他方提出质疑（异议）和投诉的权利，否则无法维护其他方的合法权益。

3. 联合体参加招标采购的法律后果和法律责任由联合体各方承担。在招标采购中联合体的合法权益受到损害的，实际上损害的是联合体各方的合法权益。作为组成联合体的投标人有权根据《政府采购法》和《招标投标法》的规定提出质疑（异议）和投诉，以维护自己的合法权益。《政府采购法》和《招标投标法》关于提起质疑（异议）和投诉的主体是供应商（投标人），而组成联合体的各方就是供应商（投标人）。因此，组成联合体的各方依法有权单独提起质疑（异议）和投诉。

问题 271 不接受联合体投标是否违法？

【背景】 近期，沿海某市政府采购监管部门接到了一起供应商投诉。投诉称，某项目招标文件中注明"本采购不接受联合体投标"，该条规定违反了政府采购相关法律法规。接到这样的投诉，对于该地监管部门而言，还是第一次。在政府采购中，"不接受联合体投标"到底是否违法？发生这样的质疑和投诉后，相关政府采购部门又该如何处理？

答： 对于政府采购，《政府采购法》第二十四条规定，两个以上的自然人、法人或者其他组织可以组成一个联合体，以一个供应商的身份共同参加政府采购。《政府采购货物和服务招标投标管理办法》（财政部第 18 号令）第三十四条规定，两个以上供应商可以组成一个投标联合体，以一个投标人的身份投标。该条例同时还规定，招标采购单位不得强制投标人组成联合体共同投标，不得限制投标人之间的竞争。因此，对于政府采购这样的项目，法律法规是允许不同投标人组成联合体投标的，法律法规只是规定招标人不得强迫投标人一定要组成联合体才能投标。只要供应商满足《政府采购法》第 22 条规定的相关条件，就可以自由进入政府采购市场。而任何单位和个人不得采用任何方式，阻挠和限制供应商自由进入本地区和本行业的政府采购市场。

但是，对于工程类的招标，应以招标文件为准。《招标投标法》第三十一条规定，招标人不得强制投标人组成联合体共同投标，不得限制投标人之间的竞争。在《招标投标法实施条例》第三十七条规定，招标人应当在资格预审公告、招标公告或者投标邀请书中载明是否接受联合体投标。

因此，对于这样的项目，如果是政府采购，在招标文件中是不允许出现禁止投标人组成联合体这样的字眼的；而在工程项目的招标投标中，则以招标文件的规定为准。

问题 272 招标人与投标联合体如何签订合同？联合体中的各方投标人与招标人各自签订合同吗？联合体各方有约定的施工范围和责任，工程出现问题，招标人是否可以找联合体的任何一方解决问题？

答：《招标投标法》第三十一条规定："联合体中标的，联合体各方应当共同与招标人签订合同，就中标项目向招标人承担连带责任。"因此，招标人与中标的联合体各方签订的合同，是属于三方协议的共同合同。由于联合体不是法人单位，如果联合体中标，那么联合体各方就是一个投标人。在投标时，联合体的各方应出具联合体协议注明双方分工职责等，同时，该联合体投标人共同对招标人承担责任。

比如，招标人甲就某项建筑装修工程进行招标，乙和丙组成联合体投标并中标，在联合体协议中，乙方负责建筑立面装饰物制作安装工程，丙方负责装饰物及墙面的涂料工程，如果乙方负责的立面装饰有问题，招标人甲是可以找丙负责的，丙不应该推诿。同样，不管乙方与丙方对工程交接、质量标准、施工工序范围责任等在联合体协议中有任何约定，招标人甲都可以找乙、丙中的任何一人解决，且乙、丙承担连带责任。

问题 273 我们公司和分公司做的产品有比较大的差异，现在有个项目要求联合体投标，招标内容正好是我们公司和分公司的产品之和。《政府采购法》第二十四条规定，两个以上的自然人、法人或者其他组织可以组成一个联合体，以一个供应商的身份共同参加政府采购。请问分公司属于其他组织吗？我们能和分公司组成联合体投标吗？

答：分公司不能与总公司组成联合体投标，因为根据公司法第 14 条规定，分公司并无独立主体资格。经总公司授权的，分公司是可以以公司的名义对外进行活动，但民事责任由总公司承担，故分公司可以参加投标，但必须由总公司授权。所以，分公司与总公司组成联合体，还是算一家公司，可以参加投标，但不能算联合体投标。如是子公司，因都是独立的民事主体，可以联合投标。在本案例中，如果需要投标，不必要由总公司和分公司组成联合体投标，直接使用总公司投标即可，总公司可以使用分公司的产品、资质。

分公司没有独立法人地位，也不能算是法人之外的其他组织。《政府采购法》第二十四条规定的"两个以上的自然人、法人或者其他组织"，"其他组织"指的是与法人并列的协会或事业单位等，而不是分公司。

问题 274 组成的联合体中标，履约保证金应如何缴纳？

答：如果组成的联合体中标，对于中标签订合同后，关于履约保证金的缴纳，《中华人民共和国招标投标法》、《中华人民共和国政府采购法》、《中华人民共和国招标投标法实施条例》等法律、法规未对在联合体中标的情况下，如何缴纳履约保证金进行具体的规定。但是，《中华人民共和国标准设计施工总承包招标文件（2012 年版）》第 7.4.1 条规定："在签订合同前，中标人应按投标人须知前附表规定的担保形式和招标文件第四章'合同条款及格式'规定的或者事先经过招标人书面认可的履约担保格式向招标人提交履约担保。除投标人须知前附表另有规定外，履约担保金额为中标合同金额的 10%。联合体中标的，其履约担保由联合体各方或者联合体中牵头人的名义提交。"此外，《中华人民共和国标准施工招标文件（2007 年版）》第 7.3.1 条规定："在签订合同前，中标人应按投标人须知前附表规定的金额、担保形式和招标文件第四章'合同条款及格式'规定的履约担保格式向招标人提交履约担保。联合体中标的，其履约担保由牵头人递交，并应符合投标人须知前附表规定的金额、担保形式和招标文件第四章'合同条款及格式'规定的履约担保格式要求。"

因此，联合体在签订合同提供履约保证金时，主要看招标文件的要求，以及联合体成员"共同投标协议"或"联合体协议书"，以及"关于组建联合体投标的协议"中的约定或规定。

问题 275 关于联合体承担建筑施工的营业税纳税问题应如何处理？

【背景】A、B、C 三个单位组成联合体投标 D 项目并已中标，其中 A 单位为联合体的主体单位，结算时已由 A 单位按总的结算值开具发票并已纳税，B、C 单位的营业税及附加已由 A 单位代扣代缴，A 单位要求 B、C 单位给 A 单位开具建安发票，请问这样的要求合法吗？如果合法，B、C 单位给 A 单位开具建安发票的纳税如何处理？

答：建筑安装工程总承包人分包建筑工程业务，应依据《中华人民共和国营业税暂行条例》第十一条第二款的规定由总承包人代扣代缴分包人营业税，并按规定向分包人开具《代扣代缴税款凭证》。分包人凭分包施工合同和《代扣代缴税款凭证》向应税劳务发生地税务机关申请开具《建筑业统一发票》。主管税务机关开具《建筑业统一发票》后，应在《代扣代缴税款凭证》上注明已开发票项目、号码、金额等情况。更详细的具体情况，应以当地的税务部门规定的细则为准。

问题 276　空壳公司是否能与其他有资质的公司组成联合体投标？

【背景】2013 年 8 月，H 市政府采购中心受 H 市人民医院委托，就某医院的信息化系统招标发布招标公告，招标金额为 600 万元。招标公告明确提出"合格投标人资格要求"，包括 3 项内容：一是要求投标人必须符合《政府采购法》第 22 条规定的条件。二是投标人的特定资格条件，应符合包括注册资金 400 万元及以上；具有国家认定的软件企业证书等。三是明确本项目不接受联合体投标。该公告显示，招标文件出售时间为 2013 年 8 月 28 日至 2013 年 9 月 11 日下午 5 点。

就在招标文件出售截止后的第二天，5 月 12 日，H 市政府采购中心发出一则更改公告即《关于 H 市某医院社区区域信息化系统采购项目更改的公告》。称将"本项目不接受联合体投标"更改为"本项目接受联合体投标"。招标文件出售时间延长至 2013 年 9 月 19 日下午 5 点。

后来，一家空壳公司（为论述方便，称为 X 公司）联合 Y 软件公司组成联合体投标，并顺利中标。X 公司是无企业资质证书、中标前无缴纳社保资金记录、无缴纳营业税记录、无办公地点、无联系方式的"五无"公司，被群众举报并引起记者调查后，在社会上引起强烈反响。请分析 X 公司联合合法有资质的 Y 公司借壳"联合体"赢得政府采购大单是否合法？

答：根据《政府采购法》第二十四条的规定，以联合体形式进行政府采购的，参加联合体的供应商均应当具备本法第二十二条规定的条件。而根据《政府采购货物和服务招标投标管理办法》（中华人民共和国财政部令第 18 号）第三十四条的规定，以联合体形式参加投标的，联合体各方均应当符合政府采购法第二十二条第一款（即具有独立承担民事责任的能力）规定的条件，采购人根据采购项目的特殊要求规定投标人特定条件的，联合体各方中至少应当有一方符合采购人规定的特定条件。

X 公司有股东 2 人，公司注册资金 100 万元，但无固定、明确的办公地址，属于空壳公司无疑，Y 公司具备招标要求的相关资质。X 公司与 Y 公司签订了联合体协议。只要 X 公司不具备《政府采购法》第二十二条第一款，即不具有独立承担民事责任的能力，即使 Y 公司有资质，是正规公司，该联合体投标人的资格也不符合。

本案例中，当初招标人发布招标公告，不允许联合体投标，后来又发布更正公告允许联合体投标，在时间上、程序上还是没有问题。招标人可以发布澄清公告，只要是监管机构同意了从不允许联合体到允许联合体投标这一事项，这样的更改是可以的。

问题 277　建设工程招标中，联合体接到中标通知书后又放弃中标，招标人该如何向联合体各方索赔？联合体各方该如何分配责任？

【背景】甲、乙、丙三家施工单位签订共同投标协议组成联合体，以一个投标人的身份投标并顺利中标。该联合体在接到招标中标通知书后，经认真测算发现该项目投标报价过低，遂决定放弃该项目。结果导致招标人重新招标、工程竣工日期后延。招标人该如何向联合体各方索赔？联合体各方该如何分配责任？

答：对招标人来说，联合体中标后主动放弃中标，与单个投标人放弃中标的后果是一致的。因此，可以按照《招标投标法实施条例》第七十四条的规定，中标人无正当理由不与招标人订立合同，取消其中标资格，投标保证金不予退还。也可以由有关行政监督部门责令改正，可以处中标项目金额10‰以下的罚款。如果造成了招标人的损失，招标人还可以依照其他相关法律，向联合体的各方提出赔偿。如果当地政府有其他的处罚细则，则可以参照相关规定，如中标方无故放弃中标，需通报批评或纳入黑名单，则组成联合体的甲、乙、丙三家施工单位均需要纳入黑名单。

至于组成联合体各方的责任分摊，应以联合体协议中规定的责任分摊比例为准。

问题278 某建设工程招标，招标公告没有明确是否允许联合体投标，后来某公司组成联合体投标，但没有提交联合体协议书，经评标后该联合体顺利中标，这样的做法合理吗？

答：《招标投标法》第三十一条规定，两个以上法人或者其他组织可以组成一个联合体，以一个投标人的身份共同投标。联合体各方应当签订共同投标协议，明确约定各方拟承担的工作和责任，并将共同投标协议连同投标文件一并提交招标人。《招标投标法实施条例》第三十七条规定，招标人应当在资格预审公告、招标公告或者投标邀请书中载明是否接受联合体投标。因此，相关法律法规允许组成联合体投标，如果招标文件没有载明是否接受联合体投标，是可以组成联合体投标的。

但是，按照《招标投标法实施条例》第五十一条的规定，投标联合体没有提交共同投标协议评标委员会应当否决其投标。既然组成了联合体投标，就必须提交联合体投标协议。招标文件的资格审查条件中，虽然没有要求提交联合体投标协议也可以通过资格审查，但招投标的相关法律法规效力明显高于招标文件，因此，一旦组成了联合体投标，则必须提交联合体投标协议，哪怕招标文件没有对此进行规定。评委会没有对是否具有组成联合体的协议进行审查，是失职行为。这种情况下，即使评委会评审通过后联合体顺利中标，招标人也应否定评标委员会的结果，或者由相关监管机构作出废标结论。

问题279 某建设工程招标，A公司在报名环节即购买招标文件时，向招标人说明将与B公司组成联合体投标，后来因为B公司的资质发生了变化，A公司决定与C公司组成新的联合体进行投标，请问变更联合体时，需要征求招标人的意见吗？A公司是否有权利临时变更联合体组成人员？

答：根据《招标投标法实施条例》的相关规定，招标人接受联合体投标并进行资格预审的，联合体应当在提交资格预审申请文件前组成。资格预审后联合体增减、更换成员的，其投标无效。如果不进行资格预审，直接进行招标的，则联合体成员的变更，只要是在投标截止时间之前，无须得到招标人的同意。

问题280 两公司组成联合体投标，法人授权委托人（代理人）可以是同一个人吗？是否合法？法律上有规定吗？

答：不同公司组成投标联合体后，相关法律法规对是否可以授权同一个人进行投标代理，并没有进行具体的规定。但如果联合体有具体的协议规定谁作为投标的代理人，这样的做法是允许的，委托同一人是合法有效的。

问题281　现有联合体投标中标某EPC工程，联合体共有三家单位，A具备设计资质综合甲级，B具备专业设计资质专业甲级及专业施工资质三级（A均无）、C具有施工总承包一级、施工一级、机电一级（但无B的专业施工资质）。A、B、C组成联合体投标后中标，请问：

1. 联合体投标中的最终资质是如体确定？以哪个为准？

2. 投标成功后合同如何签订？业主方是与A、B、C三方签订合同还是与牵头方签订？

3. 如业主与牵头方A签订EPC合同后，A再与B签订分包合同，B再与C签订分包合同，是否违法？

4. 如果联合体资质按上述要求不符规定，但是国内又没有以上资质全部齐全的企业，应如何解决？

答：我国组成投标联合体共同投标的法律依据是《中华人民共和国招标投标法》第31条：两个以上法人或者其他组织可以组成一个联合体，以一个投标人的身份共同投标。联合体各方均应当具备承担招标项目的相应能力；国家有关规定或者招标文件对投标人资格条件有规定的，联合体各方均应当具备规定的相应资格条件。由同一专业的单位组成的联合体，按照资质等级较低的单位确定资质等级。

联合体各方应当签订共同投标协议，明确约定各方拟承担的工作和责任，并将共同投标协议连同投标文件一并提交招标人。联合体中标的，联合体各方应当共同与招标人签订合同，就中标项目向招标人承担连带责任。

因此，联合体的最终资质，是以最低的那个为准。中标后，业主方与A、B、C三方签订合同。由于A、B、C都是联合体成员，已经签订了投标协议，无须再签订"分包合同"。

如果联合体资质都不符工程的要求，但是国内又没有以上资质全部齐全的企业，应如何解决？则只能强强联合，由投标人去寻找满足资质要求的公司组成联合体来投标。

问题282　联合体投标后，再以个人名义单独投标，该怎么处理？

答：《招标投标法实施条例》第三十七条规定，联合体各方在同一招标项目中以自己名义单独投标或者参加其他联合体投标的，相关投标均无效。但是，相关法律法规并没有规定这种情况是否需要进行罚款等其他处理。

习题与思考题

1. 单项选择题

（1）联合体中标的，联合体各方应当（　　）与招标人签订合同。

　A. 共同　B. 牵头人　C. 成立联合体公司　D. 根据招标文件的规定

（2）由同一专业的单位组成的联合体，按照资质等级（　　）的单位确定资质等级。

　A. 低　B. 高　C. 依据招标文件的规定　D. 看招标项目的情况

（3）联合体中标的，联合体各方就中标项目向招标人承担（　　）责任。

　A. 连带　B. 只有牵头公司承担　C. 根据联合体协议　D. 根据招标文件的规定

（4）某项目允许联合体投标，评标委员会应当否决其投标的是（　　）。

A. 投标文件没有盖骑缝章　　　B. 投标联合体没有提交共同投标协议

C. 投标人没有提供组成联合体投标　D. 投标人没有提供无犯罪记录

2. 多项选择题

（1）招标人强制要求投标人组成联合体共同投标的，处以（　　　）的处罚。

A. 责令改正　　B. 处一万元以上五万元以下的罚款

C. 通报批评　　D. 罚款 10 万以上

（2）下列关于联合体投标工程建设项目的说法中，正确的是（　　　）。

A. 联合体投标应当以一个投标人的身份共同投标

B. 联合体各方必须签订共同投标协议且需附在联合投标文件中提交

C. 联合体各方签订共同投标协议后不得再以自己的名义单独投标

D. 联合体的投标保证金应当由联合体的牵头人提交

（3）关于依法必须招标的工程建设项目，下列说法中正确的是（　　　）。

A. 联合体中标的，联合体各方应当共同与招标人签订合同

B. 评标和定标应当在开标日后 30 个工作日内完成

C. 联合体中标的，各方不得组成新的联合体或参加其他联合体在其他项目中投标

D. 招标人应当确定评标委员会推荐的排名第一的中标候选人为中标人

（4）招标人应当在（　　　）中载明是否接受联合体投标。

A. 资格预审公告　B. 招标公告　C. 投标邀请书　D. 招标文件

（5）联合体各方在同一招标项目中（　　　）投标的，相关投标均无效。

A. 以自己名义单独投标　B. 以参加其他联合体

C. 看招标文件的规定　　D. 与招标人的关系

（6）联合体投标的，可以由（　　　）提交投标保证金。

A. 联合体中的一方　B. 共同　C. 必须共同　D. 必须主要方

3. 问答题

（1）禁止投标人串通投标的行为包括哪些？

（2）合格投标人的条件包括哪些？

（3）联合体的组成有哪些规定？

（4）联合体投标的法律地位和资格要求是什么？

4. 案例分析题

2010 年 5 月，S 市发布资格预审公告，就某市政道路建设进行招标，预算金额为 598 万元。预审公告发出后，A、B 两家公司签订了联合体投标协议书组成联合体进行投标，并已顺利通过预审入围，但过后不久，B 公司以资金紧张为由，要退出联合体投标，由此导致 A 公司不能进行正常投标工作，请问 B 公司是不是违约，如 B 公司违约，需承担哪些责任？并讨论联合体投标对招标人、投标人的风险。

【参考答案】

1. 单项选择题

（1）A　（2）A　（3）A　（4）B

2. 多项选择题

（1）AB （2）AD （3）ABCD （4）ABC （5）AB （6）AB

3. 略

4. 案例分析题

B公司违约，由此给A公司所造成的损失如何分摊和赔偿，应由A、B两公司的联合体协议来进行约定。

联合体投标对招标人有一些风险，在项目管理、风险责任和进度等方面，将面临比非联合体更多的风险。

对投标人来说，联合体投标也有类似的风险，故联合体投标应有一定的基础，且应有科学、合理、明确的联合体协议书来规定各方的责任和义务。

第12章 招标代理机构问答

问题 283 从事建设工程招标和政府采购的招标代理机构的类别及资质分别有哪些？

答：从事建设工程招标和政府采购的招标代理机构分别有四种：即工程建设项目招标代理、中央投资项目招标代理、机电产品国际招标代理、政府采购招标代理等。

工程建设项目招标代理机构资格分甲级、乙级、暂定级，主管部门为国家住建部。2007 年，住建部为规范工程建设项目招标代理机构资格认定管理，依据《招标投标法》，颁布施行了工程建设项目招标代理机构的资格管理《工程建设项目招标代理机构资格认定办法》（建设部令第 154 号，2015 年 5 月 4 日已修正）。

中央投资项目招标代理机构资格分为甲级、乙级和预备级，主管部门为国家发改委。为提高政府投资效益，加强对中央投资项目招标代理机构的监督管理，规范招标代理行为，提高招标代理质量，防止腐败行为，国家发改委根据《中华人民共和国招标投标法》、《中华人民共和国招标投标法实施条例》、《国务院关于投资体制改革的决定》以及相关法律法规，颁布了《中央投资项目招标代理资格管理办法》（2012 年第 13 号令）。

机电产品国际招标代理资格分甲级、乙级和预乙级，主管部门为商务部。2005 年，商务部以 6 号令的形式，颁布施行《机电产品国际招标机构资格审定办法》（商务部令［2005］第 6 号），2012 年，商务部对此审定办法进行了修订，颁布了《机电产品国际招标机构资格管理办法》（［2012］3 号令）。2014 年，按照商务部《机电产品国际招标投标实施办法（试行）》规定，自 2014 年 4 月 1 日起，凡依法设立的具备从事招标代理业务的营业场所和相应资金，具备能够编制招标文件（中、英文）和组织评标的相应专业力量，并且拥有一定数量取得招标职业资格专业人员的社会中介组织（招标机构），均可在中国国际招标网上注册，完成注册事项后，即可开展机电产品国际招标业务。至此，实施多年的机电产品国际招标机构资格审批事项被取消。

政府采购招标代理机构资格分甲级和乙级，主管部门为财政部。2005 年 12 月 28 日，财政部颁布《政府采购代理机构资格认定办法》，该办法自 2006 年 3 月 1 日施行，从事政府采购代理业务的机构必须按照规定取得政府采购代理机构资格，政府采购代理机构资格认定工作由此全面展开，这为进一步加强政府采购代理机构规范化管理与操作奠定了基础。

随着政府采购制度改革的深化，办法逐渐难以适应政府采购代理市场发展和进一步规范、加强对政府采购代理机构监督管理的需要，2010 年 10 月，财政部以第 61 号部长令的形式公布了修订后的《政府采购代理机构资格认定办法》，修订内容主要包括取消了政府采购代理机构资格认定中的确认资格方式等。2013 年，为进一步简化行政审批程序，方便代理机构申报政府采购甲级代理资格，财政部对政府采购代理机构资格集中审查认定的时间进行调整，即由一年两次改为每月一次。2014 年 7 月 9 日召开的国务院常务会议通过《政府采购法》等法律修正案草案和行政法规修改决定。8 月 31 日，第十二届全国人民代表大会常务委员会第十次会议通过修改《政府采购法》等五部法律的决定。其中明确，自2014年8月31日起，取消财政部及省级人民政府财政部门负责实施的政府采购代理机构资格认定行政许可事项。此后，财政部和省级人民政府财政部门不再接收政府采购代理机构资格认定申请，已接受申请的也停止了相关资格认定工作。

2015年，财政部以第77号令的形式，通过《财政部关于废止部分规章和规范性文件的决定》，决定废止《政府采购代理机构资格认定办法》（财政部令第61号）等七件涉及审批事项的规章和规范性文件，自2015年2月11日起实施。自此，实行了9年多的政府采购代理机构资格认定制度正式取消。

问题284　招标代理机构是否可以承担工程量清单和控制价编制工作？

答：工程量清单和控制价编制工作是编制招标文件的一部分。按照原建设部2007年154号令颁布的《工程建设项目招标代理机构资格认定办法》，申请工程招标代理资格的机构应当具备下列基本条件：

（1）是依法设立的中介组织，具有独立法人资格；

（2）与行政机关和其他国家机关没有行政隶属关系或者其他利益关系；

（3）有固定的营业场所和开展工程招标代理业务所需设施及办公条件；

（4）有健全的组织机构和内部管理的规章制度；

（5）具备编制招标文件和组织评标的相应专业力量；

（6）具有可以作为评标委员会成员人选的技术、经济等方面的专家库；

（7）法律、行政法规规定的其他条件。

另外，具备甲级、乙级招标代理资格的，还需要具备在人员、注册资金、业绩、专家库建设等方面有专门的条件。另外，根据《招标投标法》第十三条第二款的规定，招标代理机构应有能够编制招标文件的相应专业力量。从上述规定可以看出，招标代理机构应具备编制招标文件（包括工程量清单）和控制价的能力，否则也就不具备招标代理机构的资质。因此，笔者认为具备甲级和乙级资质的招标代理机构，就应具备编制工程量清单和控制价的能力，否则也就不具备招标代理资格，合格的招标代理机构也就无须取得"编制造价资质"，就可以承担工程量清单和控制价编制工作。

问题285　一个招标项目委托两个招标代理机构是否合适？

【背景】目前很多项目都是中标方支付招标代理费，因此招标人觉得难以通过在代理费方面让招标代理机构提供良好服务。某招标人想就某一个建设工程项目委托两家招标代理机构，问是否可以委托两个招标代理公司？这样做有什么优势劣势？

答：根据《招标投标法》第十二条的规定，招标人有权自行选择招标代理机构，委托其办理招标事宜。一个项目如一个标段，委托二个招标代理机构这种做法不好操作，也很少见。但一个项目如划分几个标段，一个标段委托一个招标代理机构，这种现象并不少见，但招标人管理和协调的工作量大，也不好操作。一个项目多个标段，全部委托给一个招标代理机构，这是常见的事。无论如何，招标人在选择招标代理时要认真考查，选择一个服务到位，技术达标，信誉好的代理机构，而不是用"卡代理费的方式控制"对方，招标代理要做好本职工作，在招标活动中保护国家利益、社会公共利益和招标投标活动当事人的合法权益。在招标代理的委托活动中，招标人和代理机构要签订代理合同，双方约定代理的权利、义务等事项。《招标投标法实施条例》第十四条规定，招标人应当与被委托的招标代理机构签订书面委托合同，合同约定的收费标准应当符合国家有关规定。《政府采购法》第二十条规定，采购人依法委托采购代理机构办理采购事宜的，应当由采购人与采购代理机构签订委托代理协议，依法确定委托代理的事项，约定双方的权利义务。《招标投标法》第十五条规定，招标代理机构应当在招标人委托的范围内办理招标事宜，并遵守本法关于招标人的规定。对招标代理机构来说，要为招标人"尽心尽力服务"，但如果招标人做出违反国家法律法规和有关规章制度、原则的事，招标代理机构不能迁就和配合。

问题286　某些地方政府通过摇号等方式让招标人随机选择招标代理机构的方式是否合法？

【背景】某省根据中央和省委决定开展工程建设领域突出问题专项治理工作，针对一些招标人虚假招标、投标人围标串标、招标代理机构违规操作等突出问题，防止"中介不中"，尤其是防止招标人和代理机构串通一气的问题，规定招标人必须在监管部门的监管下，通过摇号的方式随机选择招标代理机构，请问这种方法是否违法？

答：通过摇号等方式，在监管部门的见证下随机选择招标代理机构，防止招标人将个人意愿附加给招标代理机构并作为选择招标代理机构的先决条件等行为，减少了招标人利用招标代理机构串通投标的可能，对改变"中介不中"现状作用明显。但这样做遭到了很多招标代理的反对，他们援引"《中华人民共和国招标投标法》第十二条招标人有权自行选择招标代理机构，委托其办理招标事宜。任何单位和个人不得以任何方式为招标人指定招标代理机构"，在网上投诉和上访，有关部门进行了答复，不过他们的答复不是很专业，造成招标代理机构多次投诉。

笔者认为，通过摇号等方式，在监管部门的见证下随机选择招标代理机构，并不会违反《中华人民共和国招标投标法》第十二条"招标人有权自行选择招标代理机构"的规定，这需要改进摇号的方式，随机选并不是干预选择，随机选是自主选择的一种方式。"招标人有权自行选择招标代理机构"并不是随意选和随便选，招标代理机构的理解有误。例如，由招标人在招标代理机构库中，自行随机摇号选择招标代理机构，监管部门和交易中心工作人员并不指定招标代理机构，而是由招标人自己去开启摇号机进行随机选择，依然没有违反"招标人有权自行选择招标代理机构"的规定。

这种摇号选定招标代理机构的做法，既符合《中华人民共和国招标投标法》第十二条"招标人有权自行选择招标代理机构"的规定，如加大对招标代理机构库的考核和管理，也符合《国务院办公厅关于进一步规范招标投标若干意见》（国办法〔2004〕56号）第六条中"进一步探索采用招标等竞争性方式选择工程咨询、招标代理等投资服务中介机构的办法"。这种方法不仅合法合规，还有一定的科学性。当然，如果操作不好，有一定的法律风险，这就提醒监管机构和公共资源交易中心的工作人员，在选择招标代理时，不要越俎代庖，而要让招标人自己去选择代理机构。

问题287　政府采购当事人包括哪些主体？集中采购机构是一般的中介代理机构吗？

答：按照《政府采购法》第十四条的规定，政府采购当事人是指在政府采购活动中享有权利和承担义务的各类主体，包括采购人、供应商和采购代理机构等。《政府采购法》第十六条规定，集中采购机构为采购代理机构，设区的市、自治州以上人民政府根据本级政府采购项目组织集中采购的需要设立集中采购机构。集中采购机构是非营利事业法人，根据采购人的委托办理采购事宜。《政府采购法》第十九条更进一步强调，采购人可以委托集中采购机构以外的采购代理机构，在委托的范围内办理政府采购事宜。因此，这里的集中采购相当于各地政府的政府采购中心，是属于事业编制的非营利机构，这里的集中采购机构，并不包括社会上的政府采购代理机构。

《政府采购法实施条例》第十二条规定，《政府采购法》所称采购代理机构，是指集中采购机构和集中采购机构以外的采购代理机构。集中采购机构是设区的市级以上人民政府依法设立的非营利事业法人，是代理集中采购项目的执行机构。集中采购机构应当根据采购人委托制定集中采购项目的实施方案，明确采购规程，组织政府采购活动，不得将集中采购项目转委托。集中采购机构以外的采购代理机构，是从事采购代理业务的社会中介机构。

因此，集中采购机构是指各级政府下的采购中心，社会上的采购代理机构是采购中介机构，这种中介机构是集中采购项目的执行机构。集中采购机构组织政府采购活动，采购纳入集中采购目录属于通用的政府采购项目的货物，采购中介机构代理采购的是采购限额标准以上的未列入集中采购目录的货物或服务。但是，《政府采购法》和《政府采购法实施条例》对采购代理机构的处分措施，包含了集中采购机构和集中采购机构以外的采购代理机构。《政府采购法》所称采购代理机构，是指集中采购机构和集中采购机构以外的采购代理机构。"因此，采购代理机构包括集中采购机构（政府采购中心）和社会中介机构。

问题288 招标师的考试与注册制度分别是什么？

答： 所谓招标师的考试制度是指招标师职业资格实行全国统一大纲、统一命题、统一组织的考试制度。考试原则上每年举行一次。招标师职业水平考试为滚动考试，滚动周期为两个考试年度，参加4个科目考试的人员必须在连续两个考试年度内通过应试科目。

国家发展改革委负责拟定考试科目、考试大纲、考试试题，建立和管理考试试题库，提出考试合格标准建议。具体工作委托中国招标投标协会承担。

人力资源社会保障部组织专家审定考试科目、考试大纲和考试试题，会同国家发展改革委确定考试合格标准，并对考试工作进行指导、监督和检查。凡是以不正当手段取得招标师职业水平证书的，由发证机关收回证书，2年内不得再次参加招标师职业水平考试。

目前，招标师考试科目分为《招标采购法律法规与政策》、《项目管理与招标采购》、《招标采购专业实务》和《招标采购案例分析》四个科目。

招标师职业资格考试合格后，由人力资源社会保障部、国家发展改革委委托省、自治区、直辖市人力资源社会保障行政主管部门颁发人力资源社会保障部统一印制，人力资源社会保障部、国家发展改革委共同用印的《中华人民共和国招标师职业资格证书》，该证书在全国范围内有效。

所谓招标师的执业制度是指国家对招标师资格实行注册执业管理制度。取得《资格证书》的人员，经过注册方可以以招标师名义执业。

国家发展改革委是招标师资格的注册审批部门。省、自治区、直辖市人民政府发展改革部门负责招标师资格注册的初步审查工作。

取得招标师资格证书并申请注册的人员，应当受聘于一个具有招标项目或者代理机构资质的单位，并通过聘用单位所在地（聘用单位属企业的，通过本企业向工商注册所在地）的发展改革部门，向省、自治区、直辖市人民政府发展改革部门提交注册申请材料。

省、自治区、直辖市发展改革部门在收到申请人的申请材料后，对申请材料不齐全或者不符合法定形式的，应当当场或者在5个工作日内，一次告知申请人需要补正的全部内容，逾期不告知的，自收到申请材料之日起即为受理。对受理或者不予受理的注册申请，均应出具加盖省、自治区、直辖市发展改革部门专用印章和注明日期的书面凭证。

省、自治区、直辖市发展改革部门自受理注册申请之日起20个工作日内，按规定条件和程序完成申报材料的初审工作，并将申报材料和审查意见报国家发展改革委审核。国家发展改革委自收到省级发展改革部门报送的注册申请人的申请材料和初步审查意见之日起，20个工作日内作出是否批准的决定。

在规定的期限内不能作出决定的，应将延长的期限和理由告知申请人。对作出不予批准决定的，应当书面说明理由，并告知申请人享有依法申请行政复议或者提起行政诉讼的权利。

根据人力资源社会保障部、国家发展改革委《关于印发招标师职业资格制度暂行规定和招标师职业资格考试实施办法的通知》（人社部发〔2013〕19号）第十八条的规定，国家发展改革委自作出批准决定之日起10个工作日内，将批准决定颁发或送达批准注册的申请人，并核发统一制作的《中华人民共和国招标师注册证》。

注册证的每一注册有效期为3年。注册证在有效期限内是招标师的执业凭证，由招标师本人保管、使用。

问题289　建设工程招投标中，招标代理机构超出资质范围经营的处罚是什么？

答：对于招标代理机构超出资质范围经营，出让或者出租资格、资质证书等行为，主要是依照法律、行政法规的规定给予行政处罚。

对于招标代理机构中的工作人员，则根据《招标投标法实施条例》第七十八条的规定，取得招标职业资格的专业人员违反国家有关规定办理招标业务的，责令改正，给予警告；情节严重的，暂停一定期限内从事招标业务；情节特别严重的，取消招标职业资格。

问题290　对招标代理机构泄密的处罚是什么？

答：建设工程招标中，如果招投标代理机构泄露应当保密的与招标投标活动有关的情况和资料的，或者与招标人、投标人串通损害国家利益、社会公共利益或者他人合法权益的，处五万元以上二十五万元以下的罚款，对单位直接负责的主管人员和其他直接责任人员处单位罚款数额百分之五以上百分之十以下的罚款；有违法所得的，并处没收违法所得；情节严重的，暂停直至取消招标代理资格；构成犯罪的，依法追究刑事责任。给他人造成损失的，依法承担赔偿责任。并且，由于招投标代理机构的违法行为而影响中标结果的，中标无效。

《招标投标法》第五十条规定，招标代理机构违反本法规定，泄露应当保密的与招标投标活动有关的情况和资料的，或者与招标人、投标人串通损害国家利益、社会公共利益或者他人合法权益的，处五万元以上二十五万元以下的罚款，对单位直接负责的主管人员和其他直接责任人员处单位罚款数额百分之五以上百分之十以下的罚款；有违法所得的，并处没收违法所得；情节严重的，暂停直至取消招标代理资格；构成犯罪的，依法追究刑事责任。给他人造成损失的，依法承担赔偿责任。

对政府采购的代理机构，《政府采购法》第七十二条规定，采购代理机构及其工作人员在开标前泄密的，构成犯罪的，依法追究刑事责任；尚不构成犯罪的，处以罚款，有违法所得的，并处没收违法所得。

问题291 对招标代理机构造假的处罚是什么？

答：《招标投标法实施条例》第七十九条规定，国家建立招标投标信用制度。有关行政监督部门应当依法公告对招标代理机构等当事人违法行为的行政处理决定。

《政府采购法》第七十六条规定，采购人、采购代理机构违反本法规定隐匿、销毁应当保存的采购文件或者伪造、变造采购文件的，由政府采购监督管理部门处以二万元以上十万元以下的罚款，对其直接负责的主管人员和其他直接责任人员依法给予处分；构成犯罪的，依法追究刑事责任。

《政府采购法》第七十八条规定，采购代理机构在代理政府采购业务中有违法行为的，按照有关法律规定处以罚款，在一至三年内禁止其代理政府采购业务，构成犯罪的，依法追究刑事责任。

《政府采购法》第八十二条规定，政府采购监督管理部门对集中采购机构业绩的考核，有虚假陈述，隐瞒真实情况的，或者不作定期考核和公布考核结果的，应当及时纠正，由其上级机关或者监察机关对其负责人进行通报，并对直接负责的人员依法给予行政处分。

集中采购机构在政府采购监督管理部门考核中，虚报业绩，隐瞒真实情况的，处以二万元以上二十万元以下的罚款，并予以通报；情节严重的，取消其代理采购的资格。

问题292 招标代理机构在代理项目后，能为投标人提供咨询吗？

答：招标代理机构不得向所代理的招标项目中投标、代理投标或者向该项目投标人提供咨询，也不能参加受托编制标底项目的投标或者为该项目的投标人编制投标文件、提供咨询。否则，招标代理机构的行为属于违反招投标的行为。

《招标投标法实施条例》第六十五条规定，招标代理机构在所代理的招标项目中投标、代理投标或者向该项目投标人提供咨询的，接受委托编制标底的中介机构参加受托编制标底项目的投标或者为该项目的投标人编制投标文件、提供咨询的，依照《招标投标法》第五十条的规定追究法律责任。

问题293 政府采购中，代理机构违规带入某公司投标文件，导致其他投标人抵制而流标，该如何处罚？

【背景】某省某招标代理机构工作人员在要求提交投标文件的截止时间之后，将某投标企业的投标文件带入开标现场，其他的投标企业认为其中存在"猫腻"，不想参与投标了，并纷纷要求退还投标保证金，从而导致有效投标人不足三家而使该政府采购项目流标。请问这种情况该如何处罚？

答：投标人应当在招标文件要求提交投标文件的截止时间前，将投标文件密封送达投标地点。招标采购单位收到投标文件后，应当签收保存，任何单位和个人不得在开标前开启投标文件。在招标文件要求提交投标文件的截止时间之后送达的投标文件，为无效投标文件，招标采购单位应当拒收。代理机构有两处不妥，一是不能代替投标人将投标文件带入开标现场，二是在投标时间截止后应拒收投标人的投标文件。可见，此招标代理机构违规了。但是，是否代理机构或招标人有违规尤其是轻微的违规就该抵制，或者以退出投标相威胁？其他投标人遇到这种情况该怎么处理？有没有更好的、更合适的途径？发现有影响采购公正的违法、违规行为，就可以乃至必须废标？

上述案例中的招标代理机构在规定时间之后带投标文件入场，属违规行为。但是在招标过程中，废标是一个很严肃的问题，是不是仅凭有一份投标书非法进入开标现场，就能以此作为依据而宣布招标失败呢？此案中，代理机构违规把某企业的投标文件带入开标现场，最好的做法是把该企业的文件拒收、废标就行了，然后对招标代理机构提出口头抗议，要求改正，也可以事后向有关监管部门投诉该代理机构的不当做法。"投标人对开标有异议的，应当在开标现场提出，招标人应当当场作出答复，并制作记录。"但其他投标人在开标截止后退出、抵制投标是不行的，将面临没收保证金的处罚，当然，在开标截止前退出是可以的。

问题294　招标代理机构串通投标人投标的处罚是什么？

答：对政府采购，《政府采购法》第七十二条规定，采购代理机构及其工作人员与供应商恶意串通的、在采购过程中接受贿赂或者获取其他不正当利益的行为，构成犯罪的，依法追究刑事责任；尚不构成犯罪的，处以罚款，有违法所得的，并处没收违法所得。

对工程招标，如果招标代理机构串通投标人，则按照《招标投标法》第五十条的规定，处五万元以上二十五万元以下的罚款，对单位直接负责的主管人员和其他直接责任人员处单位罚款数额百分之五以上百分之十以下的罚款；有违法所得的，并处没收违法所得；情节严重的，暂停直至取消招标代理资格；构成犯罪的，依法追究刑事责任。给他人造成损失的，依法承担赔偿责任。

招标代理机构串通投标的，如果其行为影响中标结果的，中标无效。

问题295　招标代理机构的工作人员，如违规办理招标业务，将如何处罚？

答：按照《招标投标法实施条例》第七十八条的规定，取得招标职业资格的专业人员违反国家有关规定办理招标业务的，责令改正，给予警告；情节严重的，暂停一定期限内从事招标业务；情节特别严重的，取消招标职业资格。

《招标投标法实施条例》第七十九条规定，国家建立招标投标信用制度。有关行政监督部门应当依法公告对招标代理机构、投标人等当事人违法行为的行政处理决定。

问题296　招标代理机构代理招标项目后又为投标人提供咨询，该如何进行处罚？

答：招标代理机构不得向所代理的招标项目中投标、代理投标或者向该项目投标人提供咨询，也不能参加受托编制标底项目的投标或者为该项目的投标人编制投标文件、提供咨询。否则，招标代理机构的行为是违反招投标法规的。

《招标投标法实施条例》第六十五条规定，招标代理机构在所代理的招标项目中投标、代理投标或者向该项目投标人提供咨询的，接受委托编制标底的中介机构参加受托编制标底项目的投标或者为该项目的投标人编制投标文件、提供咨询的，依照《招标投标法》第五十条的规定追究法律责任。

问题297　招标代理机构隐匿、销毁招投标证据，该如何处罚？

答：《政府采购法》第七十六条规定，采购人、采购代理机构违反本法规定隐匿、销毁应当保存的采购文件或者伪造、变造采购文件的，由政府采购监督管理部门处以二万元以上十万元以下的罚款，对其直接负责的主管人员和其他直接责任人员依法给予处分；构成犯罪的，依法追究刑事责任。

问题298　招标代理费向谁收取？收取方法是如何规定的？

答：按照"谁代理谁付费"的原则，招标代理费是由招标人支付。但实践中，是由中标人来支付代理费，一些地方习惯称为中标服务费。国家有关代理费的收取规定，按原国家计委《关于印发招标代理服务收费管理暂行办法的通知》（计价格〔2002〕1980号）执行。2011年，国家发展改革委下发《关于降低部分建设项目收费标准规范收费行为等有关问题的通知》（发改价格〔2011〕534号），降低了中标金额在5亿元以上招标代理服务收费标准，并设置收费上限。货物、服务、工程招标代理服务收费差额费率：中标金额在5亿~10亿元的为0.035%；10亿~50亿元的为0.008%；50亿~100亿元为0.006%；100亿元以上为0.004%。工程一次招标（完成一次招标投标全流程）代理服务费最高限额为450万元，并按各标段中标金额比例计算各标段招标代理服务费。表12.1列出了最新的各类招标代理的收费标准。

其中，中标金额在5亿元以下的招标代理服务收费基准价仍按原国家计委《招标代理服务收费管理暂行办法》（〔2002〕1980号）规定执行，此收费额为招标代理服务全过程的收费基准价格，并不含工程量清单、工程标底或工程招标控制价的编制费用。

不过，当前招标代理业务竞争激烈，很多招标代理机构的收费远低于国家有关部委的收费标准。

招标代理服务收费按差额定率累进法计算。例如：某工程招标代理业务中标金额为6000万元，计算招标代理服务收费额如下：

100 万元 $\times 1.0\%$ + $(500-100)$ 万元 $\times 0.7\%$ + $(1000-500)$ 万元 $\times 0.55\%$ + $(5000-1000)$ 万元 $\times 0.35\%$ + $(6000-5000)$ 万元 $\times 0.2\%$ = 22.55（万元）。

招标代理委托收费标准　　　　　　　　　　　　　　　　　　表12.1

序　号	中标金额（万元）	费率（%）		
		货物类	服务类	工程类
1	100 以下	1.5	1.5	1.0
2	100~500	1.1	0.8	0.7
3	500~1000	0.8	0.45	0.55
4	1000~5000	0.5	0.25	0.35
5	5000~10000	0.25	0.1	0.2

序号	中标金额（万元）	费率（%）		
		货物类	服务类	工程类
6	10000～50000	0.05	0.05	0.05
7	50000～100000	0.035	0.035	0.035
8	100000～500000	0.008	0.008	0.008
9	500000～1000000	0.006	0.006	0.006
10	1000000 以上	0.004	0.004	0.004

注：一次招标（完成一次招标投标全流程）货物类、服务类、工程类代理服务费最高限额为350万、300万和450万元，并按各标段中标金额比例计算各标段招标代理服务费。

另外，根据国家发改委发改价格〔2011〕534号的规定，适当扩大了工程勘察设计和工程监理收费的市场调节价范围。关于勘察设计类招标代理费的收取，按工程勘察和工程设计收费，总投资估算额在1000万元以下的建设项目实行市场调节价；1000万元及以上的建设项目实行政府指导价，收费标准仍按原国家计委、建设部《关于发布〈工程勘察设计收费管理规定〉的通知》（计价格〔2002〕10号）规定执行。实行政府指导价的工程勘察和工程设计收费，其基准价根据《工程勘察收费标准》或者《工程设计收费标准》计算，除本规定第七条另有规定者外，浮动幅度为上下20%。发包人和勘察人、设计人应当根据建设项目的实际情况在规定的浮动幅度内协商确定收费额。实行市场调节价的工程勘察和工程设计收费，由发包人和勘察人、设计人协商确定收费额。

工程监理类代理费的收取，按国家发展改革委、建设部关于印发《建设工程监理与相关服务收费管理规定》的通知（发改价格〔2007〕670号）的规定收取，铁路、水运、公路、水电、水库工程的施工监理服务收费按建筑安装工程费分档定额计费方式计算收费。其他工程的施工监理服务收费按照建设项目工程概算投资额分档定额计费方式计算收费。施工监理服务收费按照下列公式计算：

（1）施工监理服务收费 = 施工监理服务收费基准价 × （1 ± 浮动幅度值）

（2）施工监理服务收费基准价 = 施工监理服务收费基价 × 专业调整系数 × 工程复杂程度调整系数 × 高程调整系数

问题 299　PPP 模式招标是招投标领域出现的新问题，招标代理机构应如何做好 PPP 模式下的招标工作？

答： PPP 模式咨询服务中，既要遵循现有法律法规和有关文件精神，又要从技术层面上促使政府与社会资本特别在利益等方面达成共识，在国家现行政策下，大力推行 PPP 项目必将成为基础设施特许经营项目涉及项目投融资、风险评估、商业合作、工程建设、运营管理等多个方面，需要具备财务、技术、法律、合同管理等专业知识能力。因此为招标代理等咨询机构提供咨询服务带来了新的课题。PPP 为招标机构提出的新要求，特别是相关法律规章待完善。近年来，从中央、国务院、发改委、财政部到各省市密集出台了许多PPP 方面的文件，但是这些法规和规章，既有相同的特点也有不同的部分。这就要求我们招标代理机构在不同地区的项目实施时既要熟悉国家、部委的法规制度也要熟悉地区的规章制度。这是对于招标代理机构在提供项目前期咨询服务过程中的难点和挑战。

PPP 项目前期咨询工作需要有物有所值及财政承受能力评价的财务专家、方案实施策划的融资专家、项目管理专家和合同编制的法律专家。招标代理机构在承担这类项目时，人才瓶颈的问题就会显现出来。如何引进和培养人才是招标代理机构当前面临的挑战。

随着 PPP 模式和 EPC 项目的逐步推行，往往需要招标工作在前期既没有图纸也无法编制清单的情况下展开，这就需要招标代理机构具有丰富的项目成本预测和投资咨询分析能力。PPP 项目投资体量大，咨询服务"集成化"，传统的分阶段、分批次招标将会更多地改为一次性招标。咨询服务周期从传统项目的短平快向特许经营项目的全过程转变。咨询企业如果不能适应这样的节奏，在业务发展模式上寻求突破，其未来的业务量将会出现断崖式下跌的局面。

PPP 项目不同于一般的工程项目，政府在 PPP 项目特许经营期内，将失去对项目的绝对控制权，只留存对项目的监督和评价的权利。特许经营合同的专业草拟、合同条款的谈判将涉及技术、财务、投融资、股权转让、设施权属、投融资期限、建设、运营、收益分配、过程监督、绩效评估、定价标准、移交等环节的各类条款，而这些条款的落地均需要专业的机构来操作。各招标机构在开展 PPP 项目的特许经营咨询服务工作之前，应组建复合型工作团队和培养复合型人才。

鉴于 PPP 项目的特许经营具有复杂性、多层级、长期性的特点，招标代理机构要想提供全过程的总咨询服务，应尽可能早地介入项目，并做好前期准备。前期准备工作包括：参与政府项目的前期论证，识别和判断采用 PPP 特许经营的可行性，编写 PPP 项目的《特许经营实施方案》等。

问题300　政府采购中，哪些项目必须委托给集中采购机构，哪些项目可以自主选择采购代理机构？

答：《政府采购法》第十八条明确规定："采购人采购纳入集中采购目录的政府采购项目，必须委托集中采购机构代理采购；"这是法律的强制性的规范约束。该法第十九条条款规定："采购人有权自行选择采购代理机构，任何单位和个人不得以任何方式为采购人指定采购代理机构。"第十八条与第十九条规定属于法律普遍的、共性的与特殊的、个性的基本逻辑关系中的范畴。也就是说，该法第十八条是第十九条的执行前提。因此，采购人不能断章取义只运用后一条作为挡箭牌来规避集中采购，集中采购目录内的采购项目只能由政府设立的集中采购机构采购，不能自行委托其他采购代理机构采购。只有那些不属于集中采购目录内的采购项目，采购人才能在集中采购机构和政府有关部门认定资格（属于代理政府采购类的应该在省级财政部门以上确认和审核并备案）的采购代理机构之内行使选择权，否则将会造成严重的法律后果。

习题与思考题

1. 单项选择题

（1）招标项目确定中标人后，招标人即向中标人发出中标通知书，中标通知书（　　）具有法律效力。

A. 对招标人和中标人　B. 只对招标人

C. 只对投标人　　　　　D. 对招标人和招标代理机构

（2）招标代理机构收取代理费，中标金额在100万元以下的，收取费率为（　　）。

A.1%　B.2%　C.0.5%　D.0.8%

（3）招标代理机构收取服务费，工程一次招标（完成一次招标投标全流程）代理服务费最高限额为（　　）元。

A.100万　B.200万　C.450万　D.500万

（4）建设工程招标代理资质，是由（　　）部门统一管理。

A. 住建部门　B. 发改部门　C. 财政部门　D. 商务部门

（5）乙级工程招标代理机构只能承担工程总投资（　　）元以下的工程招标代理业务。

A.5000万　B.6000万　C.1亿　D.5亿

（6）甲级工程招标代理机构资格证书的有效期为（　　）年。

A.1　B.2　C.3　D.5

（7）甲级工程招标代理机构，注册资本金不得少于（　　）元。

A.100万　B.200万　C.450万　D.500万

（8）招投标代理机构泄露应当保密的与招标投标活动有关的情况和资料的，处（　　）的罚款。

A. 五万元以上二十五万元以下　　B. 一万元以上五万元以下

C. 五万元以上十万元以下　　　　D. 一万元以上十万元以下

2. 多项选择题

（1）招标代理机构应当具备下列条件（　　）。

A. 有从事招标代理业务的营业场所和相应资金

B. 有能够编制招标文件和组织评标的相应专业力量

C. 有符合《招标投标法》规定的可以作为评标委员会成员人选的技术、经济等方面的专家库

D. 招标代理机构与行政机关和其他国家机关不得存在隶属关系或者其他利益关系

（2）中央投资项目招标代理机构发生（　　）等重大变化的，应在相关变更手续完成后30个工作日内向国家发展改革委提出资格重新确认申请。

A. 分立　B. 合并或兼并　C. 改制　D. 转让

（3）招标代理机构因违法行为应承担的行政责任方式有（　　）。

A. 警告　B. 责令改正　C. 通报批评　D. 对单位及直接负责人罚款

（4）招标师的执业范围是（　　）。

A. 策划招标方案，组织实施和指导管理招标全过程，处理异议，协助解决争议

B. 招标活动的咨询和评估

C. 协助订立和管理招标合同

D. 国家规定的其他招标采购业务

（5）招标专业人员职业资格分为（　　）。

A. 招标师　B. 高级招标师　C. 初级招标师　D. 中级招标师

3. 问答题

（1）甲级招标代理机构应具备哪些条件？

（2）中央投资项目招标代理机构，应满足哪些基本条件？

（3）招标代理机构的法律责任有哪些？

（4）请简述招标师考试制度的规定。

（5）工程招标的甲级招标代理机构，在资格认定时有哪些程序和规定？

4. 案例分析题

当前，一些招标代理机构不依法代理，过分迁就和迎合业主的要求，在项目招标时，招标代理机构利用所掌握的招投标知识，不惜钻空子，设门槛，做"裁缝"，当"说客"，达到招标人的特定要求。另外，一些招标代理人员盲目屈从于招标人的要求，将实际违规操作合法化。向招标人做一些不切实际的承诺，甚至帮助招标人规避招标或肢解发包，弄虚作假。有些代理人员业务水平低下，法律意识淡薄。更有甚者，有些招标代理机构自行牵线搭桥，为投标人围标串标充当"枪手"和"说客"，谋取非法暴利，完全丧失了独立性和公正性。如果你是监管招标代理机构的政府部门负责人，你有何规范发展招标代理机构的对策和建议？

【参考答案】

1. 单项选择题

（1）A　（2）A　（3）C　（4）A　（5）C　（6）D　（7）A　（8）A

2. 多项选择题

（1）ABCD　（2）ABC　（3）ABCD　（4）ABCD　（5）AB

3. 略

4. 案例分析题

招标代理机构的法律责任，是指招标代理机构在招标过程中对其所实施的行为应当承担的法律后果。除《招标投标法》中对招标代理机构的法律责任作出相关规定外，在其他一些法律、法规及部门规章中，如《工程建设项目货物招标投标办法》、《中央投资项目招标代理机构资格认定管理办法》、《工程建设项目招标投标活动投诉处理办法》、《工程建设项目施工招标投标办法》、《工程建设项目招标代理机构资格认定办法》、《机电产品国际招标投标实施办法》、《进一步规范机电产品国际招标投标活动有关规定》、《机电产品国际招标机构资格审定办法》等，对于招标代理机构的行政法律责任也作出了进一步详细的规定。

作为监管机关，应在维护市场公平、公开、公正、诚信的原则上监管招标代理机构。在放开招标代理市场准入的大背景下，应着重考核其诚信代理和加强事中、事后的监管，包括不良记录的处罚措施。加大其违规违纪违法成本，使其不敢、不能、不愿违规、违纪和违法。

参考文献

［1］ Kumaraswamy M M, ChanD W M. Factors facilitating faster construction ［J］. Journal of Construction Procurement, 1999, 5 （2）: 88 –98.

［2］ Krishna Mochtar, David Arditi. Pricing strategy in the US construction industry ［J］. Construction Management and Economics, 2001, （19）: 405-415.

［3］ 谭德庆. 多维博弈论 ［M］. 成都: 西南交通大学出版社, 2006. 123-125.

［4］ 何佰昭. 建筑工程招标投标市场的发展设想及建议 ［J］. 山西建筑, 2008, 34 （34）: 269-271.

［5］ 张鹏, 史同杰. 公路工程招标评标采用"最低评标价法"的体会 ［J］. 黑龙江交通科技, 2005, 131 （1）: 84.

［6］ 冯丽珍. 建筑工程投标策略与技巧之探讨 ［J］. 山西建筑, 2008, 34 （4）: 265-266.

［7］ 聂重军, 徐晓波, 许百盛. 工程项目投标策略与技巧 ［J］. 长沙大学学报, 2009, 23 （2）: 60-62.

［8］ 董志坚. 某邀请招标工程投标案例分析 ［J］. 山西建筑, 2009, 35 （10）: 267-268.

［9］ 杨洁. 浅谈投标技巧 ［J］. 山西建筑, 2009, 35 （9）: 260-261.

［10］ 史学历. 工程量清单下的投标及报价策略 ［J］. 内蒙古科技与经济, 2008, 176 （22）: 515-516.

［11］ 刘志勇. 建筑施工企业工程投标实践略谈 ［J］. 科学教育家, 2008, 8 （8）: 298.

［12］ 罗丽华. 建筑工程项目投标策略分析应用探讨 ［J］. 四川建材, 2008 （4）: 255-257.

［13］ 吕俊民, 张芳娥. 浅谈投标工作策略 ［J］. 山西建筑, 2008, 34 （25）: 276-277.

［14］ 王文铎, 张爱华. 浅谈公路工程施工投标策略 ［J］. 黑龙江交通科技, 2008, 173 （7）: 128.

［15］ 杨楠. 工程投标报价策略及编制技巧 ［J］. 贵州电力技术, 2008, 108 （6）: 93-94.

［16］ 张浩杰. 论建筑施工企业的投标工作 ［J］. 河北科技师范学院学报 （社会科学版）, 2008, 7 （2）: 121-123.

［17］ 李强. 工程投标策略与技巧 ［J］. 山西建筑, 2008, 15 （3）: 253-254.

［18］ 马亮, 谢琳琳, 何清华. 施工企业投标策略的案例分析 ［J］. 建筑管理现代化, 2007, 97 （6）: 37-40.

［19］ 杨晨浩, 王玉波. 工程招投标中应注意的几个问题及投标策略分析 ［J］. 黑龙江交通科技, 2007, 164 （10）: 62-63.

［20］ 李志生. 建筑工程招投标实务与案例分析 （第2版）［M］. 北京: 机械工业出版社, 2014.

［21］ 李志生.《中华人民共和国招标投标法实施条例》解读与案例剖析 ［M］. 北京: 中国建筑工业出版社, 2014.

［22］ 李志生. 城乡建设法规及案例分析 ［M］. 北京: 中国建筑工业出版社, 2014.

附录 1　中华人民共和国招标投标法

（1999 年 8 月 30 日第九届全国人民代表大会常务委员会第十一次会议通过）

（中华人民共和国主席令第二十一号）

《中华人民共和国招标投标法》已由中华人民共和国第九届全国人民代表大会常务委员会第十一次会议于 1999 年 8 月 30 日通过，现予公布，自 2000 年 1 月 1 日起施行。

中华人民共和国主席江泽民

1999 年 8 月 30 日

第一章　总　　则

第一条　为了规范招标投标活动，保护国家利益、社会公共利益和招标投标活动当事人的合法权益，提高经济效益，保证项目质量，制定本法。

第二条　在中华人民共和国境内进行招标投标活动，适用本法。

第三条　在中华人民共和国境内进行下列工程建设项目包括项目的勘察、设计、施工、监理以及与工程建设有关的重要设备、材料等的采购，必须进行招标：

（一）大型基础设施、公用事业等关系社会公共利益、公众安全的项目；

（二）全部或者部分使用国有资金投资或者国家融资的项目；

（三）使用国际组织或者外国政府贷款、援助资金的项目。

前款所列项目的具体范围和规模标准，由国务院发展计划部门会同国务院有关部门制订，报国务院批准。

法律或者国务院对必须进行招标的其他项目的范围有规定的，依照其规定。

第四条　任何单位和个人不得将依法必须进行招标的项目化整为零或者以其他任何方式规避招标。

第五条　招标投标活动应当遵循公开、公平、公正和诚实信用的原则。

第六条　依法必须进行招标的项目，其招标投标活动不受地区或者部门的限制。任何单位和个人不得违法限制或者排斥本地区、本系统以外的法人或者其他组织参加投标，不得以任何方式非法干涉招标投标活动。

第七条　招标投标活动及其当事人应当接受依法实施的监督。有关行政监督部门依法对招标投标活动实施监督，依法查处招标投标活动中的违法行为。对招标投标活动的行政监督及有关部门的具体职权划分，由国务院规定。

第二章 招 标

第八条 招标人是依照本法规定提出招标项目、进行招标的法人或者其他组织。

第九条 招标项目按照国家有关规定需要履行项目审批手续的,应当先履行审批手续,取得批准。招标人应当有进行招标项目的相应资金或者资金来源已经落实,并应当在招标文件中如实载明。

第十条 招标分为公开招标和邀请招标。

公开招标,是指招标人以招标公告的方式邀请不特定的法人或者其他组织投标。邀请招标,是指招标人以投标邀请书的方式邀请特定的法人或者其他组织投标。

第十一条 国务院发展计划部门确定的国家重点项目和省、自治区、直辖市人民政府确定的地方重点项目不适宜公开招标的,经国务院发展计划部门或者省、自治区、直辖市人民政府批准,可以进行邀请招标。

第十二条 招标人有权自行选择招标代理机构,委托其办理招标事宜。任何单位和个人不得以任何方式为招标人指定招标代理机构。

招标人具有编制招标文件和组织评标能力的,可以自行办理招标事宜。任何单位和个人不得强制其委托招标代理机构办理招标事宜。

依法必须进行招标的项目,招标人自行办理招标事宜的,应当向有关行政监督部门备案。

第十三条 招标代理机构是依法设立、从事招标代理业务并提供相关服务的社会中介组织。招标代理机构应当具备下列条件:

(一)有从事招标代理业务的营业场所和相应资金;

(二)有能够编制招标文件和组织评标的相应专业力量;

(三)有符合本法第三十七条第三款规定条件、可以作为评标委员会成员人选的技术、经济等方面的专家库。

第十四条 从事工程建设项目招标代理业务的招标代理机构,其资格由国务院或者省、自治区、直辖市人民政府的建设行政主管部门认定。具体办法由国务院建设行政主管部门会同国务院有关部门制定。从事其他招标代理业务的招标代理机构,其资格认定的主管部门由国务院规定。

招标代理机构与行政机关和其他国家机关不得存在隶属关系或者其他利益关系。

第十五条 招标代理机构应当在招标人委托的范围内办理招标事宜,并遵守本法关于招标人的规定。

第十六条 招标人采用公开招标方式的,应当发布招标公告。依法必须进行招标的项目的招标公告,应当通过国家指定的报刊、信息网络或者其他媒介发布。

招标公告应当载明招标人的名称和地址、招标项目的性质、数量、实施地点和时间以及获取招标文件的办法等事项。

第十七条 招标人采用邀请招标方式的,应当向三个以上具备承担招标项目的能力、资信良好的特定的法人或者其他组织发出投标邀请书。

投标邀请书应当载明本法第十六条第二款规定的事项。

第十八条 招标人可以根据招标项目本身的要求,在招标公告或者投标邀请书中,要求潜在投标人提供有关资质证明文件和业绩情况，并对潜在投标人进行资格审查；国家对投标人的资格条件有规定的，依照其规定。

招标人不得以不合理的条件限制或者排斥潜在投标人，不得对潜在投标人实行歧视待遇。

第十九条　招标人应当根据招标项目的特点和需要编制招标文件。招标文件应当包括招标项目的技术要求、对投标人资格审查的标准、投标报价要求和评标标准等所有实质性要求和条件以及拟签订合同的主要条款。

国家对招标项目的技术、标准有规定的，招标人应当按照其规定在招标文件中提出相应要求。

招标项目需要划分标段、确定工期的，招标人应当合理划分标段、确定工期，并在招标文件中载明。

第二十条　招标文件不得要求或者标明特定的生产供应者以及含有倾向或者排斥潜在投标人的其他内容。

第二十一条　招标人根据招标项目的具体情况，可以组织潜在投标人踏勘项目现场。

第二十二条　招标人不得向他人透露已获取招标文件的潜在投标人的名称、数量以及可能影响公平竞争的有关招标投标的其他情况。招标人设有标底的，标底必须保密。

第二十三条　招标人对已发出的招标文件进行必要的澄清或者修改的，应当在招标文件要求提交投标文件截止时间至少十五日前，以书面形式通知所有招标文件收受人。该澄清或者修改的内容为招标文件的组成部分。

第二十四条　招标人应当确定投标人编制投标文件所需要的合理时间；但是，依法必须进行招标的项目，自招标文件开始发出之日起至投标人提交投标文件截止之日止，最短不得少于二十日。

第三章　投　　标

第二十五条　投标人是响应招标、参加投标竞争的法人或者其他组织。依法招标的科研项目允许个人参加投标的，投标的个人适用本法有关投标人的规定。

第二十六条　投标人应当具备承担招标项目的能力；国家有关规定对投标人资格条件或者招标文件对投标人资格条件有规定的，投标人应当具备规定的资格条件。

第二十七条　投标人应当按照招标文件的要求编制投标文件。投标文件应当对招标文件提出的实质性要求和条件作出响应。

招标项目属于建设施工的，投标文件的内容应当包括拟派出的项目负责人与主要技术人员的简历、业绩和拟用于完成招标项目的机械设备等。

第二十八条　投标人应当在招标文件要求提交投标文件的截止时间前，将投标文件送达投标地点。招标人收到投标文件后，应当签收保存，不得开启。投标人少于三个的，招标人应当依照本法重新招标。

在招标文件要求提交投标文件的截止时间后送达的投标文件，招标人应当拒收。

第二十九条　投标人在招标文件要求提交投标文件的截止时间前，可以补充、修改或者撤回已提交的投标文件，并书面通知招标人。补充、修改的内容为投标文件的组成部分。

第三十条　投标人根据招标文件载明的项目实际情况，拟在中标后将中标项目的部分非主体、非关键性工作进行分包的，应当在投标文件中载明。

第三十一条　两个以上法人或者其他组织可以组成一个联合体，以一个投标人的身份共同投标。联合体各方均应当具备承担招标项目的相应能力；国家有关规定或者招标文件对投标人资格条件有规定的，联合体各方均应当具备规定的相应资格条件。由同一专业的单位组成的联合体，按照资质等级较低的单位确定资质等级。

联合体各方应当签订共同投标协议，明确约定各方拟承担的工作和责任，并将共同投标协议连同投标文件一并提交招标人。联合体中标的，联合体各方应当共同与招标人签订合同，就中标项目向招标人承担连带责任。

招标人不得强制投标人组成联合体共同投标，不得限制投标人之间的竞争。

第三十二条　投标人不得相互串通投标报价，不得排挤其他投标人的公平竞争，损害招标人或者其他投标人的合法权益。

投标人不得与招标人串通投标，损害国家利益、社会公共利益或者他人的合法权益。

禁止投标人以向招标人或者评标委员会成员行贿的手段谋取中标。

第三十三条　投标人不得以低于成本的报价竞标，也不得以他人名义投标或者以其他方式弄虚作假，骗取中标。

第四章　开标、评标和中标

第三十四条　开标应当在招标文件确定的提交投标文件截止时间的同一时间公开进行；开标地点应当为招标文件中预先确定的地点。

第三十五条　开标由招标人主持，邀请所有投标人参加。

第三十六条　开标时，由投标人或者其推选的代表检查投标文件的密封情况，也可以由招标人委托的公证机构检查并公证；经确认无误后，由工作人员当众拆封，宣读投标人名称、投标价格和投标文件的其他主要内容。

招标人在招标文件要求提交投标文件的截止时间前收到的所有投标文件，开标时都应当当众予以拆封、宣读。

开标过程应当记录，并存档备查。

第三十七条　评标由招标人依法组建的评标委员会负责。

依法必须进行招标的项目，其评标委员会由招标人的代表和有关技术、经济等方面的专家组成，成员人数为五人以上单数，其中技术、经济等方面的专家不得少于成员总数的三分之二。

前款专家应当从事相关领域工作满八年并具有高级职称或者具有同等专业水平，由招标人从国务院有关部门或者省、自治区、直辖市人民政府有关部门提供的专家名册或者招标代理机构的专家库内的相关专业的专家名单中确定；一般招标项目可以采取随机抽取方式，特殊招标项目可以由招标人直接确定。

与投标人有利害关系的人不得进入相关项目的评标委员会；已经进入的应当更换。

评标委员会成员的名单在中标结果确定前应当保密。

第三十八条　招标人应当采取必要的措施，保证评标在严格保密的情况下进行。

任何单位和个人不得非法干预、影响评标的过程和结果。

第三十九条　评标委员会可以要求投标人对投标文件中含义不明确的内容作必要的澄清或者说明，但是澄清或者说明不得超出投标文件的范围或者改变投标文件的实质性内容。

第四十条　评标委员会应当按照招标文件确定的评标标准和方法，对投标文件进行评审和比较；设有标底的，应当参考标底。评标委员会完成评标后，应当向招标人提出书面评标报告，并推荐合格的中标候选人。

招标人根据评标委员会提出的书面评标报告和推荐的中标候选人确定中标人。招标人也可以授权评标委员会直接确定中标人。

国务院对特定招标项目的评标有特别规定的，从其规定。

第四十一条　中标人的投标应当符合下列条件之一：

（一）能够最大限度地满足招标文件中规定的各项综合评价标准；

（二）能够满足招标文件的实质性要求，并且经评审的投标价格最低；但是投标价格低于成本的除外。

第四十二条　评标委员会经评审，认为所有投标都不符合招标文件要求的，可以否决所有投标。

依法必须进行招标的项目的所有投标被否决的，招标人应当依照本法重新招标。

第四十三条　在确定中标人前，招标人不得与投标人就投标价格、投标方案等实质性内容进行谈判。

第四十四条　评标委员会成员应当客观、公正地履行职务，遵守职业道德，对所提出的评审意见承担个人责任。

评标委员会成员不得私下接触投标人，不得收受投标人的财物或者其他好处。

评标委员会成员和参与评标的有关工作人员不得透露对投标文件的评审和比较、中标候选人的推荐情况以及与评标有关的其他情况。

第四十五条　中标人确定后，招标人应当向中标人发出中标通知书，并同时将中标结果通知所有未中标的投标人。

中标通知书对招标人和中标人具有法律效力。中标通知书发出后，招标人改变中标结果的，或者中标人放弃中标项目的，应当依法承担法律责任。

第四十六条　招标人和中标人应当自中标通知书发出之日起三十日内，按照招标文件和中标人的投标文件订立书面合同。招标人和中标人不得再行订立背离合同实质性内容的其他协议。

招标文件要求中标人提交履约保证金的，中标人应当提交。

第四十七条　依法必须进行招标的项目，招标人应当自确定中标人之日起十五日内，向有关行政监督部门提交招标投标情况的书面报告。

第四十八条　中标人应当按照合同约定履行义务，完成中标项目。中标人不得向他人转让中标项目，也不得将中标项目肢解后分别向他人转让。

中标人按照合同约定或者经招标人同意，可以将中标项目的部分非主体、非关键性工作分包给他人完成。接受分包的人应当具备相应的资格条件，并不得再次分包。

中标人应当就分包项目向招标人负责，接受分包的人就分包项目承担连带责任。

第五章 法律责任

第四十九条 违反本法规定，必须进行招标的项目而不招标的，将必须进行招标的项目化整为零或者以其他任何方式规避招标的，责令限期改正，可以处项目合同金额千分之五以上千分之十以下的罚款；对全部或者部分使用国有资金的项目，可以暂停项目执行或者暂停资金拨付；对单位直接负责的主管人员和其他直接责任人员依法给予处分。

第五十条 招标代理机构违反本法规定，泄露应当保密的与招标投标活动有关的情况和资料的，或者与招标人、投标人串通损害国家利益、社会公共利益或者他人合法权益的，处五万元以上二十五万元以下的罚款，对单位直接负责的主管人员和其他直接责任人员处单位罚款数额百分之五以上百分之十以下的罚款；有违法所得的，并处没收违法所得；情节严重的，暂停直至取消招标代理资格；构成犯罪的，依法追究刑事责任。给他人造成损失的，依法承担赔偿责任。

前款所列行为影响中标结果的，中标无效。

第五十一条 招标人以不合理的条件限制或者排斥潜在投标人的，对潜在投标人实行歧视待遇的，强制要求投标人组成联合体共同投标的，或者限制投标人之间竞争的，责令改正，可以处一万元以上五万元以下的罚款。

第五十二条 依法必须进行招标的项目的招标人向他人透露已获取招标文件的潜在投标人的名称、数量或者可能影响公平竞争的有关招标投标的其他情况的，或者泄露标底的，给予警告，可以并处一万元以上十万元以下的罚款；对单位直接负责的主管人员和其他直接责任人员依法给予处分；构成犯罪的，依法追究刑事责任。

前款所列行为影响中标结果的，中标无效。

第五十三条 投标人相互串通投标或者与招标人串通投标的，投标人以向招标人或者评标委员会成员行贿的手段谋取中标的，中标无效，处中标项目金额千分之五以上千分之十以下的罚款，对单位直接负责的主管人员和其他直接责任人员处单位罚款数额百分之五以上百分之十以下的罚款；有违法所得的，并处没收违法所得；情节严重的，取消其一年至二年内参加依法必须进行招标的项目的投标资格并予以公告，直至由工商行政管理机关吊销营业执照；构成犯罪的，依法追究刑事责任。给他人造成损失的，依法承担赔偿责任。

第五十四条 投标人以他人名义投标或者以其他方式弄虚作假，骗取中标的，中标无效，给招标人造成损失的，依法承担赔偿责任；构成犯罪的，依法追究刑事责任。

依法必须进行招标的项目的投标人有前款所列行为尚未构成犯罪的，处中标项目金额千分之五以上千分之十以下的罚款，对单位直接负责的主管人员和其他直接责任人员处单位罚款数额百分之五以上百分之十以下的罚款；有违法所得的，并处没收违法所得；情节严重的，取消其一年至三年内参加依法必须进行招标的项目的投标资格并予以公告，直至由工商行政管理机关吊销营业执照。

第五十五条 依法必须进行招标的项目，招标人违反本法规定，与投标人就投标价格、投标方案等实质性内容进行谈判的，给予警告，对单位直接负责的主管人员和其他直接责任人员依法给予处分。

前款所列行为影响中标结果的，中标无效。

第五十六条　评标委员会成员收受投标人的财物或者其他好处的，评标委员会成员或者参加评标的有关工作人员向他人透露对投标文件的评审和比较、中标候选人的推荐以及与评标有关的其他情况的，给予警告，没收收受的财物，可以并处三千元以上五万元以下的罚款，对有所列违法行为的评标委员会成员取消担任评标委员会成员的资格，不得再参加任何依法必须进行招标的项目的评标；构成犯罪的，依法追究刑事责任。

第五十七条　招标人在评标委员会依法推荐的中标候选人以外确定中标人的，依法必须进行招标的项目在所有投标被评标委员会否决后自行确定中标人的，中标无效。责令改正，可以处中标项目金额千分之五以上千分之十以下的罚款；对单位直接负责的主管人员和其他直接责任人员依法给予处分。

第五十八条　中标人将中标项目转让给他人的，将中标项目肢解后分别转让给他人的，违反本法规定将中标项目的部分主体、关键性工作分包给他人的，或者分包人再次分包的，转让、分包无效，处转让、分包项目金额千分之五以上千分之十以下的罚款；有违法所得的，并处没收违法所得；可以责令停业整顿；情节严重的，由工商行政管理机关吊销营业执照。

第五十九条　招标人与中标人不按照招标文件和中标人的投标文件订立合同的，或者招标人、中标人订立背离合同实质性内容的协议的，责令改正；可以处中标项目金额千分之五以上千分之十以下的罚款。

第六十条　中标人不履行与招标人订立的合同的，履约保证金不予退还，给招标人造成的损失超过履约保证金数额的，还应当对超过部分予以赔偿；没有提交履约保证金的，应当对招标人的损失承担赔偿责任。

中标人不按照与招标人订立的合同履行义务，情节严重的，取消其二年至五年内参加依法必须进行招标的项目的投标资格并予以公告，直至由工商行政管理机关吊销营业执照。

因不可抗力不能履行合同的，不适用前两款规定。

第六十一条　本章规定的行政处罚，由国务院规定的有关行政监督部门决定。本法已对实施行政处罚的机关作出规定的除外。

第六十二条　任何单位违反本法规定，限制或者排斥本地区、本系统以外的法人或者其他组织参加投标的，为招标人指定招标代理机构的，强制招标人委托招标代理机构办理招标事宜的，或者以其他方式干涉招标投标活动的，责令改正；对单位直接负责的主管人员和其他直接责任人员依法给予警告、记过、记大过的处分，情节较重的，依法给予降级、撤职、开除的处分。

个人利用职权进行前款违法行为的，依照前款规定追究责任。

第六十三条　对招标投标活动依法负有行政监督职责的国家机关工作人员徇私舞弊、滥用职权或者玩忽职守，构成犯罪的，依法追究刑事责任；不构成犯罪的，依法给予行政处分。

第六十四条　依法必须进行招标的项目违反本法规定，中标无效的，应当依照本法规定的中标条件从其余投标人中重新确定中标人或者依照本法重新进行招标。

第六章 附 则

第六十五条 投标人和其他利害关系人认为招标投标活动不符合本法有关规定的，有权向招标人提出异议或者依法向有关行政监督部门投诉。

第六十六条 涉及国家安全、国家秘密、抢险救灾或者属于利用扶贫资金实行以工代赈、需要使用农民工等特殊情况，不适宜进行招标的项目，按照国家有关规定可以不进行招标。

第六十七条 使用国际组织或者外国政府贷款、援助资金的项目进行招标，贷款方、资金提供方对招标投标的具体条件和程序有不同规定的，可以适用其规定，但违背中华人民共和国的社会公共利益的除外。

第六十八条 本法自 2000 年 1 月 1 日起施行。

附录 2　中华人民共和国招标投标法实施条例

（中华人民共和国国务院令第 613 号）

《中华人民共和国招标投标法实施条例》已经 2011 年 11 月 30 日国务院第 183 次常务会议通过，现予公布，自 2012 年 2 月 1 日起施行。

总理温家宝

二〇一一年十二月二十日

第一章　总　　则

第一条　为了规范招标投标活动，根据《中华人民共和国招标投标法》（以下简称招标投标法），制定本条例。

第二条　招标投标法第三条所称工程建设项目，是指工程以及与工程建设有关的货物、服务。

前款所称工程，是指建设工程，包括建筑物和构筑物的新建、改建、扩建及其相关的装修、拆除、修缮等；所称与工程建设有关的货物，是指构成工程不可分割的组成部分，且为实现工程基本功能所必需的设备、材料等；所称与工程建设有关的服务，是指为完成工程所需的勘察、设计、监理等服务。

第三条　依法必须进行招标的工程建设项目的具体范围和规模标准，由国务院发展改革部门会同国务院有关部门制订，报国务院批准后公布施行。

第四条　国务院发展改革部门指导和协调全国招标投标工作，对国家重大建设项目的工程招标投标活动实施监督检查。国务院工业和信息化、住房城乡建设、交通运输、铁道、水利、商务等部门，按照规定的职责分工对有关招标投标活动实施监督。

县级以上地方人民政府发展改革部门指导和协调本行政区域的招标投标工作。县级以上地方人民政府有关部门按照规定的职责分工，对招标投标活动实施监督，依法查处招标投标活动中的违法行为。县级以上地方人民政府对其所属部门有关招标投标活动的监督职责分工另有规定的，从其规定。

财政部门依法对实行招标投标的政府采购工程建设项目的预算执行情况和政府采购政策执行情况实施监督。

监察机关依法对与招标投标活动有关的监察对象实施监察。

第五条　设区的市级以上地方人民政府可以根据实际需要，建立统一规范的招标投标交易场所，为招标投标活动提供服务。招标投标交易场所不得与行政监督部门存在隶属关系，不得以营利为目的。

国家鼓励利用信息网络进行电子招标投标。

第六条　禁止国家工作人员以任何方式非法干涉招标投标活动。

第二章　招　　标

第七条　按照国家有关规定需要履行项目审批、核准手续的依法必须进行招标的项目，其招标范围、招标方式、招标组织形式应当报项目审批、核准部门审批、核准。项目审批、核准部门应当及时将审批、核准确定的招标范围、招标方式、招标组织形式通报有关行政监督部门。

第八条　国有资金占控股或者主导地位的依法必须进行招标的项目，应当公开招标；但有下列情形之一的，可以邀请招标：

（一）技术复杂、有特殊要求或者受自然环境限制，只有少量潜在投标人可供选择；

（二）采用公开招标方式的费用占项目合同金额的比例过大。

有前款第二项所列情形，属于本条例第七条规定的项目，由项目审批、核准部门在审批、核准项目时作出认定；其他项目由招标人申请有关行政监督部门作出认定。

第九条　除招标投标法第六十六条规定的可以不进行招标的特殊情况外，有下列情形之一的，可以不进行招标：

（一）需要采用不可替代的专利或者专有技术；

（二）采购人依法能够自行建设、生产或者提供；

（三）已通过招标方式选定的特许经营项目投资人依法能够自行建设、生产或者提供；

（四）需要向原中标人采购工程、货物或者服务，否则将影响施工或者功能配套要求；

（五）国家规定的其他特殊情形。

招标人为适用前款规定弄虚作假的，属于招标投标法第四条规定的规避招标。

第十条　招标投标法第十二条第二款规定的招标人具有编制招标文件和组织评标能力，是指招标人具有与招标项目规模和复杂程度相适应的技术、经济等方面的专业人员。

第十一条　招标代理机构的资格依照法律和国务院的规定由有关部门认定。

国务院住房城乡建设、商务、发展改革、工业和信息化等部门，按照规定的职责分工对招标代理机构依法实施监督管理。

第十二条　招标代理机构应当拥有一定数量的取得招标职业资格的专业人员。取得招标职业资格的具体办法由国务院人力资源社会保障部门会同国务院发展改革部门制定。

第十三条　招标代理机构在其资格许可和招标人委托的范围内开展招标代理业务，任何单位和个人不得非法干涉。

招标代理机构代理招标业务，应当遵守招标投标法和本条例关于招标人的规定。招标代理机构不得在所代理的招标项目中投标或者代理投标，也不得为所代理的招标项目的投标人提供咨询。招标代理机构不得涂改、出租、出借、转让资格证书。

第十四条　招标人应当与被委托的招标代理机构签订书面委托合同，合同约定的收费标准应当符合国家有关规定。

第十五条　公开招标的项目，应当依照招标投标法和本条例的规定发布招标公告、编制招标文件。

招标人采用资格预审办法对潜在投标人进行资格审查的，应当发布资格预审公告、编制资格预审文件。

依法必须进行招标的项目的资格预审公告和招标公告，应当在国务院发展改革部门依法指定的媒介发布。在不同媒介发布的同一招标项目的资格预审公告或者招标公告的内容应当一致。指定媒介发布依法必须进行招标的项目的境内资格预审公告、招标公告，不得收取费用。

编制依法必须进行招标的项目的资格预审文件和招标文件，应当使用国务院发展改革部门会同有关行政监督部门制定的标准文本。

第十六条　招标人应当按照资格预审公告、招标公告或者投标邀请书规定的时间、地点发售资格预审文件或者招标文件。资格预审文件或者招标文件的发售期不得少于 5 日。

招标人发售资格预审文件、招标文件收取的费用应当限于补偿印刷、邮寄的成本支出，不得以营利为目的。

第十七条　招标人应当合理确定提交资格预审申请文件的时间。依法必须进行招标的项目提交资格预审申请文件的时间，自资格预审文件停止发售之日起不得少于 5 日。

第十八条　资格预审应当按照资格预审文件载明的标准和方法进行。

国有资金占控股或者主导地位的依法必须进行招标的项目，招标人应当组建资格审查委员会审查资格预审申请文件。资格审查委员会及其成员应当遵守招标投标法和本条例有关评标委员会及其成员的规定。

第十九条　资格预审结束后，招标人应当及时向资格预审申请人发出资格预审结果通知书。未通过资格预审的申请人不具有投标资格。

通过资格预审的申请人少于 3 个的，应当重新招标。

第二十条　招标人采用资格后审办法对投标人进行资格审查的，应当在开标后由评标委员会按照招标文件规定的标准和方法对投标人的资格进行审查。

第二十一条　招标人可以对已发出的资格预审文件或者招标文件进行必要的澄清或者修改。澄清或者修改的内容可能影响资格预审申请文件或者投标文件编制的，招标人应当在提交资格预审申请文件截止时间至少 3 日前，或者投标截止时间至少 15 日前，以书面形式通知所有获取资格预审文件或者招标文件的潜在投标人；不足 3 日或者 15 日的，招标人应当顺延提交资格预审申请文件或者投标文件的截止时间。

第二十二条　潜在投标人或者其他利害关系人对资格预审文件有异议的，应当在提交资格预审申请文件截止时间 2 日前提出；对招标文件有异议的，应当在投标截止时间 10 日前提出。招标人应当自收到异议之日起 3 日内作出答复；作出答复前，应当暂停招标投标活动。

第二十三条　招标人编制的资格预审文件、招标文件的内容违反法律、行政法规的强制性规定，违反公开、公平、公正和诚实信用原则，影响资格预审结果或者潜在投标人投标的，依法必须进行招标的项目的招标人应当在修改资格预审文件或者招标文件后重新招标。

第二十四条　招标人对招标项目划分标段的，应当遵守招标投标法的有关规定，不得利用划分标段限制或者排斥潜在投标人。依法必须进行招标的项目的招标人不得利用划分标段规避招标。

第二十五条　招标人应当在招标文件中载明投标有效期。投标有效期从提交投标文件的截止之日起算。

第二十六条 招标人在招标文件中要求投标人提交投标保证金的，投标保证金不得超过招标项目估算价的2%。投标保证金有效期应当与投标有效期一致。

依法必须进行招标的项目的境内投标单位，以现金或者支票形式提交的投标保证金应当从其基本账户转出。

招标人不得挪用投标保证金。

第二十七条 招标人可以自行决定是否编制标底。一个招标项目只能有一个标底。标底必须保密。

接受委托编制标底的中介机构不得参加受托编制标底项目的投标，也不得为该项目的投标人编制投标文件或者提供咨询。

招标人设有最高投标限价的，应当在招标文件中明确最高投标限价或者最高投标限价的计算方法。招标人不得规定最低投标限价。

第二十八条 招标人不得组织单个或者部分潜在投标人踏勘项目现场。

第二十九条 招标人可以依法对工程以及与工程建设有关的货物、服务全部或者部分实行总承包招标。以暂估价形式包括在总承包范围内的工程、货物、服务属于依法必须进行招标的项目范围且达到国家规定规模标准的，应当依法进行招标。

前款所称暂估价，是指总承包招标时不能确定价格而由招标人在招标文件中暂时估定的工程、货物、服务的金额。

第三十条 对技术复杂或者无法精确拟定技术规格的项目，招标人可以分两阶段进行招标。

第一阶段，投标人按照招标公告或者投标邀请书的要求提交不带报价的技术建议，招标人根据投标人提交的技术建议确定技术标准和要求，编制招标文件。

第二阶段，招标人向在第一阶段提交技术建议的投标人提供招标文件，投标人按照招标文件的要求提交包括最终技术方案和投标报价的投标文件。

招标人要求投标人提交投标保证金的，应当在第二阶段提出。

第三十一条 招标人终止招标的，应当及时发布公告，或者以书面形式通知被邀请的或者已经获取资格预审文件、招标文件的潜在投标人。已经发售资格预审文件、招标文件或者已经收取投标保证金的，招标人应当及时退还所收取的资格预审文件、招标文件的费用，以及所收取的投标保证金及银行同期存款利息。

第三十二条 招标人不得以不合理的条件限制、排斥潜在投标人或者投标人。

招标人有下列行为之一的，属于以不合理条件限制、排斥潜在投标人或者投标人：

（一）就同一招标项目向潜在投标人或者投标人提供有差别的项目信息；

（二）设定的资格、技术、商务条件与招标项目的具体特点和实际需要不相适应或者与合同履行无关；

（三）依法必须进行招标的项目以特定行政区域或者特定行业的业绩、奖项作为加分条件或者中标条件；

（四）对潜在投标人或者投标人采取不同的资格审查或者评标标准；

（五）限定或者指定特定的专利、商标、品牌、原产地或者供应商；

（六）依法必须进行招标的项目非法限定潜在投标人或者投标人的所有制形式或者组

织形式；

（七）以其他不合理条件限制、排斥潜在投标人或者投标人。

第三章　投　标

第三十三条　投标人参加依法必须进行招标的项目的投标，不受地区或者部门的限制，任何单位和个人不得非法干涉。

第三十四条　与招标人存在利害关系可能影响招标公正性的法人、其他组织或者个人，不得参加投标。

单位负责人为同一人或者存在控股、管理关系的不同单位，不得参加同一标段投标或者未划分标段的同一招标项目投标。

违反前两款规定的，相关投标均无效。

第三十五条　投标人撤回已提交的投标文件，应当在投标截止时间前书面通知招标人。招标人已收取投标保证金的，应当自收到投标人书面撤回通知之日起5日内退还。

投标截止后投标人撤销投标文件的，招标人可以不退还投标保证金。

第三十六条　未通过资格预审的申请人提交的投标文件，以及逾期送达或者不按照招标文件要求密封的投标文件，招标人应当拒收。

招标人应当如实记载投标文件的送达时间和密封情况，并存档备查。

第三十七条　招标人应当在资格预审公告、招标公告或者投标邀请书中载明是否接受联合体投标。

招标人接受联合体投标并进行资格预审的，联合体应当在提交资格预审申请文件前组成。资格预审后联合体增减、更换成员的，其投标无效。

联合体各方在同一招标项目中以自己名义单独投标或者参加其他联合体投标的，相关投标均无效。

第三十八条　投标人发生合并、分立、破产等重大变化的，应当及时书面告知招标人。投标人不再具备资格预审文件、招标文件规定的资格条件或者其投标影响招标公正性的，其投标无效。

第三十九条　禁止投标人相互串通投标。

有下列情形之一的，属于投标人相互串通投标：

（一）投标人之间协商投标报价等投标文件的实质性内容；

（二）投标人之间约定中标人；

（三）投标人之间约定部分投标人放弃投标或者中标；

（四）属于同一集团、协会、商会等组织成员的投标人按照该组织要求协同投标；

（五）投标人之间为谋取中标或者排斥特定投标人而采取的其他联合行动。

第四十条　有下列情形之一的，视为投标人相互串通投标：

（一）不同投标人的投标文件由同一单位或者个人编制；

（二）不同投标人委托同一单位或者个人办理投标事宜；

（三）不同投标人的投标文件载明的项目管理成员为同一人；

（四）不同投标人的投标文件异常一致或者投标报价呈规律性差异；

（五）不同投标人的投标文件相互混装；

（六）不同投标人的投标保证金从同一单位或者个人的账户转出。

第四十一条 禁止招标人与投标人串通投标。

有下列情形之一的，属于招标人与投标人串通投标：

（一）招标人在开标前开启投标文件并将有关信息泄露给其他投标人；

（二）招标人直接或者间接向投标人泄露标底、评标委员会成员等信息；

（三）招标人明示或者暗示投标人压低或者抬高投标报价；

（四）招标人授意投标人撤换、修改投标文件；

（五）招标人明示或者暗示投标人为特定投标人中标提供方便；

（六）招标人与投标人为谋求特定投标人中标而采取的其他串通行为。

第四十二条 使用通过受让或者租借等方式获取的资格、资质证书投标的，属于招标投标法第三十三条规定的以他人名义投标。

投标人有下列情形之一的，属于招标投标法第三十三条规定的以其他方式弄虚作假的行为：

（一）使用伪造、变造的许可证件；

（二）提供虚假的财务状况或者业绩；

（三）提供虚假的项目负责人或者主要技术人员简历、劳动关系证明；

（四）提供虚假的信用状况；

（五）其他弄虚作假的行为。

第四十三条 提交资格预审申请文件的申请人应当遵守招标投标法和本条例有关投标人的规定。

第四章 开标、评标和中标

第四十四条 招标人应当按照招标文件规定的时间、地点开标。

投标人少于3个的，不得开标；招标人应当重新招标。

投标人对开标有异议的，应当在开标现场提出，招标人应当当场作出答复，并制作记录。

第四十五条 国家实行统一的评标专家专业分类标准和管理办法。具体标准和办法由国务院发展改革部门会同国务院有关部门制定。

省级人民政府和国务院有关部门应当组建综合评标专家库。

第四十六条 除招标投标法第三十七条第三款规定的特殊招标项目外，依法必须进行招标的项目，其评标委员会的专家成员应当从评标专家库内相关专业的专家名单中以随机抽取方式确定。任何单位和个人不得以明示、暗示等任何方式指定或者变相指定参加评标委员会的专家成员。

依法必须进行招标的项目的招标人非因招标投标法和本条例规定的事由，不得更换依法确定的评标委员会成员。更换评标委员会的专家成员应当依照前款规定进行。

评标委员会成员与投标人有利害关系的，应当主动回避。

有关行政监督部门应当按照规定的职责分工，对评标委员会成员的确定方式、评标专家的抽取和评标活动进行监督。行政监督部门的工作人员不得担任本部门负责监督项目的评标委员会成员。

第四十七条　招标投标法第三十七条第三款所称特殊招标项目，是指技术复杂、专业性强或者国家有特殊要求，采取随机抽取方式确定的专家难以保证胜任评标工作的项目。

第四十八条　招标人应当向评标委员会提供评标所必需的信息，但不得明示或者暗示其倾向或者排斥特定投标人。

招标人应当根据项目规模和技术复杂程度等因素合理确定评标时间。超过三分之一的评标委员会成员认为评标时间不够的，招标人应当适当延长。

评标过程中，评标委员会成员有回避事由、擅离职守或者因健康等原因不能继续评标的，应当及时更换。被更换的评标委员会成员作出的评审结论无效，由更换后的评标委员会成员重新进行评审。

第四十九条　评标委员会成员应当依照招标投标法和本条例的规定，按照招标文件规定的评标标准和方法，客观、公正地对投标文件提出评审意见。招标文件没有规定的评标标准和方法不得作为评标的依据。

评标委员会成员不得私下接触投标人，不得收受投标人给予的财物或者其他好处，不得向招标人征询确定中标人的意向，不得接受任何单位或者个人明示或者暗示提出的倾向或者排斥特定投标人的要求，不得有其他不客观、不公正履行职务的行为。

第五十条　招标项目设有标底的，招标人应当在开标时公布。标底只能作为评标的参考，不得以投标报价是否接近标底作为中标条件，也不得以投标报价超过标底上下浮动范围作为否决投标的条件。

第五十一条　有下列情形之一的，评标委员会应当否决其投标：

（一）投标文件未经投标单位盖章和单位负责人签字；

（二）投标联合体没有提交共同投标协议；

（三）投标人不符合国家或者招标文件规定的资格条件；

（四）同一投标人提交两个以上不同的投标文件或者投标报价，但招标文件要求提交备选投标的除外；

（五）投标报价低于成本或者高于招标文件设定的最高投标限价；

（六）投标文件没有对招标文件的实质性要求和条件作出响应；

（七）投标人有串通投标、弄虚作假、行贿等违法行为。

第五十二条　投标文件中有含义不明确的内容、明显文字或者计算错误，评标委员会认为需要投标人作出必要澄清、说明的，应当书面通知该投标人。投标人的澄清、说明应当采用书面形式，并不得超出投标文件的范围或者改变投标文件的实质性内容。

评标委员会不得暗示或者诱导投标人作出澄清、说明，不得接受投标人主动提出的澄清、说明。

第五十三条　评标完成后，评标委员会应当向招标人提交书面评标报告和中标候选人名单。中标候选人应当不超过3个，并标明排序。

评标报告应当由评标委员会全体成员签字。对评标结果有不同意见的评标委员会成员应当以书面形式说明其不同意见和理由，评标报告应当注明该不同意见。评标委员会成员拒绝在评标报告上签字又不书面说明其不同意见和理由的，视为同意评标结果。

第五十四条　依法必须进行招标的项目，招标人应当自收到评标报告之日起3日内公示中标候选人，公示期不得少于3日。

投标人或者其他利害关系人对依法必须进行招标的项目的评标结果有异议的，应当在中标候选人公示期间提出。招标人应当自收到异议之日起 3 日内作出答复；作出答复前，应当暂停招标投标活动。

第五十五条 国有资金占控股或者主导地位的依法必须进行招标的项目，招标人应当确定排名第一的中标候选人为中标人。排名第一的中标候选人放弃中标、因不可抗力不能履行合同、不按照招标文件要求提交履约保证金，或者被查实存在影响中标结果的违法行为等情形，不符合中标条件的，招标人可以按照评标委员会提出的中标候选人名单排序依次确定其他中标候选人为中标人，也可以重新招标。

第五十六条 中标候选人的经营、财务状况发生较大变化或者存在违法行为，招标人认为可能影响其履约能力的，应当在发出中标通知书前由原评标委员会按照招标文件规定的标准和方法审查确认。

第五十七条 招标人和中标人应当依照招标投标法和本条例的规定签订书面合同，合同的标的、价款、质量、履行期限等主要条款应当与招标文件和中标人的投标文件的内容一致。招标人和中标人不得再行订立背离合同实质性内容的其他协议。

招标人最迟应当在书面合同签订后 5 日内向中标人和未中标的投标人退还投标保证金及银行同期存款利息。

第五十八条 招标文件要求中标人提交履约保证金的，中标人应当按照招标文件的要求提交。履约保证金不得超过中标合同金额的 10%。

第五十九条 中标人应当按照合同约定履行义务，完成中标项目。中标人不得向他人转让中标项目，也不得将中标项目肢解后分别向他人转让。

中标人按照合同约定或者经招标人同意，可以将中标项目的部分非主体、非关键性工作分包给他人完成。接受分包的人应当具备相应的资格条件，并不得再次分包。

中标人应当就分包项目向招标人负责，接受分包的人就分包项目承担连带责任。

第五章 投诉与处理

第六十条 投标人或者其他利害关系人认为招标投标活动不符合法律、行政法规规定的，可以自知道或者应当知道之日起 10 日内向有关行政监督部门投诉。投诉应当有明确的请求和必要的证明材料。

就本条例第二十二条、第四十四条、第五十四条规定事项投诉的，应当先向招标人提出异议，异议答复期间不计算在前款规定的期限内。

第六十一条 投诉人就同一事项向两个以上有权受理的行政监督部门投诉的，由最先收到投诉的行政监督部门负责处理。

行政监督部门应当自收到投诉之日起 3 个工作日内决定是否受理投诉，并自受理投诉之日起 30 个工作日内作出书面处理决定；需要检验、检测、鉴定、专家评审的，所需时间不计算在内。

投诉人捏造事实、伪造材料或者以非法手段取得证明材料进行投诉的，行政监督部门应当予以驳回。

第六十二条 行政监督部门处理投诉，有权查阅、复制有关文件、资料，调查有关情况，相关单位和人员应当予以配合。必要时，行政监督部门可以责令暂停招标投标活动。

行政监督部门的工作人员对监督检查过程中知悉的国家秘密、商业秘密，应当依法予以保密。

第六章　法律责任

第六十三条　招标人有下列限制或者排斥潜在投标人行为之一的，由有关行政监督部门依照招标投标法第五十一条的规定处罚：

（一）依法应当公开招标的项目不按照规定在指定媒介发布资格预审公告或者招标公告；

（二）在不同媒介发布的同一招标项目的资格预审公告或者招标公告的内容不一致，影响潜在投标人申请资格预审或者投标。

依法必须进行招标的项目的招标人不按照规定发布资格预审公告或者招标公告，构成规避招标的，依照招标投标法第四十九条的规定处罚。

第六十四条　招标人有下列情形之一的，由有关行政监督部门责令改正，可以处 10 万元以下的罚款：

（一）依法应当公开招标而采用邀请招标；

（二）招标文件、资格预审文件的发售、澄清、修改的时限，或者确定的提交资格预审申请文件、投标文件的时限不符合招标投标法和本条例规定；

（三）接受未通过资格预审的单位或者个人参加投标；

（四）接受应当拒收的投标文件。

招标人有前款第一项、第三项、第四项所列行为之一的，对单位直接负责的主管人员和其他直接责任人员依法给予处分。

第六十五条　招标代理机构在所代理的招标项目中投标、代理投标或者向该项目投标人提供咨询的，接受委托编制标底的中介机构参加受托编制标底项目的投标或者为该项目的投标人编制投标文件、提供咨询的，依照招标投标法第五十条的规定追究法律责任。

第六十六条　招标人超过本条例规定的比例收取投标保证金、履约保证金或者不按照规定退还投标保证金及银行同期存款利息的，由有关行政监督部门责令改正，可以处 5 万元以下的罚款；给他人造成损失的，依法承担赔偿责任。

第六十七条　投标人相互串通投标或者与招标人串通投标的，投标人向招标人或者评标委员会成员行贿谋取中标的，中标无效；构成犯罪的，依法追究刑事责任；尚不构成犯罪的，依照招标投标法第五十三条的规定处罚。投标人未中标的，对单位的罚款金额按照招标项目合同金额依照招标投标法规定的比例计算。

投标人有下列行为之一的，属于招标投标法第五十三条规定的情节严重行为，由有关行政监督部门取消其 1 年至 2 年内参加依法必须进行招标的项目的投标资格：

（一）以行贿谋取中标；

（二）3 年内 2 次以上串通投标；

（三）串通投标行为损害招标人、其他投标人或者国家、集体、公民的合法利益，造成直接经济损失 30 万元以上；

（四）其他串通投标情节严重的行为。

投标人自本条第二款规定的处罚执行期限届满之日起 3 年内又有该款所列违法行为之

一的，或者串通投标、以行贿谋取中标情节特别严重的，由工商行政管理机关吊销营业执照。法律、行政法规对串通投标报价行为的处罚另有规定的，从其规定。

第六十八条　投标人以他人名义投标或者以其他方式弄虚作假骗取中标的，中标无效；构成犯罪的，依法追究刑事责任；尚不构成犯罪的，依照招标投标法第五十四条的规定处罚。依法必须进行招标的项目的投标人未中标的，对单位的罚款金额按照招标项目合同金额依照招标投标法规定的比例计算。

投标人有下列行为之一的，属于招标投标法第五十四条规定的情节严重行为，由有关行政监督部门取消其1年至3年内参加依法必须进行招标的项目的投标资格：

（一）伪造、变造资格、资质证书或者其他许可证件骗取中标；

（二）3年内2次以上使用他人名义投标；

（三）弄虚作假骗取中标给招标人造成直接经济损失30万元以上；

（四）其他弄虚作假骗取中标情节严重的行为。

投标人自本条第二款规定的处罚执行期限届满之日起3年内又有该款所列违法行为之一的，或者弄虚作假骗取中标情节特别严重的，由工商行政管理机关吊销营业执照。

第六十九条　出让或者出租资格、资质证书供他人投标的，依照法律、行政法规的规定给予行政处罚；构成犯罪的，依法追究刑事责任。

第七十条　依法必须进行招标的项目的招标人不按照规定组建评标委员会，或者确定、更换评标委员会成员违反招标投标法和本条例规定的，由有关行政监督部门责令改正，可以处10万元以下的罚款，对单位直接负责的主管人员和其他直接责任人员依法给予处分；违法确定或者更换的评标委员会成员作出的评审结论无效，依法重新进行评审。

国家工作人员以任何方式非法干涉选取评标委员会成员的，依照本条例第八十一条的规定追究法律责任。

第七十一条　评标委员会成员有下列行为之一的，由有关行政监督部门责令改正；情节严重的，禁止其在一定期限内参加依法必须进行招标的项目的评标；情节特别严重的，取消其担任评标委员会成员的资格：

（一）应当回避而不回避；

（二）擅离职守；

（三）不按照招标文件规定的评标标准和方法评标；

（四）私下接触投标人；

（五）向招标人征询确定中标人的意向或者接受任何单位或者个人明示或者暗示提出的倾向或者排斥特定投标人的要求；

（六）对依法应当否决的投标不提出否决意见；

（七）暗示或者诱导投标人作出澄清、说明或者接受投标人主动提出的澄清、说明；

（八）其他不客观、不公正履行职务的行为。

第七十二条　评标委员会成员收受投标人的财物或者其他好处的，没收收受的财物，处3000元以上5万元以下的罚款，取消担任评标委员会成员的资格，不得再参加依法必须进行招标的项目的评标；构成犯罪的，依法追究刑事责任。

第七十三条　依法必须进行招标的项目的招标人有下列情形之一的，由有关行政监督部门责令改正，可以处中标项目金额10‰以下的罚款；给他人造成损失的，依法承担赔偿责任；对单位直接负责的主管人员和其他直接责任人员依法给予处分：

（一）无正当理由不发出中标通知书；

（二）不按照规定确定中标人；

（三）中标通知书发出后无正当理由改变中标结果；

（四）无正当理由不与中标人订立合同；

（五）在订立合同时向中标人提出附加条件。

第七十四条　中标人无正当理由不与招标人订立合同，在签订合同时向招标人提出附加条件，或者不按照招标文件要求提交履约保证金的，取消其中标资格，投标保证金不予退还。对依法必须进行招标的项目的中标人，由有关行政监督部门责令改正，可以处中标项目金额10‰以下的罚款。

第七十五条　招标人和中标人不按照招标文件和中标人的投标文件订立合同，合同的主要条款与招标文件、中标人的投标文件的内容不一致，或者招标人、中标人订立背离合同实质性内容的协议的，由有关行政监督部门责令改正，可以处中标项目金额5‰以上10‰以下的罚款。

第七十六条　中标人将中标项目转让给他人的，将中标项目肢解后分别转让给他人的，违反招标投标法和本条例规定将中标项目的部分主体、关键性工作分包给他人的，或者分包人再次分包的，转让、分包无效，处转让、分包项目金额5‰以上10‰以下的罚款；有违法所得的，并处没收违法所得；可以责令停业整顿；情节严重的，由工商行政管理机关吊销营业执照。

第七十七条　投标人或者其他利害关系人捏造事实、伪造材料或者以非法手段取得证明材料进行投诉，给他人造成损失的，依法承担赔偿责任。

招标人不按照规定对异议作出答复，继续进行招标投标活动的，由有关行政监督部门责令改正，拒不改正或者不能改正并影响中标结果的，依照本条例第八十二条的规定处理。

第七十八条　取得招标职业资格的专业人员违反国家有关规定办理招标业务的，责令改正，给予警告；情节严重的，暂停一定期限内从事招标业务；情节特别严重的，取消招标职业资格。

第七十九条　国家建立招标投标信用制度。有关行政监督部门应当依法公告对招标人、招标代理机构、投标人、评标委员会成员等当事人违法行为的行政处理决定。

第八十条　项目审批、核准部门不依法审批、核准项目招标范围、招标方式、招标组织形式的，对单位直接负责的主管人员和其他直接责任人员依法给予处分。

有关行政监督部门不依法履行职责，对违反招标投标法和本条例规定的行为不依法查处，或者不按照规定处理投诉、不依法公告对招标投标当事人违法行为的行政处理决定的，对直接负责的主管人员和其他直接责任人员依法给予处分。

项目审批、核准部门和有关行政监督部门的工作人员徇私舞弊、滥用职权、玩忽职守，构成犯罪的，依法追究刑事责任。

第八十一条　国家工作人员利用职务便利，以直接或者间接、明示或者暗示等任何方式非法干涉招标投标活动，有下列情形之一的，依法给予记过或者记大过处分；情节严重的，依法给予降级或者撤职处分；情节特别严重的，依法给予开除处分；构成犯罪的，依法追究刑事责任：

（一）要求对依法必须进行招标的项目不招标，或者要求对依法应当公开招标的项目不公开招标；

（二）要求评标委员会成员或者招标人以其指定的投标人作为中标候选人或者中标人，或者以其他方式非法干涉评标活动，影响中标结果；

（三）以其他方式非法干涉招标投标活动。

第八十二条　依法必须进行招标的项目的招标投标活动违反招标投标法和本条例的规定，对中标结果造成实质性影响，且不能采取补救措施予以纠正的，招标、投标、中标无效，应当依法重新招标或者评标。

第七章　附　则

第八十三条　招标投标协会按照依法制定的章程开展活动，加强行业自律和服务。

第八十四条　政府采购的法律、行政法规对政府采购货物、服务的招标投标另有规定的，从其规定。

第八十五条　本条例自 2012 年 2 月 1 日起施行。

附录3 中华人民共和国政府采购法

2002 年 6 月 29 日第九届全国人民代表大会
常务委员会第二十八次会议通过

(2014 年 8 月 31 日第十二届全国人民代表大会常务委员会第十次会议修改通过)

第一章 总 则

第一条 为了规范政府采购行为，提高政府采购资金的使用效益，维护国家利益和社会公共利益，保护政府采购当事人的合法权益，促进廉政建设，制定本法。

第二条 在中华人民共和国境内进行的政府采购适用本法。

本法所称政府采购，是指各级国家机关、事业单位和团体组织，使用财政性资金采购依法制定的集中采购目录以内的或者采购限额标准以上的货物、工程和服务的行为。

政府集中采购目录和采购限额标准依照本法规定的权限制定。

本法所称采购，是指以合同方式有偿取得货物、工程和服务的行为，包括购买、租赁、委托、雇用等。

本法所称货物，是指各种形态和种类的物品，包括原材料、燃料、设备、产品等。

本法所称工程，是指建设工程，包括建筑物和构筑物的新建、改建、扩建、装修、拆除、修缮等。

本法所称服务，是指除货物和工程以外的其他政府采购对象。

第三条 政府采购应当遵循公开透明原则、公平竞争原则、公正原则和诚实信用原则。

第四条 政府采购工程进行招标投标的，适用招标投标法。

第五条 任何单位和个人不得采用任何方式，阻挠和限制供应商自由进入本地区和本行业的政府采购市场。

第六条 政府采购应当严格按照批准的预算执行。

第七条 政府采购实行集中采购和分散采购相结合。集中采购的范围由省级以上人民政府公布的集中采购目录确定。

属于中央预算的政府采购项目，其集中采购目录由国务院确定并公布；属于地方预算的政府采购项目，其集中采购目录由省、自治区、直辖市人民政府或者其授权的机构确定并公布。

纳入集中采购目录的政府采购项目，应当实行集中采购。

第八条 政府采购限额标准，属于中央预算的政府采购项目，由国务院确定并公布；属于地方预算的政府采购项目，由省、自治区、直辖市人民政府或者其授权的机构确定并公布。

第九条　政府采购应当有助于实现国家的经济和社会发展政策目标，包括保护环境，扶持不发达地区和少数民族地区，促进中小企业发展等。

第十条　政府采购应当采购本国货物、工程和服务。但有下列情形之一的除外：

（一）需要采购的货物、工程或者服务在中国境内无法获取或者无法以合理的商业条件获取的；

（二）为在中国境外使用而进行采购的；

（三）其他法律、行政法规另有规定的。

前款所称本国货物、工程和服务的界定，依照国务院有关规定执行。

第十一条　政府采购的信息应当在政府采购监督管理部门指定的媒体上及时向社会公开发布，但涉及商业秘密的除外。

第十二条　在政府采购活动中，采购人员及相关人员与供应商有利害关系的，必须回避。供应商认为采购人员及相关人员与其他供应商有利害关系的，可以申请其回避。

前款所称相关人员，包括招标采购中评标委员会的组成人员，竞争性谈判采购中谈判小组的组成人员，询价采购中询价小组的组成人员等。

第十三条　各级人民政府财政部门是负责政府采购监督管理的部门，依法履行对政府采购活动的监督管理职责。

各级人民政府其他有关部门依法履行与政府采购活动有关的监督管理职责。

第二章　政府采购当事人

第十四条　政府采购当事人是指在政府采购活动中享有权利和承担义务的各类主体，包括采购人、供应商和采购代理机构等。

第十五条　采购人是指依法进行政府采购的国家机关、事业单位、团体组织。

第十六条　集中采购机构为采购代理机构。设区的市、自治州以上人民政府根据本级政府采购项目组织集中采购的需要设立集中采购机构。

集中采购机构是非营利事业法人，根据采购人的委托办理采购事宜。

第十七条　集中采购机构进行政府采购活动，应当符合采购价格低于市场平均价格、采购效率更高、采购质量优良和服务良好的要求。

第十八条　采购人采购纳入集中采购目录的政府采购项目，必须委托集中采购机构代理采购；采购未纳入集中采购目录的政府采购项目，可以自行采购，也可以委托集中采购机构在委托的范围内代理采购。

纳入集中采购目录属于通用的政府采购项目的，应当委托集中采购机构代理采购；属于本部门、本系统有特殊要求的项目，应当实行部门集中采购；属于本单位有特殊要求的项目，经省级以上人民政府批准，可以自行采购。

第十九条　采购人可以委托集中采购机构以外的采购代理机构，在委托的范围内办理政府采购事宜。

采购人有权自行选择采购代理机构，任何单位和个人不得以任何方式为采购人指定采购代理机构。

第二十条　采购人依法委托采购代理机构办理采购事宜的，应当由采购人与采购代理机构签订委托代理协议，依法确定委托代理的事项，约定双方的权利义务。

第二十一条　供应商是指向采购人提供货物、工程或者服务的法人、其他组织或者自然人。

第二十二条　供应商参加政府采购活动应当具备下列条件：

（一）具有独立承担民事责任的能力；

（二）具有良好的商业信誉和健全的财务会计制度；

（三）具有履行合同所必需的设备和专业技术能力；

（四）有依法缴纳税收和社会保障资金的良好记录；

（五）参加政府采购活动前三年内，在经营活动中没有重大违法记录；

（六）法律、行政法规规定的其他条件。

采购人可以根据采购项目的特殊要求，规定供应商的特定条件，但不得以不合理的条件对供应商实行差别待遇或者歧视待遇。

第二十三条　采购人可以要求参加政府采购的供应商提供有关资质证明文件和业绩情况，并根据本法规定的供应商条件和采购项目对供应商的特定要求，对供应商的资格进行审查。

第二十四条　两个以上的自然人、法人或者其他组织可以组成一个联合体，以一个供应商的身份共同参加政府采购。

以联合体形式进行政府采购的，参加联合体的供应商均应当具备本法第二十二条规定的条件，并应当向采购人提交联合协议，载明联合体各方承担的工作和义务。联合体各方应当共同与采购人签订采购合同，就采购合同约定的事项对采购人承担连带责任。

第二十五条　政府采购当事人不得相互串通损害国家利益、社会公共利益和其他当事人的合法权益；不得以任何手段排斥其他供应商参与竞争。

供应商不得以向采购人、采购代理机构、评标委员会的组成人员、竞争性谈判小组的组成人员、询价小组的组成人员行贿或者采取其他不正当手段谋取中标或者成交。

采购代理机构不得以向采购人行贿或者采取其他不正当手段谋取非法利益。

第三章　政府采购方式

第二十六条　政府采购采用以下方式：

（一）公开招标；

（二）邀请招标；

（三）竞争性谈判；

（四）单一来源采购；

（五）询价；

（六）国务院政府采购监督管理部门认定的其他采购方式。

公开招标应作为政府采购的主要采购方式。

第二十七条　采购人采购货物或者服务应当采用公开招标方式的，其具体数额标准，属于中央预算的政府采购项目，由国务院规定；属于地方预算的政府采购项目，由省、自治区、直辖市人民政府规定；因特殊情况需要采用公开招标以外的采购方式的，应当在采购活动开始前获得设区的市、自治州以上人民政府采购监督管理部门的批准。

第二十八条　采购人不得将应当以公开招标方式采购的货物或者服务化整为零或者以其他任何方式规避公开招标采购。

第二十九条　符合下列情形之一的货物或者服务，可以依照本法采用邀请招标方式采购：

（一）具有特殊性，只能从有限范围的供应商处采购的；

（二）采用公开招标方式的费用占政府采购项目总价值的比例过大的。

第三十条　符合下列情形之一的货物或者服务，可以依照本法采用竞争性谈判方式采购：

（一）招标后没有供应商投标或者没有合格标的或者重新招标未能成立的；

（二）技术复杂或者性质特殊，不能确定详细规格或者具体要求的；

（三）采用招标所需时间不能满足用户紧急需要的；

（四）不能事先计算出价格总额的。

第三十一条　符合下列情形之一的货物或者服务，可以依照本法采用单一来源方式采购：

（一）只能从唯一供应商处采购的；

（二）发生了不可预见的紧急情况不能从其他供应商处采购的；

（三）必须保证原有采购项目一致性或者服务配套的要求，需要继续从原供应商处添购，且添购资金总额不超过原合同采购金额百分之十的。

第三十二条　采购的货物规格、标准统一、现货货源充足且价格变化幅度小的政府采购项目，可以依照本法采用询价方式采购。

第四章　政府采购程序

第三十三条　负有编制部门预算职责的部门在编制下一财政年度部门预算时，应当将该财政年度政府采购的项目及资金预算列出，报本级财政部门汇总。部门预算的审批，按预算管理权限和程序进行。

第三十四条　货物或者服务项目采取邀请招标方式采购的，采购人应当从符合相应资格条件的供应商中，通过随机方式选择三家以上的供应商，并向其发出投标邀请书。

第三十五条　货物和服务项目实行招标方式采购的，自招标文件开始发出之日起至投标人提交投标文件截止之日止，不得少于二十日。

第三十六条　在招标采购中，出现下列情形之一的，应予废标：

（一）符合专业条件的供应商或者对招标文件作实质响应的供应商不足三家的；

（二）出现影响采购公正的违法、违规行为的；

（三）投标人的报价均超过了采购预算，采购人不能支付的；

（四）因重大变故，采购任务取消的。

废标后，采购人应当将废标理由通知所有投标人。

第三十七条　废标后，除采购任务取消情形外，应当重新组织招标；需要采取其他方式采购的，应当在采购活动开始前获得设区的市、自治州以上人民政府采购监督管理部门或者政府有关部门批准。

第三十八条　采用竞争性谈判方式采购的，应当遵循下列程序：

（一）成立谈判小组。谈判小组由采购人的代表和有关专家共三人以上的单数组成，其中专家的人数不得少于成员总数的三分之二。

（二）制定谈判文件。谈判文件应当明确谈判程序、谈判内容、合同草案的条款以及评定成交的标准等事项。

（三）确定邀请参加谈判的供应商名单。谈判小组从符合相应资格条件的供应商名单中确定不少于三家的供应商参加谈判，并向其提供谈判文件。

（四）谈判。谈判小组所有成员集中与单一供应商分别进行谈判。在谈判中，谈判的任何一方不得透露与谈判有关的其他供应商的技术资料、价格和其他信息。谈判文件有实质性变动的，谈判小组应当以书面形式通知所有参加谈判的供应商。

（五）确定成交供应商。谈判结束后，谈判小组应当要求所有参加谈判的供应商在规定时间内进行最后报价，采购人从谈判小组提出的成交候选人中根据符合采购需求、质量和服务相等且报价最低的原则确定成交供应商，并将结果通知所有参加谈判的未成交的供应商。

第三十九条　采取单一来源方式采购的，采购人与供应商应当遵循本法规定的原则，在保证采购项目质量和双方商定合理价格的基础上进行采购。

第四十条　采取询价方式采购的，应当遵循下列程序：

（一）成立询价小组。询价小组由采购人的代表和有关专家共三人以上的单数组成，其中专家的人数不得少于成员总数的三分之二。询价小组应当对采购项目的价格构成和评定成交的标准等事项作出规定。

（二）确定被询价的供应商名单。询价小组根据采购需求，从符合相应资格条件的供应商名单中确定不少于三家的供应商，并向其发出询价通知书让其报价。

（三）询价。询价小组要求被询价的供应商一次报出不得更改的价格。

（四）确定成交供应商。采购人根据符合采购需求、质量和服务相等且报价最低的原则确定成交供应商，并将结果通知所有被询价的未成交的供应商。

第四十一条　采购人或者其委托的采购代理机构应当组织对供应商履约的验收。大型或者复杂的政府采购项目，应当邀请国家认可的质量检测机构参加验收工作。验收方成员应当在验收书上签字，并承担相应的法律责任。

第四十二条　采购人、采购代理机构对政府采购项目每项采购活动的采购文件应当妥善保存，不得伪造、变造、隐匿或者销毁。采购文件的保存期限为从采购结束之日起至少保存十五年。

采购文件包括采购活动记录、采购预算、招标文件、投标文件、评标标准、评估报告、定标文件、合同文本、验收证明、质疑答复、投诉处理决定及其他有关文件、资料。

采购活动记录至少应当包括下列内容：

（一）采购项目类别、名称；

（二）采购项目预算、资金构成和合同价格；

（三）采购方式，采用公开招标以外的采购方式的，应当载明原因；

（四）邀请和选择供应商的条件及原因；

（五）评标标准及确定中标人的原因；

（六）废标的原因；

（七）采用招标以外采购方式的相应记载。

第五章　政府采购合同

第四十三条　政府采购合同适用合同法。采购人和供应商之间的权利和义务，应当按照平等、自愿的原则以合同方式约定。

采购人可以委托采购代理机构代表其与供应商签订政府采购合同。由采购代理机构以采购人名义签订合同的，应当提交采购人的授权委托书，作为合同附件。

第四十四条　政府采购合同应当采用书面形式。

第四十五条　国务院政府采购监督管理部门应当会同国务院有关部门，规定政府采购合同必须具备的条款。

第四十六条　采购人与中标、成交供应商应当在中标、成交通知书发出之日起三十日内，按照采购文件确定的事项签订政府采购合同。

中标、成交通知书对采购人和中标、成交供应商均具有法律效力。中标、成交通知书发出后，采购人改变中标、成交结果的，或者中标、成交供应商放弃中标、成交项目的，应当依法承担法律责任。

第四十七条　政府采购项目的采购合同自签订之日起七个工作日内，采购人应当将合同副本报同级政府采购监督管理部门和有关部门备案。

第四十八条　经采购人同意，中标、成交供应商可以依法采取分包方式履行合同。

政府采购合同分包履行的，中标、成交供应商就采购项目和分包项目向采购人负责，分包供应商就分包项目承担责任。

第四十九条　政府采购合同履行中，采购人需追加与合同标的相同的货物、工程或者服务的，在不改变合同其他条款的前提下，可以与供应商协商签订补充合同，但所有补充合同的采购金额不得超过原合同采购金额的百分之十。

第五十条　政府采购合同的双方当事人不得擅自变更、中止或者终止合同。

政府采购合同继续履行将损害国家利益和社会公共利益的，双方当事人应当变更、中止或者终止合同。有过错的一方应当承担赔偿责任，双方都有过错的，各自承担相应的责任。

第六章　质疑与投诉

第五十一条　供应商对政府采购活动事项有疑问的，可以向采购人提出询问，采购人应当及时作出答复，但答复的内容不得涉及商业秘密。

第五十二条　供应商认为采购文件、采购过程和中标、成交结果使自己的权益受到损害的，可以在知道或者应知其权益受到损害之日起七个工作日内，以书面形式向采购人提出质疑。

第五十三条　采购人应当在收到供应商的书面质疑后七个工作日内作出答复，并以书面形式通知质疑供应商和其他有关供应商，但答复的内容不得涉及商业秘密。

第五十四条　采购人委托采购代理机构采购的，供应商可以向采购代理机构提出询问或者质疑，采购代理机构应当依照本法第五十一条、第五十三条的规定就采购人委托授权范围内的事项作出答复。

第五十五条　质疑供应商对采购人、采购代理机构的答复不满意或者采购人、采购代理机构未在规定的时间内作出答复的，可以在答复期满后十五个工作日内向同级政府采购监督管理部门投诉。

第五十六条　政府采购监督管理部门应当在收到投诉后三十个工作日内，对投诉事项作出处理决定，并以书面形式通知投诉人和与投诉事项有关的当事人。

第五十七条　政府采购监督管理部门在处理投诉事项期间，可以视具体情况书面通知采购人暂停采购活动，但暂停时间最长不得超过三十日。

第五十八条　投诉人对政府采购监督管理部门的投诉处理决定不服或者政府采购监督管理部门逾期未作处理的，可以依法申请行政复议或者向人民法院提起行政诉讼。

第七章　监督检查

第五十九条　政府采购监督管理部门应当加强对政府采购活动及集中采购机构的监督检查。

监督检查的主要内容是：

（一）有关政府采购的法律、行政法规和规章的执行情况；

（二）采购范围、采购方式和采购程序的执行情况；

（三）政府采购人员的职业素质和专业技能。

第六十条　政府采购监督管理部门不得设置集中采购机构，不得参与政府采购项目的采购活动。

采购代理机构与行政机关不得存在隶属关系或者其他利益关系。

第六十一条　集中采购机构应当建立健全内部监督管理制度。采购活动的决策和执行程序应当明确，并相互监督、相互制约。经办采购的人员与负责采购合同审核、验收人员的职责权限应当明确，并相互分离。

第六十二条　集中采购机构的采购人员应当具有相关职业素质和专业技能，符合政府采购监督管理部门规定的专业岗位任职要求。

集中采购机构对其工作人员应当加强教育和培训；对采购人员的专业水平、工作实绩和职业道德状况定期进行考核。采购人员经考核不合格的，不得继续任职。

第六十三条　政府采购项目的采购标准应当公开。

采用本法规定的采购方式的，采购人在采购活动完成后，应当将采购结果予以公布。

第六十四条　采购人必须按照本法规定的采购方式和采购程序进行采购。

任何单位和个人不得违反本法规定，要求采购人或者采购工作人员向其指定的供应商进行采购。

第六十五条　政府采购监督管理部门应当对政府采购项目的采购活动进行检查，政府采购当事人应当如实反映情况，提供有关材料。

第六十六条　政府采购监督管理部门应当对集中采购机构的采购价格、节约资金效果、服务质量、信誉状况、有无违法行为等事项进行考核，并定期如实公布考核结果。

第六十七条　依照法律、行政法规的规定对政府采购负有行政监督职责的政府有关部门，应当按照其职责分工，加强对政府采购活动的监督。

第六十八条　审计机关应当对政府采购进行审计监督。政府采购监督管理部门、政府采购各当事人有关政府采购活动，应当接受审计机关的审计监督。

第六十九条　监察机关应当加强对参与政府采购活动的国家机关、国家公务员和国家行政机关任命的其他人员实施监察。

第七十条　任何单位和个人对政府采购活动中的违法行为，有权控告和检举，有关部门、机关应当依照各自职责及时处理。

第八章　法律责任

第七十一条　采购人、采购代理机构有下列情形之一的，责令限期改正，给予警告，可以并处罚款，对直接负责的主管人员和其他直接责任人员，由其行政主管部门或者有关机关给予处分，并予通报：

（一）应当采用公开招标方式而擅自采用其他方式采购的；

（二）擅自提高采购标准的；

（三）以不合理的条件对供应商实行差别待遇或者歧视待遇的；

（四）在招标采购过程中与投标人进行协商谈判的；

（五）中标、成交通知书发出后不与中标、成交供应商签订采购合同的；

（六）拒绝有关部门依法实施监督检查的。

第七十二条　采购人、采购代理机构及其工作人员有下列情形之一，构成犯罪的，依法追究刑事责任；尚不构成犯罪的，处以罚款，有违法所得的，并处没收违法所得，属于国家机关工作人员的，依法给予行政处分：

（一）与供应商或者采购代理机构恶意串通的；

（二）在采购过程中接受贿赂或者获取其他不正当利益的；

（三）在有关部门依法实施的监督检查中提供虚假情况的；

（四）开标前泄露标底的。

第七十三条　有前两条违法行为之一影响中标、成交结果或者可能影响中标、成交结果的，按下列情况分别处理：

（一）未确定中标、成交供应商的，终止采购活动；

（二）中标、成交供应商已经确定但采购合同尚未履行的，撤销合同，从合格的中标、成交候选人中另行确定中标、成交供应商；

（三）采购合同已经履行的，给采购人、供应商造成损失的，由责任人承担赔偿责任。

第七十四条　采购人对应当实行集中采购的政府采购项目，不委托集中采购机构实行集中采购的，由政府采购监督管理部门责令改正；拒不改正的，停止按预算向其支付资金，由其上级行政主管部门或者有关机关依法给予其直接负责的主管人员和其他直接责任人员处分。

第七十五条　采购人未依法公布政府采购项目的采购标准和采购结果的，责令改正，对直接负责的主管人员依法给予处分。

第七十六条　采购人、采购代理机构违反本法规定隐匿、销毁应当保存的采购文件或者伪造、变造采购文件的，由政府采购监督管理部门处以二万元以上十万元以下的罚款，对其直接负责的主管人员和其他直接责任人员依法给予处分；构成犯罪的，依法追究刑事责任。

第七十七条　供应商有下列情形之一的，处以采购金额千分之五以上千分之十以下的罚款，列入不良行为记录名单，在一至三年内禁止参加政府采购活动，有违法所得的，并处没收违法所得，情节严重的，由工商行政管理机关吊销营业执照；构成犯罪的，依法追究刑事责任：

（一）提供虚假材料谋取中标、成交的；

（二）采取不正当手段诋毁、排挤其他供应商的；

（三）与采购人、其他供应商或者采购代理机构恶意串通的；

（四）向采购人、采购代理机构行贿或者提供其他不正当利益的；

（五）在招标采购过程中与采购人进行协商谈判的；

（六）拒绝有关部门监督检查或者提供虚假情况的。

供应商有前款第（一）至（五）项情形之一的，中标、成交无效。

第七十八条　采购代理机构在代理政府采购业务中有违法行为的，按照有关法律规定处以罚款，在一至三年内禁止其代理政府采购业务，构成犯罪的，依法追究刑事责任。

第七十九条　政府采购当事人有本法第七十一条、第七十二条、第七十七条违法行为之一，给他人造成损失的，并应依照有关民事法律规定承担民事责任。

第八十条　政府采购监督管理部门的工作人员在实施监督检查中违反本法规定滥用职权，玩忽职守，徇私舞弊的，依法给予行政处分；构成犯罪的，依法追究刑事责任。

第八十一条　政府采购监督管理部门对供应商的投诉逾期未作处理的，给予直接负责的主管人员和其他直接责任人员行政处分。

第八十二条　政府采购监督管理部门对集中采购机构业绩的考核，有虚假陈述，隐瞒真实情况的，或者不作定期考核和公布考核结果的，应当及时纠正，由其上级机关或者监察机关对其负责人进行通报，并对直接负责的人员依法给予行政处分。

集中采购机构在政府采购监督管理部门考核中，虚报业绩，隐瞒真实情况的，处以二万元以上二十万元以下的罚款，并予以通报；情节严重的，取消其代理采购的资格。

第八十三条　任何单位或者个人阻挠和限制供应商进入本地区或者本行业政府采购市场的，责令限期改正；拒不改正的，由该单位、个人的上级行政主管部门或者有关机关给予单位责任人或者个人处分。

第九章　附　　则

第八十四条　使用国际组织和外国政府贷款进行的政府采购，贷款方、资金提供方与中方达成的协议对采购的具体条件另有规定的，可以适用其规定，但不得损害国家利益和社会公共利益。

第八十五条　对因严重自然灾害和其他不可抗力事件所实施的紧急采购和涉及国家安全和秘密的采购，不适用本法。

第八十六条　军事采购法规由中央军事委员会另行制定。

第八十七条　本法实施的具体步骤和办法由国务院规定。

第八十八条　本法自 2003 年 1 月 1 日起施行。

附录4 中华人民共和国政府采购法实施条例

中华人民共和国国务院令

第 658 号

《中华人民共和国政府采购法实施条例》已经 2014 年 12 月 31 日国务院第 75 次常务会议通过,现予公布,自 2015 年 3 月 1 日起施行。

总 理 李克强
2015 年 1 月 30 日

中华人民共和国政府采购法实施条例

第一章 总 则

第一条　根据《中华人民共和国政府采购法》(以下简称政府采购法),制定本条例。

第二条　政府采购法第二条所称财政性资金是指纳入预算管理的资金。

以财政性资金作为还款来源的借贷资金,视同财政性资金。

国家机关、事业单位和团体组织的采购项目既使用财政性资金又使用非财政性资金的,使用财政性资金采购的部分,适用政府采购法及本条例;财政性资金与非财政性资金无法分割采购的,统一适用政府采购法及本条例。

政府采购法第二条所称服务,包括政府自身需要的服务和政府向社会公众提供的公共服务。

第三条　集中采购目录包括集中采购机构采购项目和部门集中采购项目。

技术、服务等标准统一,采购人普遍使用的项目,列为集中采购机构采购项目;采购人本部门、本系统基于业务需要有特殊要求,可以统一采购的项目,列为部门集中采购项目。

第四条　政府采购法所称集中采购,是指采购人将列入集中采购目录的项目委托集中采购机构代理采购或者进行部门集中采购的行为;所称分散采购,是指采购人将采购限额标准以上的未列入集中采购目录的项目自行采购或者委托采购代理机构代理采购的行为。

第五条　省、自治区、直辖市人民政府或者其授权的机构根据实际情况,可以确定分别适用于本行政区域省级、设区的市级、县级的集中采购目录和采购限额标准。

第六条　国务院财政部门应当根据国家的经济和社会发展政策,会同国务院有关部门制定政府采购政策,通过制定采购需求标准、预留采购份额、价格评审优惠、优先采购等措施,实现节约能源、保护环境、扶持不发达地区和少数民族地区、促进中小企业发展等目标。

第七条　政府采购工程以及与工程建设有关的货物、服务，采用招标方式采购的，适用《中华人民共和国招标投标法》及其实施条例；采用其他方式采购的，适用政府采购法及本条例。

前款所称工程，是指建设工程，包括建筑物和构筑物的新建、改建、扩建及其相关的装修、拆除、修缮等；所称与工程建设有关的货物，是指构成工程不可分割的组成部分，且为实现工程基本功能所必需的设备、材料等；所称与工程建设有关的服务，是指为完成工程所需的勘察、设计、监理等服务。

政府采购工程以及与工程建设有关的货物、服务，应当执行政府采购政策。

第八条　政府采购项目信息应当在省级以上人民政府财政部门指定的媒体上发布。采购项目预算金额达到国务院财政部门规定标准的，政府采购项目信息应当在国务院财政部门指定的媒体上发布。

第九条　在政府采购活动中，采购人员及相关人员与供应商有下列利害关系之一的，应当回避：

（一）参加采购活动前3年内与供应商存在劳动关系；

（二）参加采购活动前3年内担任供应商的董事、监事；

（三）参加采购活动前3年内是供应商的控股股东或者实际控制人；

（四）与供应商的法定代表人或者负责人有夫妻、直系血亲、三代以内旁系血亲或者近姻亲关系；

（五）与供应商有其他可能影响政府采购活动公平、公正进行的关系。

供应商认为采购人员及相关人员与其他供应商有利害关系的，可以向采购人或者采购代理机构书面提出回避申请，并说明理由。采购人或者采购代理机构应当及时询问被申请回避人员，有利害关系的被申请回避人员应当回避。

第十条　国家实行统一的政府采购电子交易平台建设标准，推动利用信息网络进行电子化政府采购活动。

第二章　政府采购当事人

第十一条　采购人在政府采购活动中应当维护国家利益和社会公共利益，公正廉洁，诚实守信，执行政府采购政策，建立政府采购内部管理制度，厉行节约，科学合理确定采购需求。

采购人不得向供应商索要或者接受其给予的赠品、回扣或者与采购无关的其他商品、服务。

第十二条　政府采购法所称采购代理机构，是指集中采购机构和集中采购机构以外的采购代理机构。

集中采购机构是设区的市级以上人民政府依法设立的非营利事业法人，是代理集中采购项目的执行机构。集中采购机构应当根据采购人委托制定集中采购项目的实施方案，明确采购规程，组织政府采购活动，不得将集中采购项目转委托。集中采购机构以外的采购代理机构，是从事采购代理业务的社会中介机构。

第十三条　采购代理机构应当建立完善的政府采购内部监督管理制度，具备开展政府采购业务所需的评审条件和设施。

采购代理机构应当提高确定采购需求，编制招标文件、谈判文件、询价通知书，拟订合同文本和优化采购程序的专业化服务水平，根据采购人委托在规定的时间内及时组织采购人与中标或者成交供应商签订政府采购合同，及时协助采购人对采购项目进行验收。

第十四条　采购代理机构不得以不正当手段获取政府采购代理业务，不得与采购人、供应商恶意串通操纵政府采购活动。

采购代理机构工作人员不得接受采购人或者供应商组织的宴请、旅游、娱乐，不得收受礼品、现金、有价证券等，不得向采购人或者供应商报销应当由个人承担的费用。

第十五条　采购人、采购代理机构应当根据政府采购政策、采购预算、采购需求编制采购文件。

采购需求应当符合法律法规以及政府采购政策规定的技术、服务、安全等要求。政府向社会公众提供的公共服务项目，应当就确定采购需求征求社会公众的意见。除因技术复杂或者性质特殊，不能确定详细规格或者具体要求外，采购需求应当完整、明确。必要时，应当就确定采购需求征求相关供应商、专家的意见。

第十六条　政府采购法第二十条规定的委托代理协议，应当明确代理采购的范围、权限和期限等具体事项。

采购人和采购代理机构应当按照委托代理协议履行各自义务，采购代理机构不得超越代理权限。

第十七条　参加政府采购活动的供应商应当具备政府采购法第二十二条第一款规定的条件，提供下列材料：

（一）法人或者其他组织的营业执照等证明文件，自然人的身份证明；

（二）财务状况报告，依法缴纳税收和社会保障资金的相关材料；

（三）具备履行合同所必需的设备和专业技术能力的证明材料；

（四）参加政府采购活动前3年内在经营活动中没有重大违法记录的书面声明；

（五）具备法律、行政法规规定的其他条件的证明材料。

采购项目有特殊要求的，供应商还应当提供其符合特殊要求的证明材料或者情况说明。

第十八条　单位负责人为同一人或者存在直接控股、管理关系的不同供应商，不得参加同一合同项下的政府采购活动。

除单一来源采购项目外，为采购项目提供整体设计、规范编制或者项目管理、监理、检测等服务的供应商，不得再参加该采购项目的其他采购活动。

第十九条　政府采购法第二十二条第一款第五项所称重大违法记录，是指供应商因违法经营受到刑事处罚或者责令停产停业、吊销许可证或者执照、较大数额罚款等行政处罚。

供应商在参加政府采购活动前3年内因违法经营被禁止在一定期限内参加政府采购活动，期限届满的，可以参加政府采购活动。

第二十条　采购人或者采购代理机构有下列情形之一的，属于以不合理的条件对供应商实行差别待遇或者歧视待遇：

（一）就同一采购项目向供应商提供有差别的项目信息；

（二）设定的资格、技术、商务条件与采购项目的具体特点和实际需要不相适应或者与合同履行无关；

（三）采购需求中的技术、服务等要求指向特定供应商、特定产品；

（四）以特定行政区域或者特定行业的业绩、奖项作为加分条件或者中标、成交条件；

（五）对供应商采取不同的资格审查或者评审标准；

（六）限定或者指定特定的专利、商标、品牌或者供应商；

（七）非法限定供应商的所有制形式、组织形式或者所在地；

（八）以其他不合理条件限制或者排斥潜在供应商。

第二十一条　采购人或者采购代理机构对供应商进行资格预审的，资格预审公告应当在省级以上人民政府财政部门指定的媒体上发布。已进行资格预审的，评审阶段可以不再对供应商资格进行审查。资格预审合格的供应商在评审阶段资格发生变化的，应当通知采购人和采购代理机构。

资格预审公告应当包括采购人和采购项目名称、采购需求、对供应商的资格要求以及供应商提交资格预审申请文件的时间和地点。提交资格预审申请文件的时间自公告发布之日起不得少于 5 个工作日。

第二十二条　联合体中有同类资质的供应商按照联合体分工承担相同工作的，应当按照资质等级较低的供应商确定资质等级。

以联合体形式参加政府采购活动的，联合体各方不得再单独参加或者与其他供应商另外组成联合体参加同一合同项下的政府采购活动。

第三章　政府采购方式

第二十三条　采购人采购公开招标数额标准以上的货物或者服务，符合政府采购法第二十九条、第三十条、第三十一条、第三十二条规定情形或者有需要执行政府采购政策等特殊情况的，经设区的市级以上人民政府财政部门批准，可以依法采用公开招标以外的采购方式。

第二十四条　列入集中采购目录的项目，适合实行批量集中采购的，应当实行批量集中采购，但紧急的小额零星货物项目和有特殊要求的服务、工程项目除外。

第二十五条　政府采购工程依法不进行招标的，应当依照政府采购法和本条例规定的竞争性谈判或者单一来源采购方式采购。

第二十六条　政府采购法第三十条第三项规定的情形，应当是采购人不可预见的或者非因采购人拖延导致的；第四项规定的情形，是指因采购艺术品或者因专利、专有技术或者因服务的时间、数量事先不能确定等导致不能事先计算出价格总额。

第二十七条　政府采购法第三十一条第一项规定的情形，是指因货物或者服务使用不可替代的专利、专有技术，或者公共服务项目具有特殊要求，导致只能从某一特定供应商处采购。

第二十八条　在一个财政年度内，采购人将一个预算项目下的同一品目或者类别的货物、服务采用公开招标以外的方式多次采购，累计资金数额超过公开招标数额标准的，属于以化整为零方式规避公开招标，但项目预算调整或者经批准采用公开招标以外方式采购除外。

第四章　政府采购程序

第二十九条　采购人应当根据集中采购目录、采购限额标准和已批复的部门预算编制政府采购实施计划，报本级人民政府财政部门备案。

第三十条　采购人或者采购代理机构应当在招标文件、谈判文件、询价通知书中公开采购项目预算金额。

第三十一条　招标文件的提供期限自招标文件开始发出之日起不得少于5个工作日。

采购人或者采购代理机构可以对已发出的招标文件进行必要的澄清或者修改。澄清或者修改的内容可能影响投标文件编制的，采购人或者采购代理机构应当在投标截止时间至少15日前，以书面形式通知所有获取招标文件的潜在投标人；不足15日的，采购人或者采购代理机构应当顺延提交投标文件的截止时间。

第三十二条　采购人或者采购代理机构应当按照国务院财政部门制定的招标文件标准文本编制招标文件。

招标文件应当包括采购项目的商务条件、采购需求、投标人的资格条件、投标报价要求、评标方法、评标标准以及拟签订的合同文本等。

第三十三条　招标文件要求投标人提交投标保证金的，投标保证金不得超过采购项目预算金额的2%。投标保证金应当以支票、汇票、本票或者金融机构、担保机构出具的保函等非现金形式提交。投标人未按照招标文件要求提交投标保证金的，投标无效。

采购人或者采购代理机构应当自中标通知书发出之日起5个工作日内退还未中标供应商的投标保证金，自政府采购合同签订之日起5个工作日内退还中标供应商的投标保证金。

竞争性谈判或者询价采购中要求参加谈判或者询价的供应商提交保证金的，参照前两款的规定执行。

第三十四条　政府采购招标评标方法分为最低评标价法和综合评分法。

最低评标价法，是指投标文件满足招标文件全部实质性要求且投标报价最低的供应商为中标候选人的评标方法。综合评分法，是指投标文件满足招标文件全部实质性要求且按照评审因素的量化指标评审得分最高的供应商为中标候选人的评标方法。

技术、服务等标准统一的货物和服务项目，应当采用最低评标价法。

采用综合评分法的，评审标准中的分值设置应当与评审因素的量化指标相对应。

招标文件中没有规定的评标标准不得作为评审的依据。

第三十五条　谈判文件不能完整、明确列明采购需求，需要由供应商提供最终设计方案或者解决方案的，在谈判结束后，谈判小组应当按照少数服从多数的原则投票推荐3家以上供应商的设计方案或者解决方案，并要求其在规定时间内提交最后报价。

第三十六条　询价通知书应当根据采购需求确定政府采购合同条款。在询价过程中，询价小组不得改变询价通知书所确定的政府采购合同条款。

第三十七条　政府采购法第三十八条第五项、第四十条第四项所称质量和服务相等，是指供应商提供的产品质量和服务均能满足采购文件规定的实质性要求。

第三十八条　达到公开招标数额标准，符合政府采购法第三十一条第一项规定情形，只能从唯一供应商处采购的，采购人应当将采购项目信息和唯一供应商名称在省级以上人民政府财政部门指定的媒体上公示，公示期不得少于5个工作日。

第三十九条　除国务院财政部门规定的情形外，采购人或者采购代理机构应当从政府采购评审专家库中随机抽取评审专家。

第四十条　政府采购评审专家应当遵守评审工作纪律，不得泄露评审文件、评审情况和评审中获悉的商业秘密。

评标委员会、竞争性谈判小组或者询价小组在评审过程中发现供应商有行贿、提供虚假材料或者串通等违法行为的，应当及时向财政部门报告。

政府采购评审专家在评审过程中受到非法干预的，应当及时向财政、监察等部门举报。

第四十一条　评标委员会、竞争性谈判小组或者询价小组成员应当按照客观、公正、审慎的原则，根据采购文件规定的评审程序、评审方法和评审标准进行独立评审。采购文件内容违反国家有关强制性规定的，评标委员会、竞争性谈判小组或者询价小组应当停止评审并向采购人或者采购代理机构说明情况。

评标委员会、竞争性谈判小组或者询价小组成员应当在评审报告上签字，对自己的评审意见承担法律责任。对评审报告有异议的，应当在评审报告上签署不同意见，并说明理由，否则视为同意评审报告。

第四十二条　采购人、采购代理机构不得向评标委员会、竞争性谈判小组或者询价小组的评审专家作倾向性、误导性的解释或者说明。

第四十三条　采购代理机构应当自评审结束之日起2个工作日内将评审报告送交采购人。采购人应当自收到评审报告之日起5个工作日内在评审报告推荐的中标或者成交候选人中按顺序确定中标或者成交供应商。

采购人或者采购代理机构应当自中标、成交供应商确定之日起2个工作日内，发出中标、成交通知书，并在省级以上人民政府财政部门指定的媒体上公告中标、成交结果，招标文件、竞争性谈判文件、询价通知书随中标、成交结果同时公告。

中标、成交结果公告内容应当包括采购人和采购代理机构的名称、地址、联系方式，项目名称和项目编号，中标或者成交供应商名称、地址和中标或者成交金额，主要中标或者成交标的的名称、规格型号、数量、单价、服务要求以及评审专家名单。

第四十四条　除国务院财政部门规定的情形外，采购人、采购代理机构不得以任何理由组织重新评审。采购人、采购代理机构按照国务院财政部门的规定组织重新评审的，应当书面报告本级人民政府财政部门。

采购人或者采购代理机构不得通过对样品进行检测、对供应商进行考察等方式改变评审结果。

第四十五条　采购人或者采购代理机构应当按照政府采购合同规定的技术、服务、安全标准组织对供应商履约情况进行验收，并出具验收书。验收书应当包括每一项技术、服务、安全标准的履约情况。

政府向社会公众提供的公共服务项目，验收时应当邀请服务对象参与并出具意见，验收结果应当向社会公告。

第四十六条　政府采购法第四十二条规定的采购文件，可以用电子档案方式保存。

第五章　政府采购合同

第四十七条　国务院财政部门应当会同国务院有关部门制定政府采购合同标准文本。

第四十八条　采购文件要求中标或者成交供应商提交履约保证金的，供应商应当以支票、汇票、本票或者金融机构、担保机构出具的保函等非现金形式提交。履约保证金的数额不得超过政府采购合同金额的10%。

第四十九条　中标或者成交供应商拒绝与采购人签订合同的，采购人可以按照评审报告推荐的中标或者成交候选人名单排序，确定下一候选人为中标或者成交供应商，也可以重新开展政府采购活动。

第五十条　采购人应当自政府采购合同签订之日起2个工作日内，将政府采购合同在省级以上人民政府财政部门指定的媒体上公告，但政府采购合同中涉及国家秘密、商业秘密的内容除外。

第五十一条　采购人应当按照政府采购合同规定，及时向中标或者成交供应商支付采购资金。

政府采购项目资金支付程序，按照国家有关财政资金支付管理的规定执行。

第六章　质疑与投诉

第五十二条　采购人或者采购代理机构应当在3个工作日内对供应商依法提出的询问作出答复。

供应商提出的询问或者质疑超出采购人对采购代理机构委托授权范围的，采购代理机构应当告知供应商向采购人提出。

政府采购评审专家应当配合采购人或者采购代理机构答复供应商的询问和质疑。

第五十三条　政府采购法第五十二条规定的供应商应知其权益受到损害之日，是指：

（一）对可以质疑的采购文件提出质疑的，为收到采购文件之日或者采购文件公告期限届满之日；

（二）对采购过程提出质疑的，为各采购程序环节结束之日；

（三）对中标或者成交结果提出质疑的，为中标或者成交结果公告期限届满之日。

第五十四条　询问或者质疑事项可能影响中标、成交结果的，采购人应当暂停签订合同，已经签订合同的，应当中止履行合同。

第五十五条　供应商质疑、投诉应当有明确的请求和必要的证明材料。供应商投诉的事项不得超出已质疑事项的范围。

第五十六条　财政部门处理投诉事项采用书面审查的方式，必要时可以进行调查取证或者组织质证。

对财政部门依法进行的调查取证，投诉人和与投诉事项有关的当事人应当如实反映情况，并提供相关材料。

第五十七条　投诉人捏造事实、提供虚假材料或者以非法手段取得证明材料进行投诉的，财政部门应当予以驳回。

财政部门受理投诉后，投诉人书面申请撤回投诉的，财政部门应当终止投诉处理程序。

第五十八条　财政部门处理投诉事项，需要检验、检测、鉴定、专家评审以及需要投诉人补正材料的，所需时间不计算在投诉处理期限内。

财政部门对投诉事项作出的处理决定，应当在省级以上人民政府财政部门指定的媒体上公告。

第七章　监督检查

第五十九条　政府采购法第六十三条所称政府采购项目的采购标准，是指项目采购所依据的经费预算标准、资产配置标准和技术、服务标准等。

第六十条　除政府采购法第六十六条规定的考核事项外，财政部门对集中采购机构的考核事项还包括：

（一）政府采购政策的执行情况；

（二）采购文件编制水平；

（三）采购方式和采购程序的执行情况；

（四）询问、质疑答复情况；

（五）内部监督管理制度建设及执行情况；

（六）省级以上人民政府财政部门规定的其他事项。

财政部门应当制定考核计划，定期对集中采购机构进行考核，考核结果有重要情况的，应当向本级人民政府报告。

第六十一条　采购人发现采购代理机构有违法行为的，应当要求其改正。采购代理机构拒不改正的，采购人应当向本级人民政府财政部门报告，财政部门应当依法处理。

采购代理机构发现采购人的采购需求存在以不合理条件对供应商实行差别待遇、歧视待遇或者其他不符合法律、法规和政府采购政策规定内容，或者发现采购人有其他违法行为的，应当建议其改正。采购人拒不改正的，采购代理机构应当向采购人的本级人民政府财政部门报告，财政部门应当依法处理。

第六十二条　省级以上人民政府财政部门应当对政府采购评审专家库实行动态管理，具体管理办法由国务院财政部门制定。

采购人或者采购代理机构应当对评审专家在政府采购活动中的职责履行情况予以记录，并及时向财政部门报告。

第六十三条　各级人民政府财政部门和其他有关部门应当加强对参加政府采购活动的供应商、采购代理机构、评审专家的监督管理，对其不良行为予以记录，并纳入统一的信用信息平台。

第六十四条　各级人民政府财政部门对政府采购活动进行监督检查，有权查阅、复制有关文件、资料，相关单位和人员应当予以配合。

第六十五条　审计机关、监察机关以及其他有关部门依法对政府采购活动实施监督，发现采购当事人有违法行为的，应当及时通报财政部门。

第八章　法律责任

第六十六条　政府采购法第七十一条规定的罚款，数额为10万元以下。

政府采购法第七十二条规定的罚款，数额为5万元以上25万元以下。

第六十七条　采购人有下列情形之一的，由财政部门责令限期改正，给予警告，对直接负责的主管人员和其他直接责任人员依法给予处分，并予以通报：

（一）未按照规定编制政府采购实施计划或者未按照规定将政府采购实施计划报本级人民政府财政部门备案；

（二）将应当进行公开招标的项目化整为零或者以其他任何方式规避公开招标；

（三）未按照规定在评标委员会、竞争性谈判小组或者询价小组推荐的中标或者成交候选人中确定中标或者成交供应商；

（四）未按照采购文件确定的事项签订政府采购合同；

（五）政府采购合同履行中追加与合同标的相同的货物、工程或者服务的采购金额超过原合同采购金额10%；

（六）擅自变更、中止或者终止政府采购合同；

（七）未按照规定公告政府采购合同；

（八）未按照规定时间将政府采购合同副本报本级人民政府财政部门和有关部门备案。

第六十八条　采购人、采购代理机构有下列情形之一的，依照政府采购法第七十一条、第七十八条的规定追究法律责任：

（一）未依照政府采购法和本条例规定的方式实施采购；

（二）未依法在指定的媒体上发布政府采购项目信息；

（三）未按照规定执行政府采购政策；

（四）违反本条例第十五条的规定导致无法组织对供应商履约情况进行验收或者国家财产遭受损失；

（五）未依法从政府采购评审专家库中抽取评审专家；

（六）非法干预采购评审活动；

（七）采用综合评分法时评审标准中的分值设置未与评审因素的量化指标相对应；

（八）对供应商的询问、质疑逾期未作处理；

（九）通过对样品进行检测、对供应商进行考察等方式改变评审结果；

（十）未按照规定组织对供应商履约情况进行验收。

第六十九条　集中采购机构有下列情形之一的，由财政部门责令限期改正，给予警告，有违法所得的，并处没收违法所得，对直接负责的主管人员和其他直接责任人员依法给予处分，并予以通报：

（一）内部监督管理制度不健全，对依法应当分设、分离的岗位、人员未分设、分离；

（二）将集中采购项目委托其他采购代理机构采购；

（三）从事营利活动。

第七十条　采购人员与供应商有利害关系而不依法回避的，由财政部门给予警告，并处2000元以上2万元以下的罚款。

第七十一条　有政府采购法第七十一条、第七十二条规定的违法行为之一，影响或者可能影响中标、成交结果的，依照下列规定处理：

（一）未确定中标或者成交供应商的，终止本次政府采购活动，重新开展政府采购活动。

（二）已确定中标或者成交供应商但尚未签订政府采购合同的，中标或者成交结果无效，从合格的中标或者成交候选人中另行确定中标或者成交供应商；没有合格的中标或者成交候选人的，重新开展政府采购活动。

（三）政府采购合同已签订但尚未履行的，撤销合同，从合格的中标或者成交候选人中另行确定中标或者成交供应商；没有合格的中标或者成交候选人的，重新开展政府采购活动。

（四）政府采购合同已经履行，给采购人、供应商造成损失的，由责任人承担赔偿责任。

政府采购当事人有其他违反政府采购法或者本条例规定的行为，经改正后仍然影响或者可能影响中标、成交结果或者依法被认定为中标、成交无效的，依照前款规定处理。

第七十二条　供应商有下列情形之一的，依照政府采购法第七十七条第一款的规定追究法律责任：

（一）向评标委员会、竞争性谈判小组或者询价小组成员行贿或者提供其他不正当利益；

（二）中标或者成交后无正当理由拒不与采购人签订政府采购合同；

（三）未按照采购文件确定的事项签订政府采购合同；

（四）将政府采购合同转包；

（五）提供假冒伪劣产品；

（六）擅自变更、中止或者终止政府采购合同。

供应商有前款第一项规定情形的，中标、成交无效。评审阶段资格发生变化，供应商未依照本条例第二十一条的规定通知采购人和采购代理机构的，处以采购金额5‰的罚款，列入不良行为记录名单，中标、成交无效。

第七十三条　供应商捏造事实、提供虚假材料或者以非法手段取得证明材料进行投诉的，由财政部门列入不良行为记录名单，禁止其1至3年内参加政府采购活动。

第七十四条　有下列情形之一的，属于恶意串通，对供应商依照政府采购法第七十七条第一款的规定追究法律责任，对采购人、采购代理机构及其工作人员依照政府采购法第七十二条的规定追究法律责任：

（一）供应商直接或者间接从采购人或者采购代理机构处获得其他供应商的相关情况并修改其投标文件或者响应文件；

（二）供应商按照采购人或者采购代理机构的授意撤换、修改投标文件或者响应文件；

（三）供应商之间协商报价、技术方案等投标文件或者响应文件的实质性内容；

（四）属于同一集团、协会、商会等组织成员的供应商按照该组织要求协同参加政府采购活动；

（五）供应商之间事先约定由某一特定供应商中标、成交；

（六）供应商之间商定部分供应商放弃参加政府采购活动或者放弃中标、成交；

（七）供应商与采购人或者采购代理机构之间、供应商相互之间，为谋求特定供应商中标、成交或者排斥其他供应商的其他串通行为。

第七十五条　政府采购评审专家未按照采购文件规定的评审程序、评审方法和评审标准进行独立评审或者泄露评审文件、评审情况的，由财政部门给予警告，并处2000元以上2万元以下的罚款；影响中标、成交结果的，处2万元以上5万元以下的罚款，禁止其参加政府采购评审活动。

政府采购评审专家与供应商存在利害关系未回避的，处 2 万元以上 5 万元以下的罚款，禁止其参加政府采购评审活动。

政府采购评审专家收受采购人、采购代理机构、供应商贿赂或者获取其他不正当利益，构成犯罪的，依法追究刑事责任；尚不构成犯罪的，处 2 万元以上 5 万元以下的罚款，禁止其参加政府采购评审活动。

政府采购评审专家有上述违法行为的，其评审意见无效，不得获取评审费；有违法所得的，没收违法所得；给他人造成损失的，依法承担民事责任。

第七十六条　政府采购当事人违反政府采购法和本条例规定，给他人造成损失的，依法承担民事责任。

第七十七条　财政部门在履行政府采购监督管理职责中违反政府采购法和本条例规定，滥用职权、玩忽职守、徇私舞弊的，对直接负责的主管人员和其他直接责任人员依法给予处分；直接负责的主管人员和其他直接责任人员构成犯罪的，依法追究刑事责任。

第九章　附　　则

第七十八条　财政管理实行省直接管理的县级人民政府可以根据需要并报经省级人民政府批准，行使政府采购法和本条例规定的设区的市级人民政府批准变更采购方式的职权。

第七十九条　本条例自 2015 年 3 月 1 日起施行。

附录5 政府采购货物和服务招标投标管理办法

中华人民共和国财政部令

第 18 号

第一章 总　则

第一条　为了规范政府采购当事人的采购行为，加强对政府采购货物和服务招标投标活动的监督管理，维护社会公共利益和政府采购招标投标活动当事人的合法权益，依据《中华人民共和国政府采购法》（以下简称政府采购法）和其他有关法律规定，制定本办法。

第二条　采购人及采购代理机构（以下统称"招标采购单位"）进行政府采购货物或者服务（以下简称"货物服务"）招标投标活动，适用本办法。前款所称采购代理机构，是指集中采购机构和依法经认定资格的其他采购代理机构。

第三条　货物服务招标分为公开招标和邀请招标。公开招标，是指招标采购单位依法以招标公告的方式邀请不特定的供应商参加投标。

邀请招标，是指招标采购单位依法从符合相应资格条件的供应商中随机邀请三家以上供应商，并以投标邀请书的方式，邀请其参加投标。

第四条　货物服务采购项目达到公开招标数额标准的，必须采用公开招标方式。因特殊情况需要采用公开招标以外方式的，应当在采购活动开始前获得设区的市、自治州以上人民政府财政部门的批准。

第五条　招标采购单位不得将应当以公开招标方式采购的货物服务化整为零或者以其他方式规避公开招标采购。

第六条　任何单位和个人不得阻挠和限制供应商自由参加货物服务招标投标活动，不得指定货物的品牌、服务的供应商和采购代理机构，以及采用其他方式非法干涉货物服务招标投标活动。

第七条　在货物服务招标投标活动中，招标采购单位工作人员、评标委员会成员及其他相关人员与供应商有利害关系的，必须回避。供应商认为上述人员与其他供应商有利害关系的，可以申请其回避。

第八条　参加政府采购货物服务投标活动的供应商（以下简称"投标人"），应当是提供本国货物服务的本国供应商，但法律、行政法规规定外国供应商可以参加货物服务招标投标活动的除外。

外国供应商依法参加货物服务招标投标活动的，应当按照本办法的规定执行。

第九条　货物服务招标投标活动，应当有助于实现国家经济和社会发展政策目标，包括保护环境，扶持不发达地区和少数民族地区，促进中小企业发展等。

第十条　县级以上各级人民政府财政部门应当依法履行对货物服务招标投标活动的监督管理职责。

第二章　招　　标

第十一条　招标采购单位应当按照本办法规定组织开展货物服务招标投标活动。采购人可以依法委托采购代理机构办理货物服务招标事宜，也可以自行组织开展货物服务招标活动，但必须符合本办法第十二条规定的条件。集中采购机构应当依法独立开展货物服务招标活动。其他采购代理机构应当根据采购人的委托办理货物服务招标事宜。

第十二条　采购人符合下列条件的，可以自行组织招标：

（一）具有独立承担民事责任的能力；

（二）具有编制招标文件和组织招标能力，有与采购招标项目规模和复杂程度相适应的技术、经济等方面的采购和管理人员；

（三）采购人员经过省级以上人民政府财政部门组织的政府采购培训。

采购人不符合前款规定条件的，必须委托采购代理机构代理招标。

第十三条　采购人委托采购代理机构招标的，应当与采购代理机构签订委托协议，确定委托代理的事项，约定双方的权利和义务。

第十四条　采用公开招标方式采购的，招标采购单位必须在财政部门指定的政府采购信息发布媒体上发布招标公告。

第十五条　采用邀请招标方式采购的，招标采购单位应当在省级以上人民政府财政部门指定的政府采购信息媒体发布资格预审公告，公布投标人资格条件，资格预审公告的期限不得少于七个工作日。

投标人应当在资格预审公告期结束之日起三个工作日前，按公告要求提交资格证明文件。招标采购单位从评审合格投标人中通过随机方式选择三家以上的投标人，并向其发出投标邀请书。

第十六条　采用招标方式采购的，自招标文件开始发出之日起至投标人提交投标文件截止之日止，不得少于二十日。

第十七条　公开招标公告应当包括以下主要内容：

（一）招标采购单位的名称、地址和联系方法；

（二）招标项目的名称、数量或者招标项目的性质；

（三）投标人的资格要求；

（四）获取招标文件的时间、地点、方式及招标文件售价；

（五）投标截止时间、开标时间及地点。

第十八条　招标采购单位应当根据招标项目的特点和需求编制招标文件。招标文件包括以下内容：

（一）投标邀请；

（二）投标人须知（包括密封、签署、盖章要求等）；

（三）投标人应当提交的资格、资信证明文件；

（四）投标报价要求、投标文件编制要求和投标保证金交纳方式；

（五）招标项目的技术规格、要求和数量，包括附件、图纸等；

（六）合同主要条款及合同签订方式；

（七）交货和提供服务的时间；

（八）评标方法、评标标准和废标条款；

（九）投标截止时间、开标时间及地点；

（十）省级以上财政部门规定的其他事项。

招标人应当在招标文件中规定并标明实质性要求和条件。

第十九条　招标采购单位应当制作纸质招标文件，也可以在财政部门指定的网络媒体上发布电子招标文件，并应当保持两者的一致。电子招标文件与纸质招标文件具有同等法律效力。

第二十条　招标采购单位可以要求投标人提交符合招标文件规定要求的备选投标方案，但应当在招标文件中说明，并明确相应的评审标准和处理办法。

第二十一条　招标文件规定的各项技术标准应当符合国家强制性标准。招标文件不得要求或者标明特定的投标人或者产品，以及含有倾向性或者排斥潜在投标人的其他内容。

第二十二条　招标采购单位可以根据需要，就招标文件征询有关专家或者供应商的意见。

第二十三条　招标文件售价应当按照弥补招标文件印制成本费用的原则确定，不得以营利为目的，不得以招标采购金额作为确定招标文件售价依据。

第二十四条　招标采购单位在发布招标公告、发出投标邀请书或者发出招标文件后，不得擅自终止招标。

第二十五条　招标采购单位根据招标采购项目的具体情况，可以组织潜在投标人现场考察或者召开开标前答疑会，但不得单独或者分别组织只有一个投标人参加的现场考察。

第二十六条　开标前，招标采购单位和有关工作人员不得向他人透露已获取招标文件的潜在投标人的名称、数量以及可能影响公平竞争的有关招标投标的其他情况。

第二十七条　招标采购单位对已发出的招标文件进行必要澄清或者修改的，应当在招标文件要求提交投标文件截止时间十五日前，在财政部门指定的政府采购信息发布媒体上发布更正公告，并以书面形式通知所有招标文件收受人。该澄清或者修改的内容为招标文件的组成部分。

第二十八条　招标采购单位可以视采购具体情况，延长投标截止时间和开标时间，但至少应当在招标文件要求提交投标文件的截止时间三日前，将变更时间书面通知所有招标文件收受人，并在财政部门指定的政府采购信息发布媒体上发布变更公告。

第三章　投　　标

第二十九条　投标人是响应招标并且符合招标文件规定资格条件和参加投标竞争的法人、其他组织或者自然人。

第三十条　投标人应当按照招标文件的要求编制投标文件。投标文件应对招标文件提出的要求和条件作出实质性响应。投标文件由商务部分、技术部分、价格部分和其他部分组成。

第三十一条　投标人应当在招标文件要求提交投标文件的截止时间前，将投标文件密封送达投标地点。招标采购单位收到投标文件后，应当签收保存，任何单位和个人不得在开标前开启投标文件。在招标文件要求提交投标文件的截止时间之后送达的投标文件，为无效投标文件，招标采购单位应当拒收。

第三十二条　投标人在投标截止时间前，可以对所递交的投标文件进行补充、修改或者撤回，并书面通知招标采购单位。补充、修改的内容应当按招标文件要求签署、盖章，并作为投标文件的组成部分。

第三十三条　投标人根据招标文件载明的标的采购项目实际情况，拟在中标后将中标项目的非主体、非关键性工作交由他人完成的，应当在投标文件中载明。

第三十四条　两个以上供应商可以组成一个投标联合体，以一个投标人的身份投标。

以联合体形式参加投标的，联合体各方均应当符合政府采购法第二十二条第一款规定的条件。采购人根据采购项目的特殊要求规定投标人特定条件的，联合体各方中至少应当有一方符合采购人规定的特定条件。

联合体各方之间应当签订共同投标协议，明确约定联合体各方承担的工作和相应的责任，并将共同投标协议连同投标文件一并提交招标采购单位。联合体各方签订共同投标协议后，不得再以自己名义单独在同一项目中投标，也不得组成新的联合体参加同一项目投标。招标采购单位不得强制投标人组成联合体共同投标，不得限制投标人之间的竞争。

第三十五条　投标人之间不得相互串通投标报价，不得妨碍其他投标人的公平竞争，不得损害招标采购单位或者其他投标人的合法权益。投标人不得以向招标采购单位、评标委员会成员行贿或者采取其他不正当手段谋取中标。

第三十六条　招标采购单位应当在招标文件中明确投标保证金的数额及交纳办法。招标采购单位规定的投标保证金数额，不得超过采购项目概算的百分之一。

投标人投标时，应当按招标文件要求交纳投标保证金。投标保证金可以采用现金支票、银行汇票、银行保函等形式交纳。投标人未按招标文件要求交纳投标保证金的，招标采购单位应当拒绝接收投标人的投标文件。联合体投标的，可以由联合体中的一方或者共同提交投标保证金，以一方名义提交投标保证金的，对联合体各方均具有约束力。

第三十七条　招标采购单位应当在中标通知书发出后五个工作日内退还未中标供应商的投标保证金，在采购合同签订后五个工作日内退还中标供应商的投标保证金。招标采购单位逾期退还投标保证金的，除应当退还投标保证金本金外，还应当按商业银行同期贷款利率上浮20%后的利率支付资金占用费。

第四章　开标、评标与定标

第三十八条　开标应当在招标文件确定的提交投标文件截止时间的同一时间公开进行；开标地点应当为招标文件中预先确定的地点。招标采购单位在开标前，应当通知同级人民政府财政部门及有关部门。财政部门及有关部门可以视情况到现场监督开标活动。

第三十九条　开标由招标采购单位主持，采购人、投标人和有关方面代表参加。

第四十条　开标时，应当由投标人或者其推选的代表检查投标文件的密封情况，也可以由招标人委托的公证机构检查并公证；经确认无误后，由招标工作人员当众拆封，宣读投标人名称、投标价格、价格折扣、招标文件允许提供的备选投标方案和投标文件的其他主要内容。未宣读的投标价格、价格折扣和招标文件允许提供的备选投标方案等实质内容，评标时不予承认。

第四十一条　开标时，投标文件中开标一览表（报价表）内容与投标文件中明细表内容不一致的，以开标一览表（报价表）为准。

投标文件的大写金额和小写金额不一致的，以大写金额为准；总价金额与按单价汇总金额不一致的，以单价金额计算结果为准；单价金额小数点有明显错位的，应以总价为准，并修改单价；对不同文字文本投标文件的解释发生异议的，以中文文本为准。

第四十二条　开标过程应当由招标采购单位指定专人负责记录，并存档备查。

第四十三条　投标截止时间结束后参加投标的供应商不足三家的，除采购任务取消情形外，招标采购单位应当报告设区的市、自治州以上人民政府财政部门，由财政部门按照以下原则处理：

（一）招标文件没有不合理条款、招标公告时间及程序符合规定的，同意采取竞争性谈判、询价或者单一来源方式采购；

（二）招标文件存在不合理条款的，招标公告时间及程序不符合规定的，应予废标，并责成招标采购单位依法重新招标。

在评标期间，出现符合专业条件的供应商或者对招标文件作出实质响应的供应商不足三家情形的，可以比照前款规定执行。

第四十四条　评标工作由招标采购单位负责组织，具体评标事务由招标采购单位依法组建的评标委员会负责，并独立履行下列职责：

（一）审查投标文件是否符合招标文件要求，并作出评价；

（二）要求投标供应商对投标文件有关事项作出解释或者澄清；

（三）推荐中标候选供应商名单，或者受采购人委托按照事先确定的办法直接确定中标供应商；

（四）向招标采购单位或者有关部门报告非法干预评标工作的行为。

第四十五条　评标委员会由采购人代表和有关技术、经济等方面的专家组成，成员人数应当为五人以上单数。其中，技术、经济等方面的专家不得少于成员总数的三分之二。采购数额在300万元以上、技术复杂的项目，评标委员会中技术、经济方面的专家人数应当为五人以上单数。

招标采购单位就招标文件征询过意见的专家，不得再作为评标专家参加评标。采购人不得以专家身份参与本部门或者本单位采购项目的评标。采购代理机构工作人员不得参加由本机构代理的政府采购项目的评标。

评标委员会成员名单原则上应在开标前确定，并在招标结果确定前保密。

第四十六条　评标专家应当熟悉政府采购、招标投标的相关政策法规，熟悉市场行情，有良好的职业道德，遵守招标纪律，从事相关领域工作满八年并具有高级职称或者具有同等专业水平。

第四十七条　各级人民政府财政部门应当对专家实行动态管理。

第四十八条　招标采购单位应当从同级或上一级财政部门设立的政府采购评审专家库中，通过随机方式抽取评标专家。

招标采购机构对技术复杂、专业性极强的采购项目，通过随机方式难以确定合适评标专家的，经设区的市、自治州以上人民政府财政部门同意，可以采取选择性方式确定评标专家。

第四十九条　评标委员会成员应当履行下列义务：

（一）遵纪守法，客观、公正、廉洁地履行职责；

（二）按照招标文件规定的评标方法和评标标准进行评标，对评审意见承担个人责任；

（三）对评标过程和结果，以及供应商的商业秘密保密；

（四）参与评标报告的起草；

（五）配合财政部门的投诉处理工作；

（六）配合招标采购单位答复投标供应商提出的质疑。

第五十条　货物服务招标采购的评标方法分为最低评标价法、综合评分法和性价比法。

第五十一条　最低评标价法，是指以价格为主要因素确定中标候选供应商的评标方法，即在全部满足招标文件实质性要求前提下，依据统一的价格要素评定最低报价，以提出最低报价的投标人作为中标候选供应商或者中标供应商的评标方法。

最低评标价法适用于标准定制商品及通用服务项目。

第五十二条　综合评分法，是指在最大限度地满足招标文件实质性要求前提下，按照招标文件中规定的各项因素进行综合评审后，以评标总得分最高的投标人作为中标候选供应商或者中标供应商的评标方法。

综合评分的主要因素是：价格、技术、财务状况、信誉、业绩、服务、对招标文件的响应程度，以及相应的比重或者权值等。上述因素应当在招标文件中事先规定。

评标时，评标委员会各成员应当独立对每个有效投标人的标书进行评价、打分，然后汇总每个投标人每项评分因素的得分。

采用综合评分法的，货物项目的价格分值占总分值的比重（即权值）为百分之三十至百分之六十；服务项目的价格分值占总分值的比重（即权值）为百分之十至百分之三十。执行统一价格标准的服务项目，其价格不列为评分因素。有特殊情况需要调整的，应当经同级人民政府财政部门批准。

评标总得分 $= F_1 \times A_1 + F_2 \times A_2 + \cdots\cdots + F_n \times A_n$

F_1、F_2、$\cdots\cdots F_n$ 分别为各项评分因素的汇总得分；

A_1、A_2、$\cdots\cdots A_n$ 分别为各项评分因素所占的权重（$A_1 + A_2 + \cdots\cdots + A_n = 1$）。

第五十三条　性价比法，是指按照要求对投标文件进行评审后，计算出每个有效投标人除价格因素以外的其他各项评分因素（包括技术、财务状况、信誉、业绩、服务、对招标文件的响应程度等）的汇总得分，并除以该投标人的投标报价，以商数（评标总得分）最高的投标人为中标候选供应商或者中标供应商的评标方法。

评标总得分 $= B/N$

B 为投标人的综合得分，$B = F_1 \times A_1 + F_2 \times A_2 + \cdots\cdots + F_n \times A_n$，其中：$F_1$、$F_2$、$\cdots\cdots F_n$ 分别为除价格因素以外的其他各项评分因素的汇总得分；A_1、A_2、$\cdots\cdots A_n$ 分别为除价格因素以外的其他各项评分因素所占的权重（$A_1 + A_2 + \cdots\cdots + A_n = 1$）。$N$ 为投标人的投标报价。

第五十四条　评标应当遵循下列工作程序：

（一）投标文件初审。初审分为资格性检查和符合性检查。

1. 资格性检查。依据法律法规和招标文件的规定，对投标文件中的资格证明、投标保证金等进行审查，以确定投标供应商是否具备投标资格。

2. 符合性检查。依据招标文件的规定，从投标文件的有效性、完整性和对招标文件的响应程度进行审查，以确定是否对招标文件的实质性要求作出响应。

（二）澄清有关问题。对投标文件中含义不明确、同类问题表述不一致或者有明显文字和计算错误的内容，评标委员会可以书面形式（应当由评标委员会专家签字）要求投标人作出必要的澄清、说明或者纠正。投标人的澄清、说明或者补正应当采用书面形式，由其授权的代表签字，并不得超出投标文件的范围或者改变投标文件的实质性内容。

（三）比较与评价。按招标文件中规定的评标方法和标准，对资格性检查和符合性检查合格的投标文件进行商务和技术评估，综合比较与评价。

（四）推荐中标候选供应商名单。中标候选供应商数量应当根据采购需要确定，但必须按顺序排列中标候选供应商。

1. 采用最低评标价法的，按投标报价由低到高顺序排列。投标报价相同的，按技术指标优劣顺序排列。评标委员会认为，排在前面的中标候选供应商的最低投标价或者某些分项报价明显不合理或者低于成本，有可能影响商品质量和不能诚信履约的，应当要求其在规定的期限内提供书面文件予以解释说明，并提交相关证明材料；否则，评标委员会可以取消该投标人的中标候选资格，按顺序由排在后面的中标候选供应商递补，以此类推。

2. 采用综合评分法的，按评审后得分由高到低顺序排列。得分相同的，按投标报价由低到高顺序排列。得分且投标报价相同的，按技术指标优劣顺序排列。

3. 采用性价比法的，按商数得分由高到低顺序排列。商数得分相同的，按投标报价由低到高顺序排列。商数得分且投标报价相同的，按技术指标优劣顺序排列。

（五）编写评标报告。评标报告是评标委员会根据全体评标成员签字的原始评标记录和评标结果编写的报告，其主要内容包括：

1. 招标公告刊登的媒体名称、开标日期和地点；

2. 购买招标文件的投标人名单和评标委员会成员名单；

3. 评标方法和标准；

4. 开标记录和评标情况及说明，包括投标无效投标人名单及原因；

5. 评标结果和中标候选供应商排序表；

6. 评标委员会的授标建议。

第五十五条　在评标中，不得改变招标文件中规定的评标标准、方法和中标条件。

第五十六条　投标文件属下列情况之一的，应当在资格性、符合性检查时按照无效投标处理：

（一）应交未交投标保证金的；

（二）未按照招标文件规定要求密封、签署、盖章的；

（三）不具备招标文件中规定资格要求的；

（四）不符合法律、法规和招标文件中规定的其他实质性要求的。

第五十七条　在招标采购中，有政府采购法第三十六条第一款第（二）至第（四）项规定情形之一的，招标采购单位应当予以废标，并将废标理由通知所有投标供应商。

废标后，除采购任务取消情形外，招标采购单位应当重新组织招标。需要采取其他采购方式的，应当在采购活动开始前获得设区的市、自治州以上人民政府财政部门的批准。

第五十八条　招标采购单位应当采取必要措施，保证评标在严格保密的情况下进行。任何单位和个人不得非法干预、影响评标办法的确定，以及评标过程和结果。

第五十九条　采购代理机构应当在评标结束后五个工作日内将评标报告送采购人。

采购人应当在收到评标报告后五个工作日内，按照评标报告中推荐的中标候选供应商顺序确定中标供应商；也可以事先授权评标委员会直接确定中标供应商。

采购人自行组织招标的，应当在评标结束后五个工作日内确定中标供应商。

第六十条　中标供应商因不可抗力或者自身原因不能履行政府采购合同的，采购人可以与排位在中标供应商之后第一位的中标候选供应商签订政府采购合同，以此类推。

第六十一条　在确定中标供应商前，招标采购单位不得与投标供应商就投标价格、投标方案等实质性内容进行谈判。

第六十二条　中标供应商确定后，中标结果应当在财政部门指定的政府采购信息发布媒体上公告。公告内容应当包括招标项目名称、中标供应商名单、评标委员会成员名单、招标采购单位的名称和电话。

在发布公告的同时，招标采购单位应当向中标供应商发出中标通知书，中标通知书对采购人和中标供应商具有同等法律效力。

中标通知书发出后，采购人改变中标结果，或者中标供应商放弃中标，应当承担相应的法律责任。

第六十三条　投标供应商对中标公告有异议的，应当在中标公告发布之日起七个工作日内，以书面形式向招标采购单位提出质疑。招标采购单位应当在收到投标供应商书面质疑后七个工作日内，对质疑内容作出答复。

质疑供应商对招标采购单位的答复不满意或者招标采购单位未在规定时间内答复的，可以在答复期满后十五个工作日内按有关规定，向同级人民政府财政部门投诉。财政部门应当在收到投诉后三十个工作日内，对投诉事项作出处理决定。

处理投诉事项期间，财政部门可以视具体情况书面通知招标采购单位暂停签订合同等活动，但暂停时间最长不得超过三十日。

第六十四条　采购人或者采购代理机构应当自中标通知书发出之日起三十日内，按照招标文件和中标供应商投标文件的约定，与中标供应商签订书面合同。所签订的合同不得对招标文件和中标供应商投标文件作实质性修改。

招标采购单位不得向中标供应商提出任何不合理的要求，作为签订合同的条件，不得与中标供应商私下订立背离合同实质性内容的协议。

第六十五条　采购人或者采购代理机构应当自采购合同签订之日起七个工作日内，按照有关规定将采购合同副本报同级人民政府财政部门备案。

第六十六条　法律、行政法规规定应当办理批准、登记等手续后生效的合同，依照其规定。

第六十七条　招标采购单位应当建立真实完整的招标采购档案，妥善保管每项采购活动的采购文件，并不得伪造、变造、隐匿或者销毁。采购文件的保存期限为从采购结束之日起至少保存十五年。

第五章　法律责任

第六十八条　招标采购单位有下列情形之一的，责令限期改正，给予警告，可以按照有关法律规定并处罚款，对直接负责的主管人员和其他直接责任人员，由其行政主管部门或者有关机关依法给予处分，并予通报：

（一）应当采用公开招标方式而擅自采用其他方式采购的；

（二）应当在财政部门指定的政府采购信息发布媒体上公告信息而未公告的；

（三）将必须进行招标的项目化整为零或者以其他任何方式规避招标的；

（四）以不合理的要求限制或者排斥潜在投标供应商，对潜在投标供应商实行差别待遇或者歧视待遇，或者招标文件指定特定的供应商、含有倾向性或者排斥潜在投标供应商的其他内容的；

（五）评标委员会组成不符合本办法规定的；

（六）无正当理由不按照依法推荐的中标候选供应商顺序确定中标供应商，或者在评标委员会依法推荐的中标候选供应商以外确定中标供应商的；

（七）在招标过程中与投标人进行协商谈判，或者不按照招标文件和中标供应商的投标文件确定的事项签订政府采购合同，或者与中标供应商另行订立背离合同实质性内容的协议的；

（八）中标通知书发出后无正当理由不与中标供应商签订采购合同的；

（九）未按本办法规定将应当备案的委托招标协议、招标文件、评标报告、采购合同等文件资料提交同级人民政府财政部门备案的；

（十）拒绝有关部门依法实施监督检查的。

第六十九条　招标采购单位及其工作人员有下列情形之一，构成犯罪的，依法追究刑事责任；尚不构成犯罪的，按照有关法律规定处以罚款，有违法所得的，并处没收违法所得，由其行政主管部门或者有关机关依法给予处分，并予通报：

（一）与投标人恶意串通的；

（二）在采购过程中接受贿赂或者获取其他不正当利益的；

（三）在有关部门依法实施的监督检查中提供虚假情况的；

（四）开标前泄露已获取招标文件的潜在投标人的名称、数量、标底或者其他可能影响公平竞争的有关招标投标情况的。

第七十条　采购代理机构有本办法第六十八条、第六十九条违法行为之一，情节严重的，可以取消其政府采购代理资格，并予以公告。

第七十一条　有本办法第六十八条、第六十九条违法行为之一，并且影响或者可能影响中标结果的，应当按照下列情况分别处理：

（一）未确定中标候选供应商的，终止招标活动，依法重新招标；

（二）中标候选供应商已经确定但采购合同尚未履行的，撤销合同，从中标候选供应商中按顺序另行确定中标供应商；

（三）采购合同已经履行的，给采购人、投标人造成损失的，由责任人承担赔偿责任。

第七十二条　采购人对应当实行集中采购的政府采购项目不委托集中采购机构进行招标的，或者委托不具备政府采购代理资格的中介机构办理政府采购招标事务的，责令改正；拒不改正的，停止按预算向其支付资金，由其上级行政主管部门或者有关机关依法给予其直接负责的主管人员和其他直接责任人员处分。

第七十三条　招标采购单位违反有关规定隐匿、销毁应当保存的招标、投标过程中的有关文件或者伪造、变造招标、投标过程中的有关文件的，处以二万元以上十万元以下的罚款，对其直接负责的主管人员和其他直接责任人员，由其行政主管部门或者有关机关依法给予处分，并予通报；构成犯罪的，依法追究刑事责任。

第七十四条　投标人有下列情形之一的，处以政府采购项目中标金额千分之五以上千分之十以下的罚款，列入不良行为记录名单，在一至三年内禁止参加政府采购活动，并予以公告，有违法所得的，并处没收违法所得，情节严重的，由工商行政管理机关吊销营业执照；构成犯罪的，依法追究刑事责任：

（一）提供虚假材料谋取中标的；

（二）采取不正当手段诋毁、排挤其他投标人的；

（三）与招标采购单位、其他投标人恶意串通的；

（四）向招标采购单位行贿或者提供其他不正当利益的；

（五）在招标过程中与招标采购单位进行协商谈判、不按照招标文件和中标供应商的投标文件订立合同，或者与采购人另行订立背离合同实质性内容的协议的；

（六）拒绝有关部门监督检查或者提供虚假情况的。

投标人有前款第（一）至（五）项情形之一的，中标无效。

第七十五条　中标供应商有下列情形之一的，招标采购单位不予退还其交纳的投标保证金；情节严重的，由财政部门将其列入不良行为记录名单，在一至三年内禁止参加政府采购活动，并予以通报：

（一）中标后无正当理由不与采购人或者采购代理机构签订合同的；

（二）将中标项目转让给他人，或者在投标文件中未说明，且未经采购招标机构同意，将中标项目分包给他人的；

（三）拒绝履行合同义务的。

第七十六条　政府采购当事人有本办法第六十八条、第六十九条、第七十四条、第七十五条违法行为之一，给他人造成损失的，应当依照有关民事法律规定承担民事责任。

第七十七条　评标委员会成员有下列行为之一的，责令改正，给予警告，可以并处一千元以下的罚款：

（一）明知应当回避而未主动回避的；

（二）在知道自己为评标委员会成员身份后至评标结束前的时段内私下接触投标供应商的；

（三）在评标过程中擅离职守，影响评标程序正常进行的；

（四）在评标过程中有明显不合理或者不正当倾向性的；

（五）未按招标文件规定的评标方法和标准进行评标的。

上述行为影响中标结果的，中标结果无效。

第七十八条　评标委员会成员或者与评标活动有关的工作人员有下列行为之一的，给予警告，没收违法所得，可以并处三千元以上五万元以下的罚款；对评标委员会成员取消评标委员会成员资格，不得再参加任何政府采购招标项目的评标，并在财政部门指定的政府采购信息发布媒体上予以公告；构成犯罪的，依法追究刑事责任：

（一）收受投标人、其他利害关系人的财物或者其他不正当利益的；

（二）泄露有关投标文件的评审和比较、中标候选人的推荐以及与评标有关的其他情况的。

第七十九条 任何单位或者个人非法干预、影响评标的过程或者结果的，责令改正；由该单位、个人的上级行政主管部门或者有关机关给予单位责任人或者个人处分。

第八十条 财政部门工作人员在实施政府采购监督检查中违反规定滥用职权、玩忽职守、徇私舞弊的，依法给予行政处分；构成犯罪的，依法追究刑事责任。

第八十一条 财政部门对投标人的投诉无故逾期未作处理的，依法给予直接负责的主管人员和其他直接责任人员行政处分。

第八十二条 有本办法规定的中标无效情形的，由同级或其上级财政部门认定中标无效。中标无效的，应当依照本办法规定从其他中标人或者中标候选人中重新确定，或者依照本办法重新进行招标。

第八十三条 本办法所规定的行政处罚，由县级以上人民政府财政部门负责实施。

第八十四条 政府采购当事人对行政处罚不服的，可以依法申请行政复议，或者直接向人民法院提起行政诉讼。逾期未申请复议，也未向人民法院起诉，又不履行行政处罚决定的，由作出行政处罚决定的机关申请人民法院强制执行。

第六章 附 则

第八十五条 政府采购货物服务可以实行协议供货采购和定点采购，但协议供货采购和定点供应商必须通过公开招标方式确定；因特殊情况需要采用公开招标以外方式确定的，应当获得省级以上人民政府财政部门批准。

协议供货采购和定点采购的管理办法，由财政部另行规定。

第八十六条 政府采购货物中的进口机电产品进行招标投标的，按照国家有关办法执行。

第八十七条 使用国际组织和外国政府贷款进行的政府采购货物和服务招标，贷款方或者资金提供方与中方达成的协议对采购的具体条件另有规定的，可以适用其规定，但不得损害国家利益和社会公共利益。

第八十八条 对因严重自然灾害和其他不可抗力事件所实施的紧急采购和涉及国家安全和秘密的采购，不适用本办法。

第八十九条 本办法由财政部负责解释。

各省、自治区、直辖市人民政府财政部门可以根据本办法制定具体实施办法。

第九十条 本办法自 2004 年 9 月 11 日起施行。财政部 1999 年 6 月 24 日颁布实施的《政府采购招标投标管理暂行办法》（财预字［1999］363 号）同时废止。

附录6 国内主要公共资源交易中心网址

一、全国部分公共资源交易网站（排名不分先后）

[1] 广州公共资源交易网　　　　　　　　http：//www. gzgp. org
　　　　　　　　　　　　　　　　　　　http：//www. gzggzy. cn
[2] 中国采购与招标网　　　　　　　　　http：//www. chinabidding. com. cn/
[3] 中国政府采购网　　　　　　　　　　http：//www. ccgp. gov. cn/
[4] 北京公共资源网　　　　　　　　　　http：//www. zgazxxw. com
[5] 南京市公共资源交易中心　　　　　　http：//ggzy. njzwfw. gov. cn
[6] 杭州公共资源交易中心　　　　　　　http：//www. hzctc. cn/index. aspx
[7] 中国建设工程招标网　　　　　　　　http：//www. gczb. com/
[8] 北京建设工程交易信息网　　　　　　http：//www. bcactc. com/
[9] 上海工程信息网　　　　　　　　　　http：//www. shcns. cn/
[10] 天津建设工程信息网　　　　　　　　http：//www. tjconstruct. cn/
[11] 广东省公共资源交易中心　　　　　　http：//www. bcmegp. com
[12] 广东省政府采购网　　　　　　　　　http：//www. gdgpo. com/
[13] 重庆市招标投标综合网　　　　　　　http：//www. cqzb. gov. cn/
[14] 四川招投标网　　　　　　　　　　　http：//www. scbid. com/
[15] 四川省公共资源交易信息网　　　　　http：//www. spprec. com /
[16] 甘肃省公共资源交易网　　　　　　　http：//www. gsggzyjy. cn/
[17] 中国工程建设信息网　　　　　　　　http：//www. cein. gov. cn/
[18] 中国城市建设信息网　　　　　　　　http：//www. csjs. gov. cn/
[19] 铁道部工程交易中心　　　　　　　　http：//www. rebcenter. com
[20] 南京市建设工程交易中心　　　　　　http：//www. njcein. com. cn
[21] 北京建设工程交易中心　　　　　　　http：//www. 4h1j. com
[22] 深圳建设工程交易服务网　　　　　　http：//www. szjsjy. com. cn
[23] 珠海建设工程交易中心　　　　　　　http：//www. cpinfo. com. cn/
[24] 东莞市建设工程交易中心　　　　　　http：//www. dgzb. com. cn/
[25] 长沙公共资源交易监管网　　　　　　http：//www. csggzy. gov. cn
[26] 昆明市公共资源交易网　　　　　　　http：//www. kmggzy. com/

二、部分政府部门、招投标行业协会网站

[1] 中华人民共和国住房与城乡建设部　　http：//www. mohurd. gov. cn/
[2] 国家改革和发展委员会　　　　　　　http：//www. ndrc. gov. cn/
[3] 中国招标投标协会　　　　　　　　　http：//www. ctba. org. cn/

［4］中国招标投标公共服务平台　　　　　http：//www. cebpubservice. com/
［5］中国工程咨询协会　　　　　　　　　http：//www. cnaec. com. cn/
［6］中国交通运输部　　　　　　　　　　http：//www. moc. gov. cn/
［7］中国人民共和国水利部　　　　　　　http：//www. mwr. gov. cn/
［8］中华人民共和国财政部　　　　　　　http：//www. mof. gov. cn/